T5-CAM-913

L'ÉLECTROMAGNÉTISME EN APPLICATION

PIERRE SAVARD
FADHEL M. GHANNOUCHI

Université du Québec à Hull
RETIRÉ DE LA COLLECTION
0 6 DÉC. 1999
Bibliothèque

Éditions de l'École Polytechnique de Montréal

DIFFUSION

Diffusion exclusive, Amérique du Nord :

Coopérative étudiante de Polytechnique
École Polytechnique de Montréal
Campus de l'Université de Montréal
C.P. 6079, succursale Centre-ville
Montréal (Québec)
CANADA H3C 3A7
Tél. : (514) 340-4067
Télécopieur : (514) 340-4543

Diffusion exclusive, Europe et Afrique

Technique et Documentation - Lavoisier, S.A.
11, rue Lavoisier
F 75384 Paris Cedex 08
FRANCE
Tél. : (1) 42.65.39.95
Télécopieur : (1) 47.40.67.02
Télex : 632 020 TDL
Minitel : 36.14 LAVOISIER

QC
670
S29
1995

L'électromagnétisme en application

Équipe de production

Gestion éditoriale et production : Éditions de l'École Polytechnique
Page couverture : Chantal Fauteux

Tous droits réservés
© Éditions de l'École Polytechnique de Montréal, 1995

On ne peut reproduire ni diffuser aucune partie du présent ouvrage, sous quelque forme ou par quelque procédé que ce soit, sans avoir obtenu au préalable l'autorisation écrite de l'éditeur.

Dépôt légal : 1er trimestre
Bibliothèque nationale du Québec
Bibliothèque nationale du Canada

ISBN 2-553-00500-8
Imprimé au Canada
1 2 3 4 5 99 98 97 96 95

À Lise et Sonia

Les auteurs

Pierre Savard, ing., Ph.D.

Pierre Savard a obtenu en 1974 un baccalauréat es sciences appliquées en génie électrique de l'École Polytechnique de Montréal; en 1978, il a obtenu un doctorat es sciences appliquées en génie biomédical de l'École Polytechnique de Montréal. Après un stage post-doctoral de deux ans au Massachusetts Institute of Technology (Cambridge), il s'est joint, en 1980, au corps professoral de l'Institut de génie biomédical de l'École Polytechnique de Montréal où il est présentement professeur titulaire. Ses intérêts de recherche portent sur les aspects biophysiques et le traitement des signaux en électrocardiographie ainsi que sur l'utilisation de l'énergie électromagnétique dans le traitement des arythmies cardiaques.

Fadhel M. Ghannouchi, ing., Ph.D.

Fadhel M. Ghannouchi a obtenu, en 1980, un diplôme universitaire d'études supérieures en physique et en chimie de l'Université de Tunis; en 1983, un baccalauréat en génie physique; en 1984, une maîtrise en génie électrique; en 1987, un doctorat en génie électrique de l'École Polytechnique de Montréal. Il est présentement professeur agrégé au Département de génie électrique et de génie informatique de l'École Polytechnique de Montréal où il enseigne l'électromagnétisme et les communications par micro-ondes depuis 1984. Ses intérêts de recherche portent sur : l'instrumentation et les techniques de mesures par micro-ondes et, en particulier, la technique «Six-port»; la caractérisation, l'analyse et la modélisation des dispositifs à micro-ondes; la conception des circuits passifs et actifs et des sous-systèmes de micro-ondes en technologies hybride et monolithique pour les communications mobiles et spatiales.

Avant-propos

Ce livre s'adresse aux étudiants et aux étudiantes en génie électrique. Dans l'exercice de leur future profession, deux atouts importants leur permettront de résoudre les problèmes d'électromagnétisme qu'ils rencontreront : une solide connaissance de base des principes de la physique et des mathématiques qui constituent les fondements de l'électromagnétisme; une expérience variée de l'application de ces principes à des problèmes pratiques en génie. Plusieurs manuels traitent en profondeur des principes de l'électromagnétisme. Cependant, les problèmes qu'ils présentent sont souvent de nature purement théorique.

L'objectif principal de cet ouvrage est de permettre à l'étudiant de maîtriser les notions de base de l'électromagnétisme en les appliquant à des problèmes pratiques. Le processus de résolution de problèmes exige de plus que l'étudiant fasse la synthèse de ses connaissances théoriques pour trouver les solutions.

Chaque chapitre est structuré selon le modèle suivant : introduction, rappel théorique, problèmes résolus, problèmes non résolus. Le rappel théorique présente de façon succincte les principes et les équations importantes. Les problèmes résolus couvrent systématiquement tous les aspects importants de la matière. Les solutions présentent en détail la justification de l'approche retenue, les conditions nécessaires à l'application correcte des équations (par ex. : les conditions de symétrie pour les lois de Gauss et d'Ampère) ainsi que les répercussions possibles de leur application en ingénierie. Des problèmes non résolus offrent des exercices complémentaires à la fin de chaque chapitre.

Les problèmes présentés couvrent plusieurs champs du génie électrique : circuits électroniques, électrotechnique, automatisation et communications. Les composantes passives des circuits électriques (par ex. : résistances, condensateurs, bobines, etc.) font l'objet de plusieurs problèmes afin que l'étudiant puisse les reconnaître dans des contextes physiques variés. Les composantes actives ou non linéaires (par ex. : transistors à effet de champ, jonctions P-N, etc.) sont abordées dans les problèmes d'électronique. Des problèmes illustrant le claquage, la génération et la transformation de courant, ainsi que l'effet moteur et les circuits magnétiques permettent d'appliquer les principes de l'électromagnétisme à l'électrotechnique tandis que des problèmes décrivant des capteurs électromagnétiques illustrent le domaine de l'automatisation. La propagation, le rayonnement et le couplage d'ondes électromagnétiques font l'objet de problèmes dans le champ des communications.

Nous remercions tous ceux et celles qui nous ont aidé à éditer ce livre : Mlle Annie Brodeur pour le travail de traitement de texte et de révision d'une version préliminaire de cet ouvrage; MM. Manfred Nachman et Patrick Morel pour leur judicieux commentaires scientifiques et pédagogiques; les étudiants qui nous ont aidé à améliorer notre texte; le Service pédagogique de l'École Polytechnique pour l'aide financière accordée à une version préliminaire de ce document; l'équipe des Éditions de Polytechnique qui a participé à la réalisation de ce livre : M. Lucien Foisy, Mme Louise Régnier, Mme Martine Aubry, Mme Nicole Labrecque et Mme Chantal Fauteux de la section graphisme.

Pierre Savard et Fadhel M. Ghannouchi
Montréal, décembre 1994

Table des matières

CHAPITRE 2
Technique graphique

CHAPITRE 3
Problèmes de conditions aux frontières

CHAPITRE 5

Champs électromagnétiques dynamiques

CHAPITRE 6

Liste des symboles

Symbole	Description	Unités SI
A	potentiel vecteur magnétique	weber par mètre (Wb/m)
B	densité de flux magnétique	tesla (T)
C	capacité	farad (F)
D	densité de flux électrique	coulomb par mètre carré (C/m^2)
dl	élément de longueur scalaire	mètre (m)
$d\mathbf{l}$	élément de longueur vecteur	mètre (m)
ds	élément de surface scalaire	mètre au carré (m^2)
$d\mathbf{s}$	élément de surface vecteur	mètre au carré (m^2)
dv	élément de volume scalaire	mètre au cube (m^3)
E	champ électrique	volt par mètre (V/m)
F	force	newton (N)
f	fréquence	hertz (Hz)
fem	force électromotrice	volt (V)
H	champ magnétique	ampère par mètre (A/m)
I	courant électrique	ampère (A)
J	densité de courant	ampère par mètre carré (A/m^2)
$[\mathbf{J}(t)]$	densité de courant retardée	ampère par mètre carré (A/m^2)
K	densité de courant de surface	ampère par mètre (A/m)
L	inductance	henry (H)
M	aimantation	ampère par mètre (A/m)
m	moment magnétique	ampère-mètre carré ($A \cdot m^2$)
M	inductance mutuelle	henry (H)
$\hat{\mathbf{n}}$	vecteur unitaire normal à une surface	
P	polarisation électrique	coulomb par mètre carré (C/m^2)
p	moment de dipôle électrique	coulomb-mètre ($C \cdot m$)
P	puissance instantanée	watt (W)
$<P>$	puissance moyenne	watt (W)
$\mathcal{P}$	vecteur de Poynting instantané (densité de puissance instantanée)	watt par mètre carré (W/m^2)
$<\mathcal{P}>$	vecteur de Poynting moyen	watt par mètre carré (W/m^2)
Q	charge électrique	coulomb (C)
R	résistance	ohm (Ω)
$\hat{\mathbf{r}}$	vecteur unitaire de direction r (sphér.)	
$\mathfrak{R}$	réluctance	henry à la puissance moins 1(H^{-1})
T	période	seconde (s)
V	potentiel électrique	volt (V)

Symbole	Description	Unités SI
V_{ab}	différence de potentiel électrique entre les points *a* et *b*	volt (V)
V_m	potentiel magnétique scalaire (force magnétomotrice)	ampère-tour (A · t)
$\mathbf{v}$	vitesse	mètre par seconde (m/s)
W	travail	joule (J)
W_e	énergie électrique	joule (J)
w_e	densité d'énergie électrique	joule par mètre cube (J/m^3)
W_m	énergie magnétique	joule (J)
w_m	densité d'énergie magnétique	joule par mètre cube (J/m^3)
$\hat{\mathbf{x}}$	vecteur unitaire de direction x (carté.)	
$\hat{\mathbf{y}}$	vecteur unitaire de direction y (carté.)	
$\hat{\mathbf{z}}$	vecteur unitaire de direction z (carté.)	
β	constante de phase	radian par mètre (rad/m)
ϵ	permittivité	farad par mètre (F/m)
ϵ_r	permittivité relative	sans unité
ϵ_0	permittivité du vide	farad par mètre (F/m)
η	impédance caractéristique	ohm (Ω)
η_0	impédance caractéristique du vide	ohm (Ω)
$\hat{\boldsymbol{\theta}}$	vecteur unitaire de direction θ (sphér.)	
λ	longueur d'onde	mètre (m)
μ	perméabilité	henry par mètre (H/m)
μ_r	perméabilité relative	sans unité
μ_0	perméabilité du vide	henry par mètre (H/m)
$\hat{\boldsymbol{\rho}}$	vecteur unitaire de direction ρ (cylin.)	
ρ_v	densité de charge volumique	coulomb par mètre cube (C/m^3)
ρ_s	densité de charge surfacique	coulomb par mètre carré (C/m^2)
ρ_l	densité de charge linéique	coulomb par mètre (C/m)
$[\rho_v(t)]$	densité de charge retardée	coulomb par mètre cube (C/m^3)
σ	conductivité	siemens par mètre (S/m)
τ	couple	newton-mètre (N · m)
$\hat{\boldsymbol{\phi}}$	vecteur unitaire de direction ϕ(cyl/sph)	
χ_e	susceptibilité électrique	sans unité
χ_m	susceptibilité magnétique	sans unité
ψ_e	flux électrique (flux de déplacement)	coulomb (C)
ψ_m	flux magnétique	weber (Wb)
ω	fréquence angulaire	radian par seconde (rad/s)

CHAPITRE 1

Champs électrostatiques

Le premier chapitre présente essentiellement trois techniques différentes qui permettent de calculer l'intensité du champ électrique à partir d'une distribution connue de charges électriques : la loi de Coulomb (équat. 1.1), la loi de Gauss (équat. 1.5) et le gradient du potentiel électrique (équat. 1.11 et 1.12). La loi de Coulomb présente l'avantage d'être très générale et de pouvoir être appliquée à n'importe quel problème, son principal inconvénient est la complexité des intégrales vectorielles qui doivent être solutionnées. La technique basée sur la loi de Gauss utilise des intégrales de surface très simples, mais elle ne peut être appliquée qu'à des problèmes présentant une certaine symétrie. Finalement, la technique qui consiste à calculer d'abord la distribution du potentiel électrique puis le gradient de cette distribution possède les avantages d'être aussi générale que la loi de Coulomb et d'utiliser des intégrales scalaires plus simples que celles de la loi de Coulomb, mais elle comporte des inconvénients, car les intégrales sont plus complexes que celles de la loi de Gauss et elle nécessite le calcul additionnel du gradient de la distribution de potentiel.

La principale technique utilisée dans ce chapitre est basée sur la loi de Gauss. Cette approche nous permettra de mettre l'accent sur les concepts de base de l'électrostatique plutôt que sur les difficultés du calcul des intégrales ou du gradient. Nous verrons à travers les différents problèmes présentés que le calcul du champ électrique est souvent une étape préliminaire pour le calcul du potentiel électrique, de la capacité, de la résistance, de l'énergie électrique et de la force électrostatique. Dans ces problèmes, les différents matériaux diélectriques et conducteurs sont linéaires et isotropes comme ceux utilisés dans la pratique courante; ils sont également homogènes, ce qui nous permet d'analyser plus clairement les conditions aux frontières entre deux matériaux différents. Ces conditions aux frontières constituent la base de la théorie des images décrite au problème 1.13 et qui permet de résoudre certains problèmes qui présentent des surfaces conductrices.

Finalement, mentionnons qu'aux chapitres 2 et 3 nous étudierons une autre approche qui consiste à calculer la distribution du potentiel à partir des conditions aux frontières sans connaître la distribution des charges électriques.

Rappel théorique

Loi de coulomb. Dans le vide (permittivité $\epsilon_0 = 8{,}85 \times 10^{-12}$ F/m), une charge ponctuelle Q (C) située à l'origine produit une force $\mathbf{F}$ (N) sur la charge ponctuelle q située à $\boldsymbol{r}$, telle que :

$$\mathbf{F} = \frac{q\ Q\ \mathbf{r}}{4\pi\epsilon_0\ |\mathbf{r}|^3} \tag{1.1}$$

Champ électrique. En un point donné, le champ électrique $\mathbf{E}$ (V/m) est égal au rapport entre la force électrique s'exerçant sur la charge témoin Δq et la valeur de Δq lorsque celle-ci tend vers zéro, soit :

$$\mathbf{E} = \lim_{\Delta q \to 0} \frac{\mathbf{F}}{\Delta q} \tag{1.2}$$

Principe de superposition. Dans un milieu diélectrique linéaire et isotrope de permittivité ϵ, le champ électrique $\mathbf{E}$ au point $\mathbf{r}$ est produit par la superposition de l'effet de chacune des charges élémentaires dq qui ont pour position $\mathbf{r}'$, soit :

$$\mathbf{E} = \frac{1}{4\pi\epsilon} \int \frac{(\mathbf{r} - \mathbf{r}')}{|\mathbf{r} - \mathbf{r}'|^3}\, dq \tag{1.3}$$

où la charge élémentaire dq peut être égale à : $\rho_l\, dl$, $\rho_s\, ds$ ou $\rho_V\, dv$, selon que l'on ait une densité de charge linéaire ρ_l (C/m), surfacique ρ_s (C/m^2), ou volumique ρ_V (C/m^3).

Milieu diélectrique. Dans un milieu diélectrique, la densité de flux électrique $\mathbf{D}$ (C/m^2) est toujours égale à $\epsilon_0\mathbf{E} + \mathbf{P}$, où $\mathbf{P}$ est la polarisation électrique. Dans le cas plus restreint où le milieu est linéaire, homogène, isotrope et caractérisé par une permittivité ϵ, la densité de flux électrique est définie par :

$$\mathbf{D} = \epsilon\, \mathbf{E} = \epsilon_0\epsilon_r \mathbf{E} = \epsilon_0(1 + \chi_e)\mathbf{E} \tag{1.4}$$

où ϵ_r est la permittivité relative et χ_e est la susceptibilité électrique.

Loi de Gauss. Le flux électrique ψ_e (C) sortant d'une surface fermée est égal à la charge électrique Q contenue à l'intérieur de cette surface. Pour une densité de flux électrique $\mathbf{D}$ sur une surface fermée s entourant un volume V pouvant contenir une densité volumique de charge ρ_V, on a :

$$\psi_e = \oint_s \mathbf{D} \cdot d\mathbf{s} = \oint_v \rho_V\, dv = Q \tag{1.5}$$

Lorsque la disposition des charges est symétrique, il est parfois possible d'appliquer la loi de Gauss pour trouver la densité de flux électrique $\mathbf{D}$. La surface s doit être soigneusement choisie de façon à ce que :

1) La densité de flux électrique soit parallèle ou perpendiculaire à chacun des éléments $d\mathbf{s}$ qui forment cette surface s.

2) La densité de flux électrique **D** ait une amplitude constante sur la surface *s*, ou sur chacune des parties de cette surface *s*.

Pour appliquer ces deux conditions, on doit tenir compte de l'effet de toutes les charges, même celles qui ne sont pas contenues à l'intérieur de la surface *s*. La partie de gauche de l'équation 1.5 se ramène alors à un simple calcul de surface, tandis que la partie de droite correspond à évaluer la charge *Q* contenue dans *s*. Lorsque les charges sont symétriques autour d'un point, d'une ligne ou d'un plan, on peut utiliser respectivement : une surface sphérique, une surface cylindrique ou une surface ayant la forme d'une «boîte à pilules».

Divergence. La divergence d'un champ vectoriel quelconque **A** dont les composantes sont continues, est définie par :

$$\nabla \cdot \mathbf{A} = \lim_{\Delta v \to 0} \frac{\oint \mathbf{A} \cdot ds}{\Delta v} \tag{1.6}$$

Première équation de Maxwell. En appliquant le théorème de la divergence (équat. 1.8) à la loi de Gauss (équat. 1.5), on obtient la première équation de Maxwell sous forme différentielle :

$$\nabla \cdot \mathbf{D} = \rho_V \tag{1.7}$$

Théorème de la divergence. Pour un champ vectoriel quelconque **A**, le théorème de la divergence s'applique à une surface fermée *s* entourant un volume *V*, soit :

$$\oint_S \mathbf{A} \cdot \mathbf{ds} = \oint_V \nabla \cdot \mathbf{A}\, \mathrm{d}v \tag{1.8}$$

Différence de potentiel. La différence de potentiel électrique (V) entre les points *a* et *b* correspond au travail (J) accompli en transportant une charge ponctuelle *Q* de 1 Coulomb entre ces deux points, de *a* à *b*, soit :

$$V_{ab} = V_a - V_b = \frac{W}{Q} = -\int_b^a \mathbf{E} \cdot d\mathbf{l} \tag{1.9}$$

où $d\mathbf{l}$ est l'élément différentiel du vecteur déplacement.

Champ conservatif. Le champ électrostatique **E** est conservatif, car le potentiel entre deux points est indépendant du parcours d'intégration entre ces deux points (équat. 1.9). Donc, pour n'importe quel parcours d'intégration fermé on a :

$$\oint \mathbf{E} \cdot d\mathbf{l} = 0 \tag{1.10}$$

Gradient. Pour les champs électrostatiques, **E** peut être calculé à partir du potentiel électrique lorsque ce dernier est décrit par une fonction continue V :

$$\mathbf{E} = -\nabla V \tag{1.11}$$

Potentiel et charge. À partir des équations 1.3 et 1.9, nous obtenons le potentiel V en un point situé à une distance d d'une charge Q pour un milieu diélectrique de permittivité ϵ (on considère que le potentiel est nul à l'infini) :

$$V = \frac{Q}{4\pi\epsilon d} \tag{1.12}$$

Énergie électrique. Dans un volume V, l'énergie électrique W_e (J) est :

$$W_e = \frac{1}{2}\int_v \mathbf{E}\cdot\mathbf{D}\,dv = \frac{1}{2}\int_v \epsilon E^2\,dv \tag{1.13}$$

Courant. Le courant I (A) est défini comme étant la quantité de charges qui traverse une frontière par unité de temps (1 A = 1 C/s). Le vecteur densité de courant **J** (A/m^2) est défini comme étant le courant ΔI qui traverse la surface Δs de normale **n** orientée selon la direction du courant, lorsque Δs tend vers zéro, soit :

$$\mathbf{J} = \lim_{\Delta s\to 0} \frac{\Delta I}{\Delta s}\,\mathbf{n} \tag{1.14}$$

Continuité du courant. Le courant quittant une surface fermée s est égal à la perte de charges par unité de temps à l'intérieur de cette surface, soit :

$$\oint_s \mathbf{J}\cdot d\mathbf{s} = -\oint_v \frac{\partial\rho_V}{\partial t}\,dv \quad\Leftrightarrow\quad \nabla\cdot\mathbf{J} = -\frac{\partial\rho_V}{\partial t} \tag{1.15}$$

Conductivité. Dans un milieu conducteur linéaire et isotrope, la conductivité électrique σ (S/m) relie la densité de courant et le champ électrique de la façon suivante :

$$\mathbf{J} = \sigma\,\mathbf{E} \tag{1.16}$$

Résistance. La résistance R (Ω) entre deux bornes d'un dispositif formé d'un matériau conducteur dépend de la géométrie du dispositif et de la conductivité du matériau. Selon la loi d'Ohm, la résistance est définie comme le rapport entre la tension entre les bornes et le courant y circulant, soit :

$$R = \frac{V}{I} \tag{1.17}$$

Capacité. Un condensateur est formé par deux conducteurs isolés. La capacité C (F) de ce condensateur est égale au rapport entre la charge $\pm Q$ portée par chacune des plaques et la différence de potentiel V entre celles-ci. Une autre définition implique l'énergie électrique W_e contenue dans le condensateur, soit :

$$C = \frac{Q}{V} = \frac{2W_e}{V^2} \qquad (1.18)$$

Conditions électrostatiques. Pour un conducteur dans des conditions statiques, c'est-à-dire sans déplacement de charges :

- La densité de charge est nulle à l'intérieur du conducteur : $\rho_V = 0$ (1.19)
- Le champ électrique est nul à l'intérieur du conducteur : $\mathbf{E}_{\text{int}} = 0$ (1.20)
- Le potentiel V est constant partout dans le conducteur : $V = \text{cte}$ (1.21)
- S'il y a des charges excédentaires, elles sont sur la surface. (1.22)
- Sur la surface, la composante tangentielle de **E** est nulle : $\mathbf{E}_{1t} = 0$ (1.23)
- Sur la surface, la composante normale (intérieur vers l'extérieur) de la densité de flux est égale à la densité de charge surfacique : $D_{1n} = \rho_s$ (1.24)

Conditions aux frontières (diélectrique-diélectrique). Sur la frontière entre deux milieux diélectriques 1 et 2 :

- Les composantes tangentielles des champs électriques dans les deux milieux sont égales : $\mathbf{E}_{1t} = \mathbf{E}_{2t}$ (1.25)
- La différence entre les composantes normales (de 1 à 2) des densités de flux électrique est égale à la densité de charge surfacique : $D_{1n} - D_{2n} = \rho_s$ (1.26)

1.1 ÉLECTRET (Coulomb, coordonnées cylindriques)

Énoncé

Un électret produit un champ électrique permanent, tout comme un aimant produit un champ magnétique permanent. Une des façons de fabriquer un électret consiste à bombarder, sous vide, un morceau de plastique à l'aide d'un faisceau d'électrons. Les électrons restent piégés dans le plastique et génèrent un champ électrique permanent. Dans l'électret illustré à la figure 1.1, la région où les électrons sont restés piégés a la forme d'un disque de rayon $\rho = a$, d'épaisseur négligeable et de densité surfacique de charge uniforme ρ_s. Le bloc de plastique a la même permittivité que celle du vide.

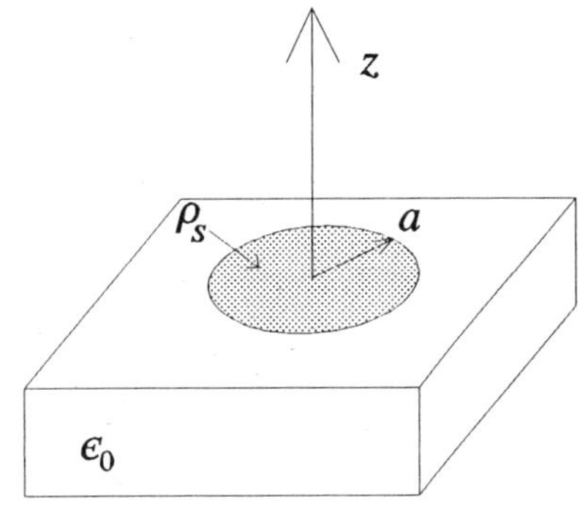

Figure 1.1

a) Trouver le champ électrique $E(z)$ le long de l'axe du disque.

b) Trouver la valeur de $E(z)$ lorsque z tend vers zéro.

c) Déduire le champ électrique résultant d'un plan infini ayant une densité de charge surfacique uniforme ρ_s.

Solution

a) On ne peut pas utiliser la loi de Gauss, car aucune surface d'intégration ne satisfait aux conditions mentionnées à l'équation 1.5. Nous utiliserons donc la loi de Coulomb (équat. 1.3). À chaque élément de l'électret hors de l'axe des z, en correspond un autre diamétralement opposé qui annule la composante radiale du champ électrique apporté par le premier élément de charge. Ainsi il ne reste qu'une composante en z pour le champ électrique global. Nous utilisons un système de coordonnées cylindriques pour faciliter les calculs.

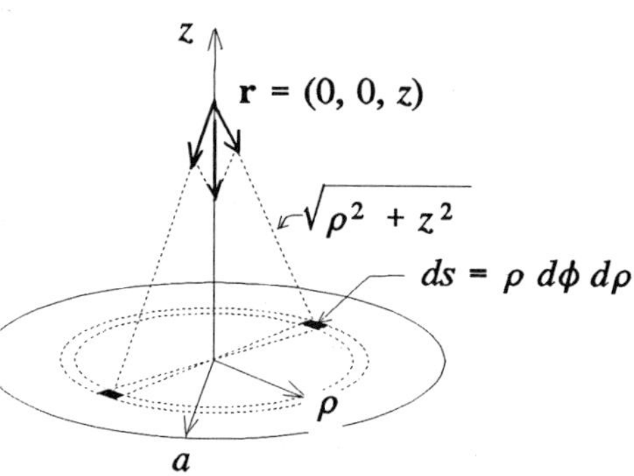

Figure 1.2

$$\mathbf{E} = \frac{1}{4\pi\epsilon_0}\int \frac{\mathbf{r} - \mathbf{r}'}{(\mathbf{r} - \mathbf{r}')^3}\, dq = \frac{1}{4\pi\epsilon_0}\int_s \frac{(z\hat{\mathbf{z}} - \rho\hat{\boldsymbol{\rho}})\,\rho_s ds}{(\rho^2 + z^2)^{3/2}} = \frac{1}{4\pi\epsilon_0}\int_s \frac{z\hat{\mathbf{z}}\,\rho_s ds}{(\rho^2 + z^2)^{3/2}}$$

$$E_z = \frac{1}{4\pi\epsilon_0}\int_{\phi=0}^{2\pi}\int_{\rho=0}^{a} \frac{\rho_s z\,(\rho d\rho d\phi)}{(\rho^2 + z^2)^{3/2}} = \frac{\rho_s z}{2\epsilon_0}\left[-\frac{1}{\sqrt{\rho^2 + z^2}}\right]_0^a$$

$$E_z = \frac{\rho_s z}{2\epsilon_0}\left[-\frac{1}{\sqrt{a^2 + z^2}} + \frac{1}{|z|}\right] = \frac{\rho_s}{2\epsilon_0}\left(\frac{-z}{\sqrt{a^2 + z^2}} + \frac{z}{|z|}\right)$$

$$\text{pour } z > 0, \quad E_z = \frac{\rho_s}{2\epsilon_0}\left(1 - \frac{z}{\sqrt{a^2 + z^2}}\right)$$

$$\text{pour } z < 0, \quad E_z = \frac{\rho_s}{2\epsilon_0}\left(-1 - \frac{z}{\sqrt{a^2 + z^2}}\right)$$

b)

$$\text{pour } z > 0, \quad \lim_{z\to 0} E_z = \frac{\rho_s}{2\epsilon_0}$$

$$\text{pour } z < 0, \quad \lim_{z\to 0} E_z = \frac{-\rho_s}{2\epsilon_0}$$

c) Pour trouver le champ électrique d'un plan infini, il suffit de faire tendre a vers l'infini dans le calcul de l'intégrale,

$$E_z = \frac{\rho_s z}{2\epsilon_0}\left[-\frac{1}{\sqrt{\rho^2 + z^2}}\right]_0^\infty = \frac{\rho_s}{2\epsilon_0}\frac{z}{|z|}$$

afin d'obtenir :

$$\text{pour} \quad z > 0, \quad \boldsymbol{E} = \frac{\rho_s}{2\epsilon_0}\,\hat{\mathbf{z}}$$

$$\text{pour} \quad z < 0, \quad \boldsymbol{E} = -\frac{\rho_s}{2\epsilon_0}\,\hat{\mathbf{z}}$$

1.2 FAISCEAU D'ÉLECTRONS (Gauss)

Énoncé

Dans les tubes à écran cathodique, les électrons émis par le chauffage de la cathode sont accélérés par un champ électrique intense de façon à ce que le faisceau d'électrons aille heurter l'écran. À l'intérieur de ce faisceau, les électrons qui portent tous une même charge négative se repoussent les uns les autres et le faisceau diverge de façon à former une tache plutôt qu'un point sur l'écran. Trouver le champ électrique à l'intérieur et à l'extérieur d'un faisceau d'électrons cylindrique de rayon $\rho = a$, de longueur beaucoup plus grande que le rayon et ayant une densité de charge volumique uniforme ρ_v ($\rho_v < 0$).

Solution

Dans ce cas-ci, l'application directe de la loi de Coulomb implique l'évaluation d'une intégrale triple pour chacune des trois composantes possibles de **E**. Il est préférable d'employer la loi de Gauss qui demande des calculs beaucoup plus simples, mais également une préparation astucieuse que nous allons décrire en détail.

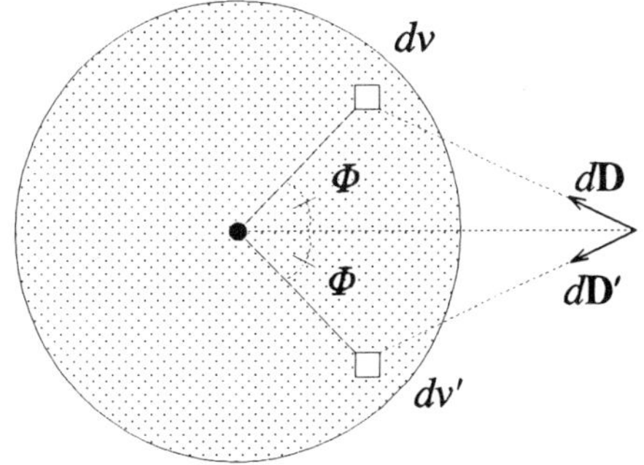

Figure 1.3

Le faisceau étant très long par rapport à son rayon, nous considérons qu'il est de longueur infinie. À cause de la symétrie par rapport à l'axe du faisceau, la composante tangentielle de la densité de flux $d\mathbf{D}$ qui est produit par un élément de volume dv, peut toujours être annulée par la composante tangentielle de $d\mathbf{D}'$ qui résulte d'un élément de volume symétrique dv' (fig. 1.3).

Par un raisonnement semblable, on peut montrer que la composante de **D** selon z est également nulle. La seule composante possible est la composante radiale $\mathbf{D}_\rho$ qui est indépendante de Φ et de z à cause de la symétrie, et qui est orientée vers l'axe du faisceau à cause de la charge négative des électrons. Pour tirer partie de la symétrie du champ **D**, nous choisissons une surface de Gauss cylindrique de longueur «l». Le produit scalaire $\mathbf{D} \cdot d\mathbf{s}$ est constant sur la surface du cylindre et il est nul aux extrémités. Nous pouvons maintenant appliquer la loi de Gauss (équat. 1.5).

à l'intérieur, $\rho < a$:

$$\oint_s \mathbf{D} \cdot ds = Q \quad \Rightarrow \quad \oint \epsilon\mathbf{E} \cdot ds = \int_0^{2\pi} \int_0^{\rho} \int_0^{l} \rho_v \; \rho \; dl \; d\rho \; d\theta$$

$$2\pi\epsilon E_\rho \rho l = \pi \rho_v \rho^2 l \quad \Rightarrow \quad E_\rho = \frac{\rho_v \rho}{2\epsilon}$$

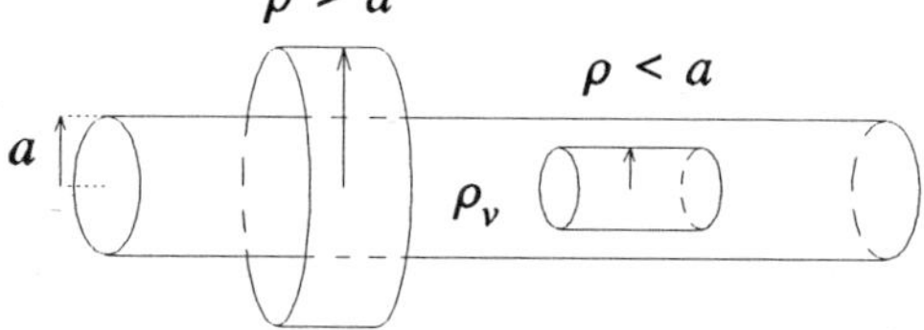

Figure 1.4

d'où

$$\mathbf{E} = \frac{\rho_v \rho}{2\epsilon} \; \hat{\boldsymbol{\rho}}$$

à l'extérieur, $\rho > a$:

$$\oint \mathbf{D} \cdot ds = Q \quad \Rightarrow \quad \oint \epsilon\mathbf{E} \cdot ds = \int_0^{2\pi} \int_0^{a} \int_0^{l} \rho_v \rho \; dl \; d\rho \; d\theta$$

$$\mathbf{E} = \frac{\rho_v a^2}{2\epsilon\rho} \; \hat{\boldsymbol{\rho}}$$

L'application de la loi de Gauss se ramène ici à l'évaluation d'une surface et d'un volume. Tout le raisonnement qui a été décrit avant l'évaluation des intégrales doit toujours être fait dans chacun des cas, mais il n'est pas nécessaire de le décrire en détail si on ne vous le demande pas.

1.3 DOUBLE PLAN DE CHARGES (Gauss, superposition)

Énoncé

Avant d'étudier le champ électrique dans un condensateur plan (problème suivant), examinons le champ produit par deux plans de charges dans un milieu de permittivité ϵ. Un premier plan infini est situé à $x = -a$ et possède une densité de charge surfacique $+\rho_s$, un second plan est situé à $x = a$ et possède une densité de charge $-\rho_s$. Trouver le champ électrique $\mathbf{E}(x, y, z)$.

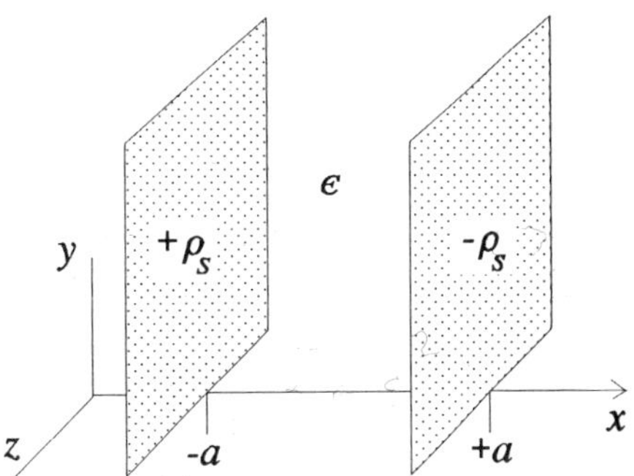

Figure 1.5

Solution

Comment doit-on appliquer la loi de Gauss à ce problème? Considérons tout d'abord uniquement le plan situé à $x = -a$. Pour un point d'observation P quelconque, la composante en z de la densité de flux $d\mathbf{D}$ produite par l'élément de surface ds, peut toujours être annulée par la composante en z de $d\mathbf{D}'$ produite par l'élément de surface symétrique ds'. Donc, la composante D_z est toujours nulle (fig. 1.6).

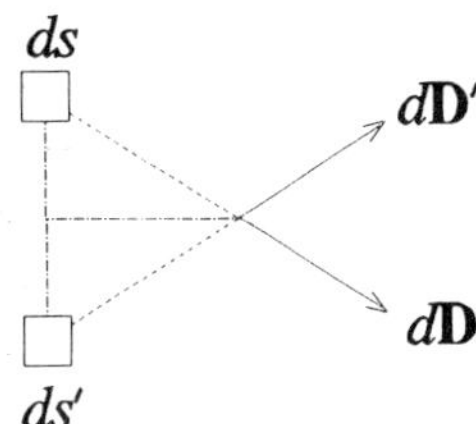

Figure 1.6

Le même raisonnement s'applique pour les composantes en y. La seule composante possible D_x sera constante pour un x donné constant, car la distribution de charge perçue est toujours la même quel que soit y ou z. Par symétrie, la densité de flux de chaque coté du plan sera orientée dans des directions différentes : $D_x(x) = -D_x(-x)$.

Pour profiter des caractéristiques de $\mathbf{D}$, choisissons une surface de Gauss cylindrique $\mathbf{S}$, de section A, s'étendant de $-d$ à $+d$, de part et d'autre du plan (une boîte à pilules : figure 1.7).

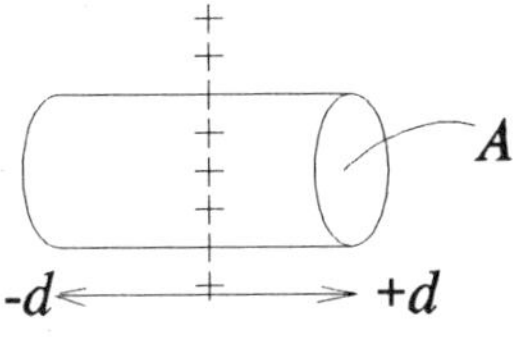

Figure 1.7

Le produit scalaire $\mathbf{D} \cdot d\mathbf{s}$ est nul sur le côté du cylindre, car $\mathbf{D}$ est perpendiculaire à $d\mathbf{s}$. L'intégrale de $\mathbf{D} \cdot d\mathbf{s}$ est égale à AD_x pour chaque extrémité. D'autre part, la charge contenue dans la boîte à pilules est tout simplement égale à $\rho_S\, A$. Nous pouvons maintenant appliquer l'équation de Gauss (1.5) :

$$\oint_s \mathbf{D} \cdot d\mathbf{s} = AD_x - (-AD_x) = A\rho_s$$

En simplifiant et en appliquant l'équation 1.4, nous obtenons :

$$x > -a \Rightarrow E_x = \frac{\rho_s}{2\epsilon} \quad \text{et} \quad x < -a \Rightarrow \mathbf{E}_x = -\frac{\rho_s}{2\epsilon}$$

On constate que **E** est uniforme de part et d'autre du plan (probl. 1.1b). Par superposition du champ produit par le plan situé à $x = a$, nous obtenons finalement :

$$|x| < a \Rightarrow E_x = \frac{\rho_s}{\epsilon} \quad \text{et} \quad |x| > a \Rightarrow \mathbf{E} = 0$$

1.4 CONDENSATEUR PLAN (Gauss, conditions aux frontières)

Énoncé

Trouver le champ entre les deux plaques d'un condensateur plan. Les plaques métalliques sont séparées par un milieu de permittivité ϵ. La plaque située à $x = -a$ montre une densité de charge surfacique $+\rho_s$ sur sa face intérieure, tandis que celle située à $x = +a$ possède une densité de charge $-\rho_s$ sur sa face intérieure. La dimension des plaques est grande par rapport à a et on peut négliger les effets de bords (probl. 2.3).

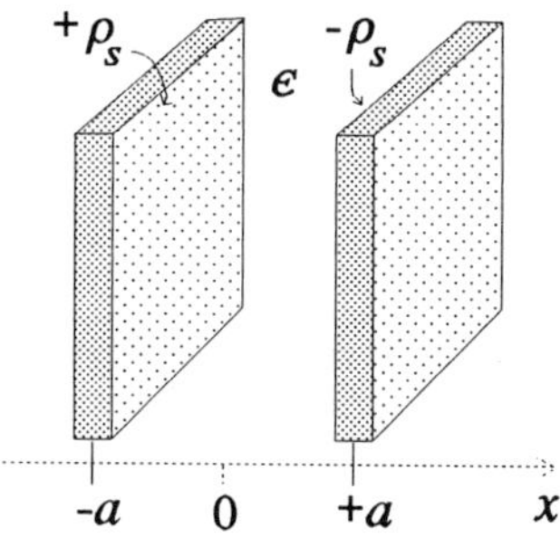

Figure 1.8

Solution

Ce problème diffère du problème précédent par la présence des conducteurs métalliques. Toutefois, toutes les considérations de symétrie s'appliquent encore : seule la composante de **D** selon x est non nulle et elle est constante pour un x donné.

Profitons de la condition aux frontières qui dit que le champ est nul à l'intérieur d'un conducteur (équat. 1.20), pour choisir une surface de Gauss s semblable à celle du problème précédent, mais avec une surface à l'intérieur du conducteur (fig. 1.9).

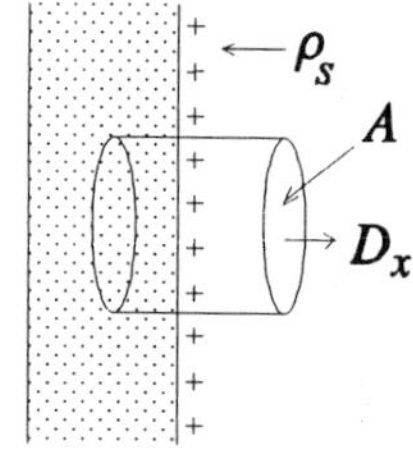

Figure 1.9

Le produit scalaire $\mathbf{D} \cdot d\mathbf{s}$ est nul à l'intérieur du conducteur (équat. 1.20) et nul sur le côté du cylindre, car D_x est perpendiculaire à $d\mathbf{s}$. L'intégrale de surface est égale à D_xA. En appliquant l'équation de Gauss, nous obtenons (1.5) :

$$\oint_s \mathbf{D} \cdot d\mathbf{s} = D_x A = Q = \rho_s A$$

Finalement, le champ **E** a la même valeur qu'au problème précédent :

$$|x| < a \Rightarrow E_x = \frac{\rho_s}{\epsilon}$$

Notons qu'il n'est pas nécessaire d'appliquer le principe de superposition pour tenir compte des charges portées par l'autre plaque. L'effet de ces autres charges est implicite puisqu'elles sont responsables de la répartition des charges sur la surface intérieure de la plaque de gauche. En effet, si on retire la plaque de droite, les charges se répartissent uniformément sur les deux côtés de la plaque illustrée à la figure 1.9 et la valeur du champ électrique diminue de moitié à droite de la plaque.

1.5 BLINDAGE ÉLECTROSTATIQUE (Gauss, conditions aux frontières)

Énoncé

Pour éviter qu'un dispositif ne produise des interférences électromagnétiques pouvant nuire au fonctionnement d'appareils électroniques, on l'enferme dans une enceinte blindée. Examinons une enceinte constituée d'une sphère métallique creuse, de rayon intérieur a et de rayon extérieur b. Au début de l'expérience, la sphère est mise à la terre pour évacuer les charges excédentaires, c'est-à-dire que la somme des charges restantes est nulle. Puis la sphère est isolée et on introduit une charge ponctuelle $+Q$ au centre :

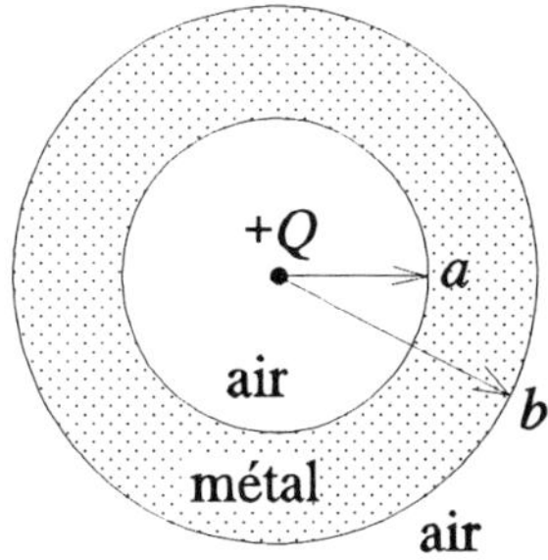

Figure 1.10

a) Trouver le champ électrique **E** à l'intérieur et à l'extérieur de la sphère.
b) Quel est le champ électrique **E** si on met la sphère à la terre après avoir introduit la charge ponctuelle.

Solution

a) À cause de la symétrie, la seule composante de **E** non nulle est la composante radiale E_r, dont la valeur est constante pour un rayon constant. Nous appliquerons la loi de Gauss en utilisant une surface d'intégration sphérique S de rayon r.

Pour $r < a$, avec l'équation 1.5, on obtient :

$$\oint_s \mathbf{D} \cdot ds = D_r 4\pi r^2 = Q \quad \Rightarrow \quad E_r = \frac{Q}{4\pi\epsilon_0 r^2}$$

Pour un rayon légèrement supérieur à a, le champ **E** est nul puisque la surface d'intégration est dans le métal (équat. 1.20). L'intégrale de surface précédente est donc nulle, ce qui implique que la charge nette contenue dans la surface de Gauss est également nulle. Physiquement, des charges négatives contenues dans la paroi métallique ont été attirées à la surface intérieure de la paroi (équat. 1.22) avec une quantité de charges $-Q$ et une densité surfacique uniforme (à cause de la symétrie).

$$\text{pour} \quad a \le r \le b, \quad \mathbf{E} = 0$$

Puisque la somme des charges de la paroi sphérique est nulle au départ et qu'une quan-tité de charges négatives se situe sur la surface intérieure, il reste une quantité de charges positives $+Q$ quelque part dans la sphère. Elle n'est pas à l'intérieur de la paroi, car **E** y est nul. Elle est donc sur la surface extérieure (équat. 1.22). Pour un rayon supérieur à b, la quantité de charges dans la surface d'intégration reste donc $+Q$:

$$\oint_s \mathbf{D} \cdot d\mathbf{s} = D_r 4\pi r^2 \quad \Rightarrow \quad E_r = \frac{Q}{4\pi\epsilon_0 r^2}$$

b) Le champ électrique reste le même pour $r \leq b$, mais pour $r > b$, il est nul, car les charges positives excédentaires de la paroi ont pu être évacuées par la mise à la terre. Donc, pour qu'une enceinte blindée soit efficace, il faut qu'elle soit mise à la terre.

1.6 CAPACITÉ DISTRIBUÉE (Gauss, potentiel, capacité)

Énoncé

Le câble coaxial est une ligne de transmission couramment utilisée pour relier entre eux des circuits électroniques, des capteurs, des antennes, etc. Ce câble est constitué d'un fil métallique de rayon a situé au centre d'une gaine métallique cylindrique de rayon b et remplie d'un diélectrique de permittivité ϵ. Ce câble constitue un condensateur dont la capacité est distribuée uniformément sur toute la longueur. Calculer la capacité du câble pour une longueur l.

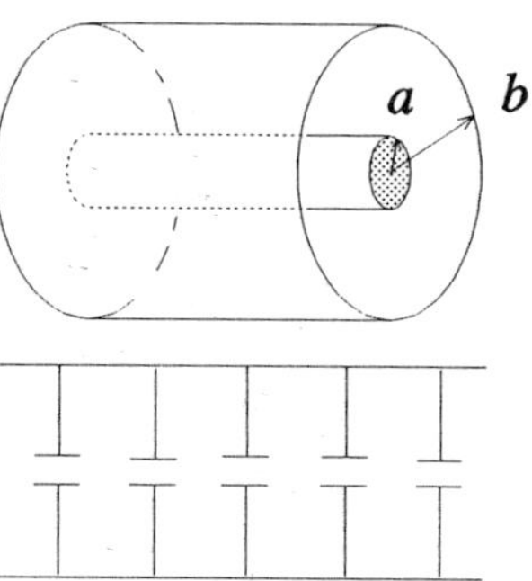

Figure 1.11

Solution

Comment résoudre ce problème en appliquant l'équation 1.18? Chargeons une longueur l de ce câble à l'aide d'une source de potentiel V. Une certaine quantité $-Q$ d'électrons passe du fil à la gaine, ce qui laisse une quantité de charges positives excédentaires $+Q$ sur le fil central. Pour le moment, cette quantité de charges est inconnue. À cause de la symétrie, ces charges se répartissent uniformément sur les surfaces intérieures des conducteurs avec une densité de charge surfacique ρ_s. Toujours à cause de la symétrie, seule

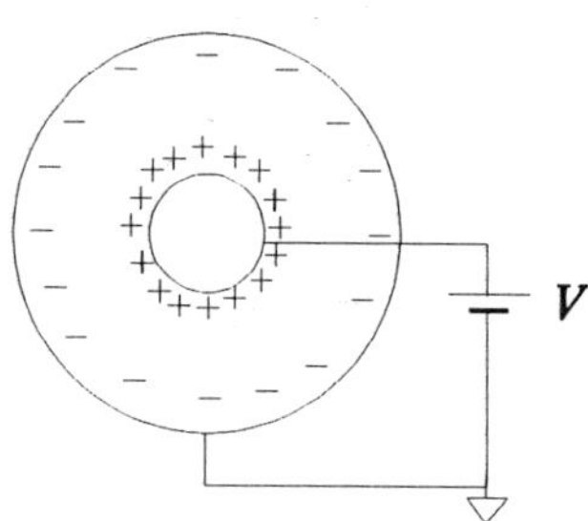

Figure 1.12

la composante radiale D_ρ est non nulle, et elle est constante pour un rayon ρ constant (probl. 1.2). Appliquons la loi de Gauss pour une surface d'intégration cylindrique de rayon ρ :

$$\oint_s \mathbf{D} \cdot d\mathbf{s} = D_\rho \, 2\pi\rho \, l = Q \, 2\pi a \, \rho_s \, l \quad \Rightarrow \quad E_\rho = E_\rho = \frac{a\,\rho_s}{\epsilon\,\rho}$$

Calculons la différence de potentiel entre les deux conducteurs qui résulte de ce champ en appliquant l'équation 1.9. Le parcours d'intégration est radial et l'élément $d\mathbf{l}$ qui est orienté dans la même direction que le champ électrique est égal à $d\rho$:

$$V_{ab} = -\int_b^a \mathbf{E} \cdot d\mathbf{l} = -\int_b^a E_\rho d\rho = -\int_b^a \frac{a\,\rho_s\,d\rho}{\epsilon\rho}$$

$$V_{ab} = -\frac{a\,\rho_s}{\epsilon}\left[\ln\rho\right]_b^a = \frac{a\,\rho_s}{\epsilon}\ln\left(\frac{b}{a}\right)$$

Nous pouvons maintenant appliquer l'équation 1.18 en utilisant $Q = 2\pi a l \rho_s$:

$$C = \frac{Q}{V_{ab}} = \frac{2\pi a l \rho_s}{\frac{a\,\rho_s}{\epsilon}\ln\left(\frac{b}{a}\right)} = \frac{2\pi\epsilon l}{\ln\left(\frac{b}{a}\right)}$$

1.7 CONDENSATEUR RÉEL (capacité, résistance, claquage)

Énoncé

Les principales caractéristiques d'un condensateur sont la capacité, la tension maximale qu'il peut supporter et la résistance de fuite. La capacité a été définie au début de ce chapitre. La tension maximale est reliée au phénomène de claquage qui survient lorsque l'amplitude du champ électrique dépasse la rigidité diélectrique de l'isolant et que celui-ci devient soudainement conducteur. La résistance de fuite résulte de la conductivité non nulle de l'isolant.

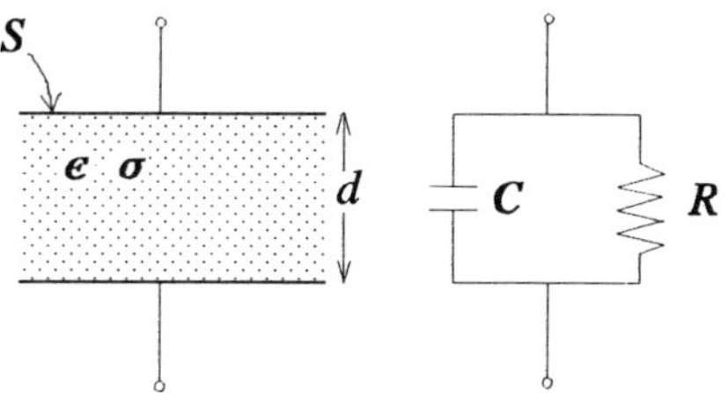

Figure 1.13

Pour un condensateur plan ayant une surface $S = 0{,}1$ m^2, une distance entre les plaques $d = 0{,}1$ mm, un diélectrique de permittivité relative $\epsilon_r = 5$, de conductivité $\sigma = 10^{-9}$ S/m, et de rigidité diélectrique égale à 6 MV/m, trouver sa capacité, sa tension maximale et sa résistance de fuite.

Solution

Pour trouver la capacité, appliquons l'approche du problème précédent. Tout d'abord, la loi de Gauss (équat. 1.5) nous permet de calculer l'intensité du champ électrique entre les plaques (probl. 1.4) :

$$\mathbf{E} = \frac{\rho_s}{\epsilon} = \frac{Q}{\epsilon S}$$

La différence de potentiel est ensuite calculée à partir de l'équation 1.9 :

$$V = -\int_0^d \mathbf{E} \cdot d\mathbf{l} = Ed = \frac{Qd}{\epsilon S}$$

Finalement, appliquons la définition de la capacité (équat. 1.18) :

$$C = \frac{Q}{V} = \frac{Q}{\dfrac{Qd}{\epsilon S}} = \frac{\epsilon S}{d} = 44{,}3 \text{ nF}$$

L'intégrale (équat. 1.9) nous permet de trouver la tension correspondant au champ électrique maximal de 6 MV/m :

$$V_{\max} = -\int_0^d \mathbf{E}_{\max} \cdot d\mathbf{l} = 6 * 10^6 \text{ V/m} * 10^{-4} = 600 \text{ V}$$

Pour trouver la résistance (équat. 1.17), le courant I peut être obtenu à partir de la densité du courant de conduction $\mathbf{J}$ (équat. 1.16) :

$$\mathbf{J} = \sigma \mathbf{E} = \sigma \frac{V}{d}$$

Le courant I est calculé en intégrant $\mathbf{J}$ sur toute la surface du diélectrique :

$$I = \int_s \mathbf{J} \cdot ds = \left(\frac{\sigma V}{d}\right) S$$

La résistance est donc (équat. 1.17) :

$$R = \frac{V}{I} = \frac{V}{\left(\dfrac{\sigma VS}{d}\right)} = \frac{d}{\sigma S} = 1 \text{ m}\Omega$$

Notons que les condensateurs au mica ont des tensions maximales et des résistances de fuite élevées, mais des capacités faibles. Les condensateurs électrolytiques ont des tensions maximales et des résistances de fuite faibles, mais des capacités très élevées. Les premiers sont utilisés dans les circuits à haute fréquence tandis que les seconds sont utilisés dans les blocs d'alimentation à basse tension. Notons qu'aux fréquences élevées, les condensateurs montrent également des effets inductifs (probl. 5.8).

1.8 CONDUCTIVITÉ DU SOL (résistance, conductivité)

Énoncé

Les performances de certains types d'antennes dépendent de la conductivité du sol au site d'installation. Pour mesurer cette conductivité, on dispose, à la surface du sol, deux électrodes hémisphériques de rayon a séparées d'une distance $d \gg a$, entre lesquelles une différence de potentiel V est appliquée. On obtient alors un courant I. Calculer la conductivité σ en fonction de a et de la résistance $R = V/I$ entre les électrodes. Parce que $d \gg a$, on considère que la densité de courant $\mathbf{J}$ est uniforme à la surface des électrodes et le champ $\mathbf{E}$ en un point est égal à la somme des champs produits par chacune des deux électrodes.

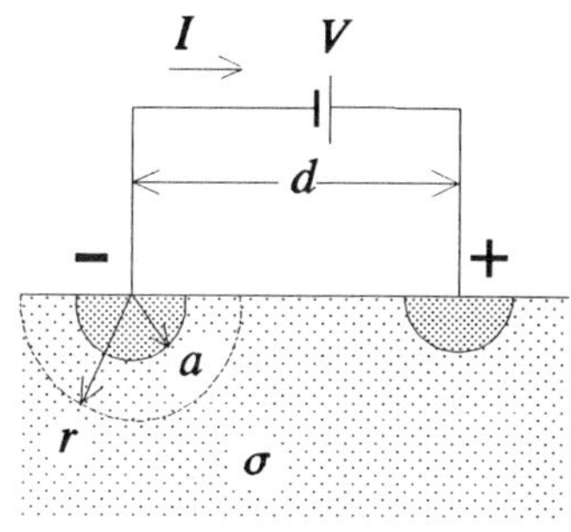

Figure 1.14

Solution

Situons tout d'abord l'électrode négative (puits de courant) au centre d'un système de coordonnées sphériques. La densité de courant $\mathbf{J}^-$ due à cette seule électrode au point r est obtenue en divisant le courant $-I$ par la surface de l'hémisphère passant par le point r (la densité de courant est uniforme) :

$$\mathbf{J}^- = \frac{-I}{2\pi r^2}\,\hat{\mathbf{r}}$$

À ce courant, correspond le champ $\mathbf{E}^-$ (équat. 1.16) :

$$\mathbf{E}^- = \frac{\mathbf{J}^-}{\sigma} = \frac{-I}{2\pi\sigma r^2}\,\hat{\mathbf{r}}$$

Selon l'énoncé du problème, le champ total $\mathbf{E}$ est égal à la superposition de $\mathbf{E}^-$ et de $\mathbf{E}^+$ (le champ produit par la source de courant). Le long de la droite joignant les deux électrodes nous avons :

$$E_r = \frac{-I}{2\pi\sigma r^2} - \frac{I}{2\pi\sigma(d-r)^2}$$

La différence de potentiel entre les surfaces des deux électrodes est (équat. 1.9) :

$$V = -\int_a^{d-a} \mathbf{E}\cdot d\mathbf{l} = \frac{I}{2\pi\sigma}\int_a^{d-a}\left(\frac{1}{r^2} + \frac{1}{(d-r)^2}\right)dr$$

$$V = \frac{I}{2\pi\sigma}\left[\frac{-1}{r} + \frac{1}{(d-r)}\right]_a^{d-a} = \frac{I}{\pi\sigma}\left(\frac{1}{a} - \frac{1}{(d-a)}\right) \approx \frac{I}{\pi\sigma a}$$

La résistance R entre les électrodes est (équat. 1.17) :

$$R = \frac{V}{I} = \frac{\left(\frac{I}{\pi \sigma a}\right)}{I} = \frac{1}{\pi \sigma a}$$

et la conductivité est :

$$\sigma = \frac{1}{\pi a R}$$

Notons que la résistance entre les électrodes ne dépend pas de la distance entre celles-ci en autant que la distance d soit beaucoup plus grande que a. On peut donc construire un réseau de distribution électrique à un seul fil avec retour du courant au sol afin d'économiser le coût d'un second fil.

1.9 CONDENSATEUR PLAN (travail virtuel, pression électrostatique)

Énoncé

Soit un condensateur plan constitué de deux plaques conductrices séparées par une distance d et rempli par un matériau diélectrique ayant une permittivité ϵ. On charge le condensateur par une batterie de V volts que l'on débranche ensuite. Calculer la pression électrostatique sur les plaques du condensateur en utilisant :

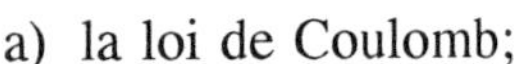

a) la loi de Coulomb;
b) le travail virtuel.

Négliger les effets de bords.

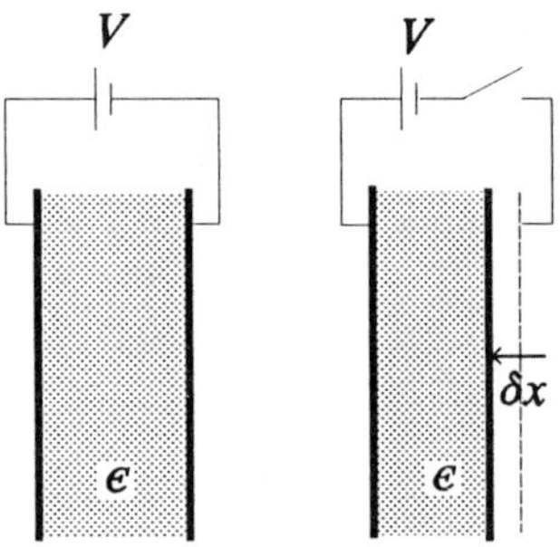

Figure 1.15

Solution

a) Selon la loi de Coulomb, seules les charges négatives de la plaque de droite produisent une force résultante nette ayant une seule composante selon x sur les charges positives situées sur la plaque de gauche. Le champ électrique $\mathbf{E}^-$ produit par le plan de charges négatives (voir problème 1.3) est :

$$\mathbf{E}^- = \frac{\rho_s}{2\epsilon}\,\hat{\mathbf{x}}$$

où ρ_s est la densité de charge surfacique.

Pour un élément $\Delta\mathbf{s}$ de la plaque positive de gauche, la force de Coulomb due au champ $\mathbf{E}^-$ est :

$$\mathbf{F} = q\mathbf{E}^- = (\rho_s\,\Delta S)\,\mathbf{E}^- = \frac{\rho_s^2}{2\epsilon}\,\Delta S\,\hat{\mathbf{x}}$$

d'où on peut tirer la pression électrostatique :

$$\mathbf{P} = \frac{\mathbf{F}}{\Delta S} = \frac{\rho_s^2}{2\epsilon}\,\hat{\mathbf{x}}$$

sachant que le champ électrique dans le condensateur est uniforme (voir problème 1.4) et a une intensité :

$$E = \frac{V_0}{d} = \frac{\rho_s}{\epsilon}$$

on peut exprimer le vecteur pression électrostatique de la façon suivante :

$$\mathbf{P} = \frac{\epsilon V^2}{2d^2}\,\hat{\mathbf{x}}$$

b) Sous l'effet de la pression électrostatique, supposons que l'espacement entre les deux plaques conductrices diminue d'une distance δx. L'énergie électrique emmagasinée dans le condensateur avant le déplacement est :

$$W_e = \frac{1}{2}\int \epsilon E^2\, dv = \frac{\epsilon}{2}\,\frac{\rho_s^2}{\epsilon^2}\, dS$$

l'énergie électrique stockée après le déplacement est :

$$W_e' = \frac{1}{2}\int \epsilon E^2\, dv = \frac{\epsilon}{2}\,\frac{\rho_s^2}{\epsilon^2}\,(d - \delta x)\, S$$

On remarque donc une perte d'énergie électrique :

$$\delta W_E = W_E - W_E' = \frac{\delta x\, \rho_s^2\, S}{2\epsilon}$$

D'autre part, on peut dire que la force mécanique **F** qui est à l'origine du déplacement $\delta\mathbf{x}$ des plaques a accompli un travail virtuel **F** $\delta\mathbf{x}$. L'énergie qui a produit ce travail virtuel provient de la perte d'énergie électrique δW_e :

$$F \cdot \delta x = \delta W_e = \frac{\delta x\, \rho_s^2\, S}{2\epsilon}$$

Ce qui implique que :

$$\mathbf{F} = \frac{\rho_s^2\, S}{2\epsilon}\,\hat{\mathbf{x}}$$

d'où on peut tirer la pression électrostatique,

$$\mathbf{P} = \frac{\mathbf{F}}{\mathbf{S}} = \frac{\rho_s^2}{2\epsilon}\,\hat{\mathbf{x}} = \frac{\epsilon\, V_0^2}{2d^2}\,\hat{\mathbf{x}}$$

ce qui donne le même résultat que celui obtenu en a).

1.10 BRIDE ÉLECTROSTATIQUE (travail virtuel)

Énoncé

Pour maintenir en place des pièces de métal pendant leur usinage (fraisage, perçage, etc.), on peut utiliser une bride électrostatique. La table d'usinage sur laquelle est placée la pièce est constituée d'un diélectrique de permittivité ϵ et d'épaisseur d qui isole la pièce d'un plan conducteur ayant une différence de potentiel V par rapport à la terre. La pièce à usiner est mise à la terre. Si la face inférieure de cette pièce est plane et ses dimensions sont grandes par rapport à d, trouver la pression électrostatique exercée sur la pièce.

Solution

Pour calculer la force électrostatique qui s'exerce entre les charges situées sur les deux conducteurs, nous utiliserons à nouveau le concept de travail virtuel. Supposons que sous l'effet de la force électrostatique, la pièce se déplace d'une distance infinitésimale δx. Ce déplacement demande une quantité de travail égale au produit force-déplacement et que l'on nomme le travail virtuel : $\delta W_v = \mathbf{F} \cdot \delta\mathbf{x}$. Étudions maintenant le changement d'énergie électrique δW_e associé à ce déplacement. À cause de la géométrie, on peut considérer que la face inférieure de la pièce forme avec le plan conducteur un condensateur plan où $E = V/d$ (équat. 1.9).

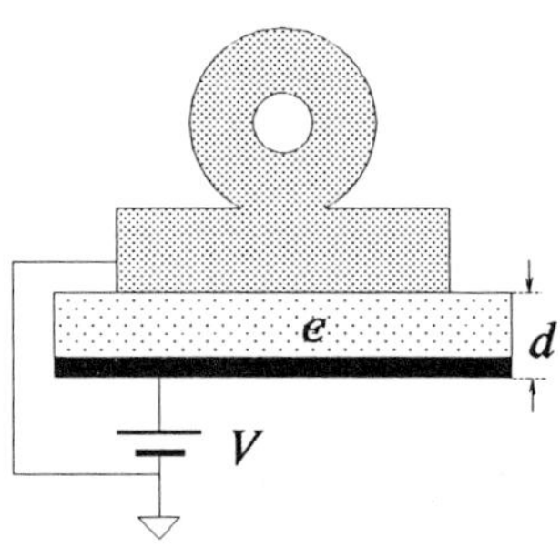

Figure 1.16

Avant le déplacement, l'énergie électrique W_e peut être calculée en intégrant l'équation 1.13 :

$$W_e = \frac{1}{2}\int_V \mathbf{E} \cdot \mathbf{D}\, dv = \frac{\epsilon E^2 S d}{2} = \frac{\epsilon V^2 S}{2d}$$

Après le déplacement, l'intensité du champ électrique est plus grande mais le volume est plus petit, nous obtenons alors l'énergie électrique W_e' :

$$W_e' = \frac{1}{2}\int_V \mathbf{E} \cdot \mathbf{D}\, dv = \frac{\epsilon}{2}\left(\frac{V}{d - \delta x}\right)^2 S(d - \delta x) = \frac{\epsilon V^2 S}{2(d - \delta x)}$$

Le changement d'énergie électrique est donc :

$$\delta W_e = W_e' - W_e = \frac{\epsilon V^2 S}{2}\left(\frac{1}{d - \delta x} - \frac{1}{d}\right) \approx \frac{\epsilon V^2 S}{2d^2}\,\delta x$$

où l'on suppose que $\delta x \ll d$. On note que l'énergie électrique a augmenté. D'où provient l'énergie qui a produit le déplacement $\delta\mathbf{x}$ et cette augmentation d'énergie électrique? Cette énergie provient de la source de potentiel qui a dû fournir une certaine quantité de charges δQ

pour maintenir la même tension aux bornes du condensateur dont la capacité a augmenté d'une valeur δC (probl. 1.7) :

$$\delta C = \frac{\epsilon S}{d - \delta x} - \frac{\epsilon S}{d} = \epsilon S \left(\frac{1}{d - \delta x} - \frac{1}{d} \right) \approx \frac{\epsilon S \delta x}{d^2}$$

où l'on considère à nouveau que $\delta x \ll d$.

L'augmentation de charge δQ qui est nécessaire pour maintenir le potentiel V est (équat. 1.18) :

$$\frac{Q + \delta Q}{C + \delta C} = V \quad \Rightarrow \quad \delta Q = V\,(C + \delta C) - CV = V\,\delta C$$

L'énergie δW_s fournie par la source pour transporter une charge δQ d'un potentiel nul à un potentiel V est (équat. 1.9) :

$$\delta W_s = \delta Q\, V = V^2\, \delta C = \frac{\epsilon S V^2}{d^2}\, \delta x$$

Le bilan d'énergie est le suivant :

$$\delta W_s = \delta W_v + \delta W_e \quad \Rightarrow \quad \frac{\epsilon S V^2}{d^2}\, \delta x = F\, \delta x + \frac{\epsilon S V^2}{2d^2}\, \delta x$$

D'où l'on peut tirer la pression électrostatique :

$$\frac{F}{S} = \frac{\epsilon V^2}{d^2} - \frac{\epsilon V^2}{2d^2} = \frac{\epsilon V^2}{2d^2}$$

1.11 CONDENSATEUR PLAN PARTIELLEMENT REMPLI (énergie virtuelle)

Énoncé

Un condensateur plan ayant des caractéristiques telles qu'illustrées (fig. 1.17) est branché à une source de tension V. Un bloc de diélectrique de permittivité ϵ est partiellement introduit dans le condensateur. Calculer la force qui s'exerce sur le bloc diélectrique. Considérer que le système est sans perte et négliger les effets de bords.

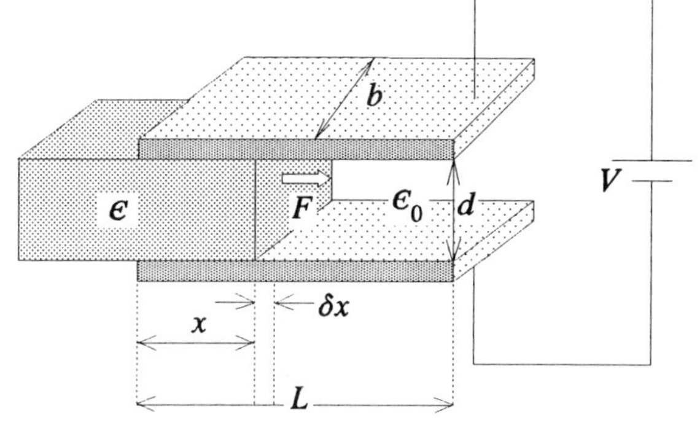

Figure 1.17

Solution

On obtient l'énergie électrique emmagasinée dans le système lorsque le diélectrique est introduit à la position x en utilisant l'équation 1.13 :

$$W_e = \frac{1}{2}\,\epsilon_0\left(\frac{V}{d}\right)^2 (L - x)\,bd + \frac{1}{2}\,\epsilon\left(\frac{V}{d}\right)^2 xbd$$

Pour un déplacement de δx, l'énergie électrique emmagasinée devient :

$$W_e + \delta W_e = \frac{1}{2}\,\epsilon_0\left(\frac{V}{d}\right)^2 (L - x - \delta x)\,bd + \frac{1}{2}\,\epsilon\left(\frac{V}{d}\right)^2 (x + \delta x)\,bd$$

L'augmentation de l'énergie électrique δW_E est :

$$\delta W_e = \frac{1}{2}\,\epsilon_0\left(\frac{V}{d}\right)^2 (-\delta x)\,bd + \frac{1}{2}\,\epsilon\left(\frac{V}{d}\right)^2 (\delta x)\,bd = \frac{1}{2}\,\frac{V^2 b}{d}\left(\epsilon - \epsilon_0\right)\delta x$$

Pour garder le potentiel V constant entre les plaques, la source extérieure doit fournir une quantité de charges δQ aux plaques du condensateur tel que :

$$\delta Q = \left(\frac{\epsilon\, V}{d}\right) b\,\delta x - \left(\frac{\epsilon_0\, V}{d}\right) b\,\delta x = \frac{V\,b}{d}\left(\epsilon - \epsilon_0\right)\delta x$$

où $\epsilon_0\, V/d$ et $\epsilon\, V/d$ sont les densités de charge surfaciques sur la bande de largeur δx avant et après le déplacement (il est également possible de résoudre ce problème en considérant le changement de capacité, comme dans le problème précédent). L'énergie fournie par la source δW_S est :

$$\delta W_s = V\,\delta Q = \frac{V^2 b}{d}\left(\epsilon - \epsilon_0\right)\delta x$$

Le bilan d'énergie, qui inclut l'énergie virtuelle telle que définie au problème précédent, est :

$$\delta W_s = \delta W_e + \delta W_v \;\Rightarrow\; \frac{V^2 b}{d}\left(\epsilon - \epsilon_0\right)\delta x = \frac{V^2 b}{2d}\left(\epsilon - \epsilon_0\right)\delta x + F\,\delta x$$

d'où on obtient la force :

$$F = \frac{V^2 b}{2d}\left(\epsilon - \epsilon_0\right)$$

Puisque $\epsilon > \epsilon_0$, le diélectrique tend à entrer dans le condensateur.

1.12 MICROPHONE ÉLECTROSTATIQUE (conditions aux frontières)

Énoncé

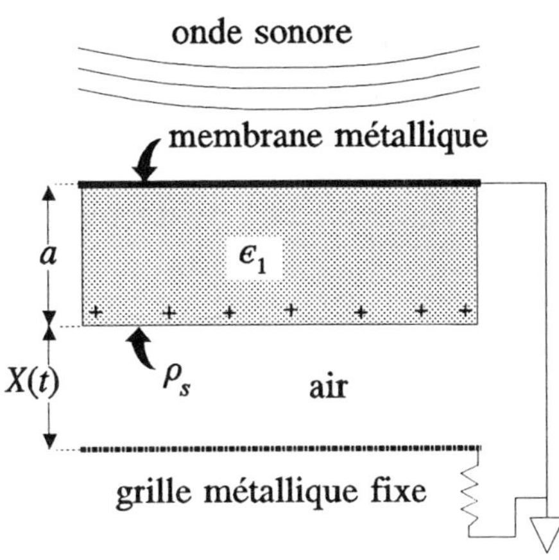

Figure 1.18

Dans le microphone électrostatique illustré ci-dessous (fig. 1.18), l'onde de pression sonore déplace le diaphragme dans le sens vertical. Ce diaphragme est formé d'une mince membrane métallique déposée sur le côté supérieur d'un diélectrique flexible d'épaisseur constante a et de permittivité ϵ_1. Le côté inférieur du diélectrique a été bombardé par des ions qui sont restés piégés juste sous la surface avec une densité de charge surfacique ρ_s (électret). Le côté inférieur est alors séparé d'une grille métallique fixe par une distance variable $X(t)$. La membrane métallique supérieure est mise directement à la masse ($V_M = 0$) tandis que la grille inférieure est connectée à la masse par une résistance très faible qui maintient la grille à un potentiel $V_g = 0$. Dans les calculs suivants, on suppose que le champ électrique est uniforme dans le diélectrique et qu'il est aussi uniforme dans l'air.

a) Quel est le potentiel V' à la surface inférieure du diélectrique? Quel est le champ électrique $\mathbf{E}_1$ dans le diélectrique et le champ $\mathbf{E}_0$ dans l'air?
b) Quelle est la charge sur la surface supérieure de la grille ayant une surface A?
c) Quel est le courant circulant dans la résistance si $X(t) = X_0 + b\sin(\omega t)$? En pratique, on note que $X_0 \gg b$.

Solution

a) La condition aux frontières entre les deux diélectriques est (équat. 1.26) :

$$D_{n1} - D_{n2} = \rho_S$$

Puisque le champ électrique est uniforme dans chacun des deux matériaux, nous obtenons :

$$D_1 - D_0 = \rho_s \quad \text{donc} \quad \epsilon_1 E_1 - \epsilon_0 E_0 = \rho_s \qquad (1)$$

Trouvons V' en fonction du champ (équat. 1.9).

$$V' = -\int_0^X \mathbf{E}_0 \cdot d\mathbf{x} = -E_0 X = -\int_{X+a}^X \mathbf{E}_1 \cdot d\mathbf{x} = E_1 a$$

$$E_0 X + E_1 a = 0 \qquad (2)$$

de (1) et (2), on obtient :

$$E_1 = \frac{\rho_s}{\epsilon_1 + \dfrac{\epsilon_0 a}{X}}, \quad E_0 = \frac{-\rho_s}{\epsilon_0 + \dfrac{\epsilon_1 X}{a}} \quad \text{et} \quad V' = \frac{a\rho_s}{\epsilon_1 + \dfrac{\epsilon_0 a}{X}}$$

b) Les conditions aux frontières nous indiquent que la densité de charge surfacique sur la surface supérieure de la grille ρ_s' est égale à la composante normale de la densité de flux électrique (équat. 1.24) :

$$D_0 = \rho_s' \quad \text{alors} \quad Q = \epsilon_0 E_0 A$$

$$\text{donc} \quad Q = \frac{-\epsilon_0 A \rho_s}{\epsilon_0 + \dfrac{\epsilon_1 X}{a}}$$

c) Pour trouver le courant, il suffit de dériver la charge Q par rapport au temps. Puisque b est négligeable par rapport à X_0, nous obtenons :

$$I = \frac{\epsilon_0 A \rho_s}{\left(\epsilon_0 + \dfrac{\epsilon_1 X}{a}\right)^2} \times \frac{\epsilon_1}{a}\,\frac{dX}{dt}$$

$$I \approx \frac{\epsilon_0\,\epsilon_1 A \rho_s\, \omega b \cos(\omega t)}{a\left(\epsilon_0 + \dfrac{\epsilon_1 X_0}{a}\right)^2}$$

1.13 CHARGES AU SOL (image, conditions aux frontières)

Énoncé

Étudions les effets produits au niveau du sol par une ligne de transport à haute tension. Soit un fil horizontal de rayon b situé à une hauteur h ($b \ll h$) et ayant une différence de potentiel $V = V_0 \sin(\omega t)$ par rapport au sol qui est considéré comme étant à un potentiel nul. Une plaque métallique carrée de côté a ($a \ll h$), isolée du sol par un diélectrique mince, est mise à la terre par une résistance R. Parce que cette résistance est faible, le potentiel de la plaque est approximativement nul. Trouver le courant I qui circule dans cette résistance (comme la fréquence ω est faible, on peut utiliser l'approximation quasi statique, c'est-à-dire que le champ électrique à un instant donné résulte seulement des charges présentes et non des fluctuations du champ magnétique).

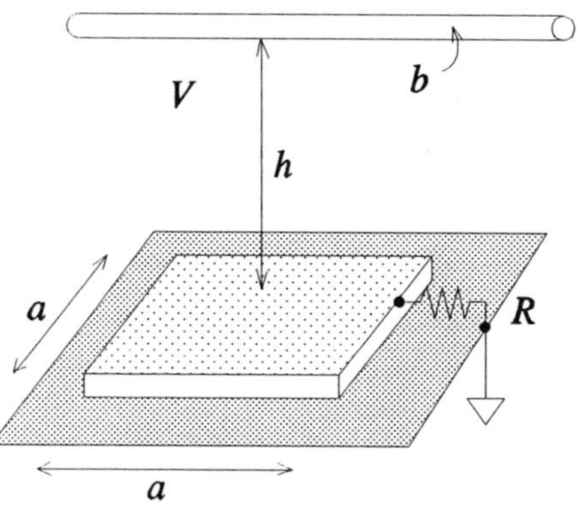

Figure 1.19

Solution

La charge sur le fil induit des charges de signe opposé sur le sol avec une densité de charge surfacique ρ_S inconnue, ce qui cause un problème. Nous utiliserons la théorie des images pour transformer le problème original qui correspond à un milieu semi-infini, en un nouveau problème pour un milieu infini.

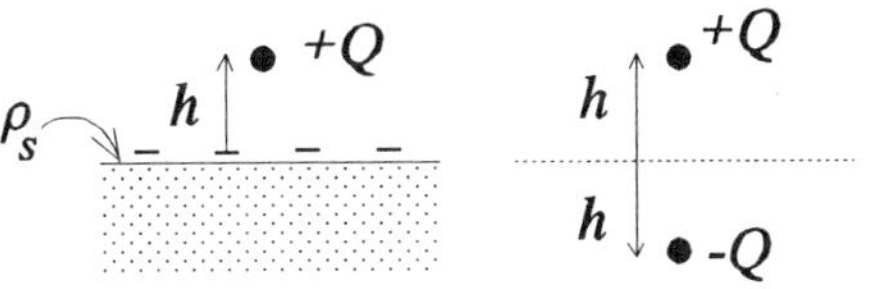

Figure 1.20

Tel qu'illustré sur la coupe transversale de la figure 1.20, dans un milieu infini, le plan conducteur est remplacé par une ligne de charges de signe opposé, parallèle à la ligne originale, et située à une profondeur $-h$ sous un plan imaginaire qui remplace le plan conducteur. À cause de la symétrie, le potentiel sur ce plan imaginaire est nul. Cette surface de potentiel constant peut alors remplacer le plan conducteur puisqu'un conducteur a toujours un potentiel constant (équat. 1.21). Pour calculer la densité de flux en un point, il suffit alors de superposer la composante $\mathbf{D}^+$ produite par la ligne originale à celle produite par l'image $\mathbf{D}^-$.

Puisque $b \ll h$, la densité de charge surfacique est uniforme autour du fil. À cause de cette symétrie, appliquons la loi de Gauss en utilisant une surface d'intégration cylindrique S centrée autour du fil original, de longueur l et de rayon ρ :

$$\oint_s \mathbf{D}^+ \cdot d\mathbf{s} = D_\rho^+ \, 2\pi \, \rho l = Q \quad \Rightarrow \quad D_\rho^+ = \frac{\rho_l}{2\pi\rho}$$

Pour le moment, la densité de charge linéaire ρ_l est inconnue. Utilisons maintenant un système de coordonnées cartésiennes dont l'origine sur le plan est imaginaire, et les deux fils orientés selon $\hat{\mathbf{x}}$ à des hauteurs $z = +h$ et $z = -h$. Nous pouvons calculer ρ_l à partir de la différence de potentiel V entre le fil et le plan. Nous choisissons un parcours d'intégration (équat. 1.9) sur l'axe z où le champ électrique $\mathbf{E}$ est obtenu en superposant $\mathbf{E}^+$ et $\mathbf{E}^-$:

$$\text{pour} \quad y = 0, \quad E_z = \frac{\rho_l}{2\pi\epsilon_0}\left(\frac{-1}{(z+h)} + \frac{1}{(z-h)}\right)$$

et la différence de potentiel entre le fil et le plan est :

$$V = \frac{-\rho_l}{2\pi\epsilon_0}\int_0^{h-b}\left(\frac{-1}{(z+h)} + \frac{1}{(z-h)}\right)dz$$

$$= \frac{\rho_l}{2\pi\epsilon_0}\left[\ln\,(z+h) - \ln\,(z-h)\right]_0^{h-b}$$

comme $b \ll h$, nous obtenons :

$$V = \frac{\rho_l \ln\left(\dfrac{2h}{b}\right)}{2\pi\epsilon_0} \quad \Rightarrow \quad \rho_l = \frac{2\pi\epsilon_0 V}{\ln\left(\dfrac{2h}{b}\right)}$$

La densité de flux **D** sur le plan est obtenue en additionnant vectoriellement $\mathbf{D}^+$ et $\mathbf{D}^-$:

$$\text{pour } z = 0, \qquad \mathbf{D} = \frac{-\rho_l\, h}{\pi(h^2 + y^2)}\,\hat{\mathbf{z}}$$

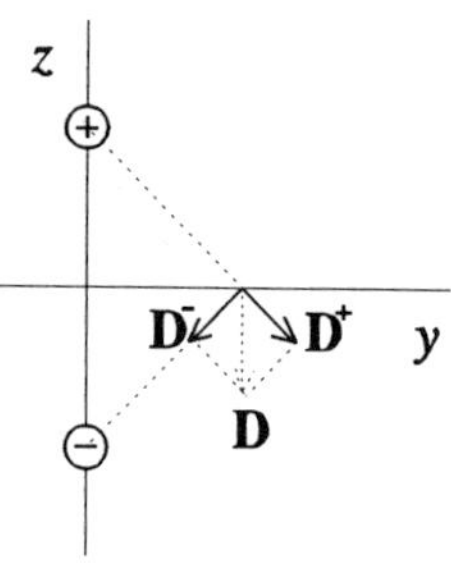

Figure 1.21

Puisque **D** est perpendiculaire au plan, $D_n = |D|$ et la densité de charge surfacique au sol est (équat. 1.24) :

$$\rho_s = \frac{-\rho_l\, h}{\pi(h^2 + y^2)}$$

Parce que $a \ll h$, la densité de charge surfacique sur la plaque est approximativement uniforme et la charge sur la plaque est :

$$Q = \rho_s\, a^2 = \frac{-\rho_l\, a^2}{\pi h} = \frac{-2\,\epsilon_0 a^2 V_0\, \sin(\omega t)}{h\, \ln\left(\dfrac{2h}{b}\right)}$$

et le courant circulant dans la résistance est :

$$I = \frac{dQ}{dt} = \frac{-2\,\epsilon_0 a^2\, \omega\, V_0\, \cos(\omega t)}{h\, \ln\left(\dfrac{2h}{b}\right)}$$

1.14 ÉLECTRET POLARISÉ (polarisation, superposition)

Énoncé

Nous avons déjà décrit au problème 1.1, une technique de fabrication d'un électret. Il existe une autre façon qui consiste à faire subir un traitement spécial à un matériau diélectrique tel que le plexiglas : le matériau est soumis simultanément à une température élevée pour permettre un changement d'état (solide-liquide) et à un champ électrique intense. À cause de la diminution de la viscosité, les molécules polaires vont s'orienter dans la direction du champ électrique. Par la suite, la température est abaissée, mais le champ électrique est maintenu. Les molécules conservent leur orientation et le matériau conserve sa polarisation qui se caractérise par des charges surfaciques de signes opposés sur les surfaces de base du matériau.

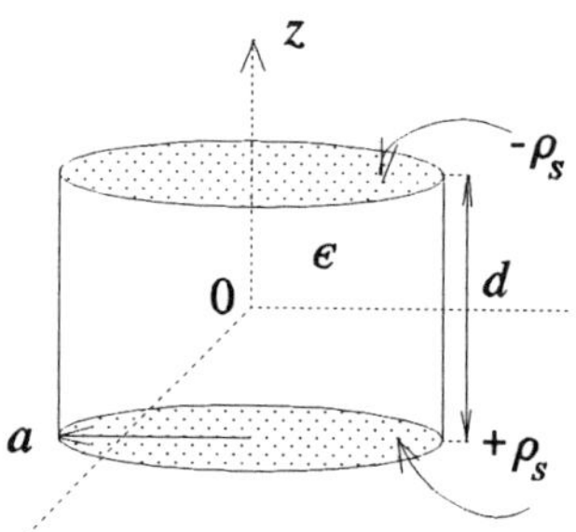

Figure 1.22

Soit un électret ayant la forme d'une pastille cylindrique de rayon a, d'épaisseur d ayant une densité de charge $+\rho_s$ à $z = -d/2$ et $-\rho_s$ à $z = d/2$, et fabriqué d'un diélectrique de permittivité ϵ.

a) Calculer le champ électrique **E**, le vecteur densité du flux électrique **D** et le vecteur polarisation **P** à l'extérieur de l'électret pour les points se trouvant sur l'axe de celui-ci ($z > 0$).

1.15 SPHÈRES NON CONCENTRIQUES (Gauss, superposition)

Énoncé

Des charges électriques sont réparties uniformément avec une densité de charge volumique ρ_v à l'intérieur d'une sphère de rayon R, sauf dans une cavité sphérique de rayon r et de centre c où il n'y a aucune charge. Montrer que le champ électrique est uniforme à l'intérieur de la cavité (suggestion : utiliser la loi de Gauss).

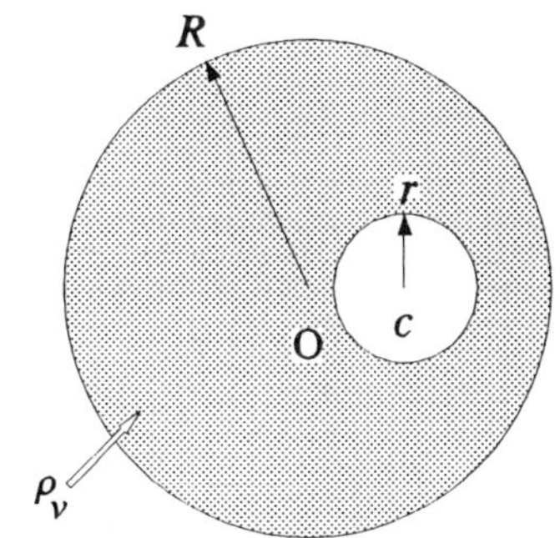

Figure 1.23

1.16 ÉLECTRICITÉ ATMOSPHÉRIQUE

Énoncé

Par beau temps, on retrouve un champ électrique dans les couches basses de l'atmosphère terrestre. Ce champ résulte de l'action du vent qui entraîne des charges positives de la surface de la terre vers une couche de l'atmosphère nommée électrosphère (cette couche est plus basse que l'ionosphère). On considère qu'une charge électrique totale $+Q$ est distribuée uniformément dans l'électrosphère entre les rayons $r = b$ et $r = c$, et qu'une charge $-Q$ est distribuée uniformément à la surface du sol.

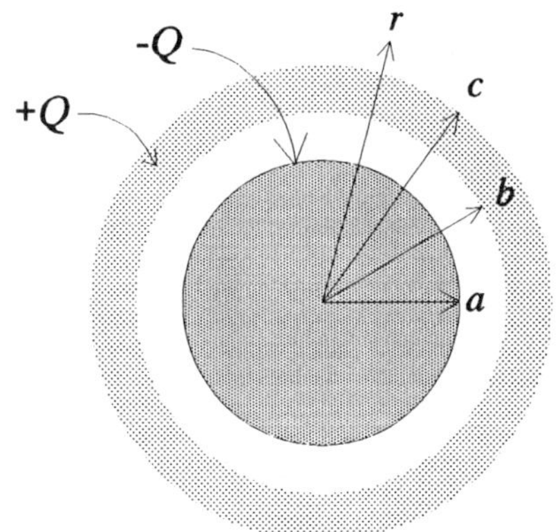

Figure 1.24

a) Quelle est l'expression du champ électrique **E**(r) pour r allant de zéro à l'infini?

b) Quelle est l'expression du potentiel électrique *V(r)* dans la même région si on considère que le potentiel est nul à l'infini?

c) Par beau temps, le champ électrique atmosphérique au niveau du sol a une intensité E_r = -150 V/m, quelle est la charge $+Q$ distribuée dans l'électrosphère? (a = 6 370 km, b = 6 395 km, c = 6 400 km).

1.17 RÉSISTANCE DE FUITE D'UN CÂBLE COAXIAL

Énoncé

L'espace entre les deux conducteurs d'une ligne de transmission coaxiale est rempli par un diélectrique qui possède une conductivité très faible variant selon le rayon ρ. Entre le rayon a du conducteur intérieur et le rayon b du conducteur extérieur, la conductivité varie linéairement de σ_a à σ_b. Si on considère un câble ayant une longueur de un mètre dans lequel un courant de fuite I_f circule dans le diélectrique entre les deux conducteurs :

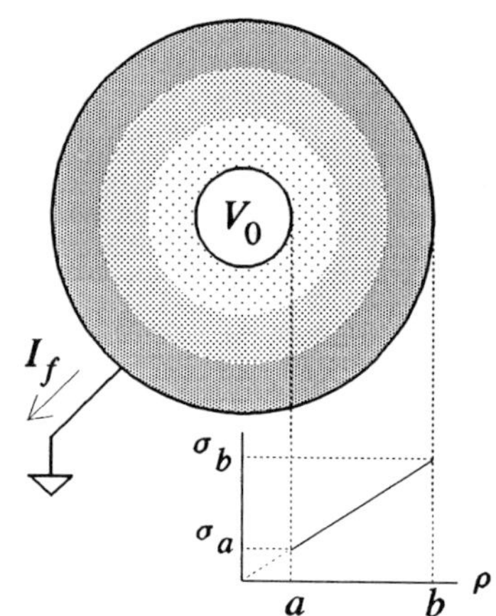

Figure 1.25

a) Quelles sont les expressions permettant de décrire la densité de courant **J** et le champ électrique **E** dans le diélectrique?
b) Quelle est la différence de potentiel V_0 entre les deux conducteurs?
c) Quelle est la résistance de fuite R_f entre les deux conducteurs?
d) Quelle est la valeur de R_f si $a = 1$ mm, $b = 4$ mm, $\sigma_a = 10^{-6}$ S/m, $\sigma_b = 10^{-7}$ S/m?

1.18 ÉCLATEUR

Énoncé

Un éclateur est un dispositif qui protège un circuit contre les surtensions. On peut l'utiliser, par exemple, pour protéger contre la foudre un récepteur radio relié à une antenne extérieure. Lorsque la tension aux bornes de l'éclateur est faible, celui-ci se comporte comme un circuit ouvert, lorsque la tension dépasse une valeur critique V_C, il se comporte comme un court-circuit. L'éclateur est constitué d'un petit cylindre contenant un gaz de permittivité ϵ et deux électrodes métalliques sphériques de rayon a dont les centres sont séparés par une distance d. Lorsque l'intensité du champ électrique devient plus grande que la rigidité diélectrique E_C du gaz à la surface de l'électrode, le gaz s'ionise et permet le passage du courant entre les deux électrodes. Quel est le potentiel critique V_C d'un éclateur ayant les caractéristiques suivantes : $a = 1$ mm, $d = 8$ mm, $E_C = 500$ kV/m, $\epsilon = \epsilon_0$? Parce que $a \ll d$, on considère que les charges électriques se répartissent uniformément à la surface des électrodes et qu'en tout point de l'espace, le champ électrique est égal à la somme des champs produits par des charges ponctuelles situées au centre de chaque électrode.

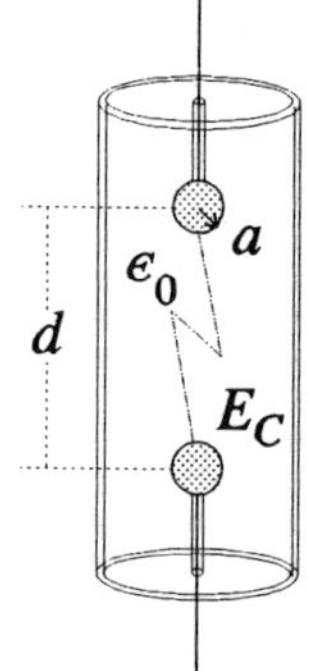

Figure 1.26

1.19 ÉLECTRET HOMOCHARGE

Problème

Un électret produit un champ électrique permanent tout comme un aimant produit un champ magnétique permanent. Les électrets homocharges sont fabriqués en bombardant un matériau diélectrique à l'aide d'ions qui restent piégés dans le matériau avec une densité ρ_v. Dans la figure 1.27, un mince feuillet d'électret d'épaisseur a et de permittivité ϵ est placé entre deux feuillets métalliques mis à la masse. Donner les expressions permettant de décrire le champ électrique $\mathbf{E}(x)$, la densité de flux électrique $\mathbf{D}(x)$, la polarisation $\mathbf{P}(x)$ et le potentiel électrique $V(x)$ pour n'importe quel point sur l'axe x. Noter que l'on peut négliger les effets de bords parce que les feuillets sont minces (autrement dit, on suppose que les feuillets s'étendent à l'infini).

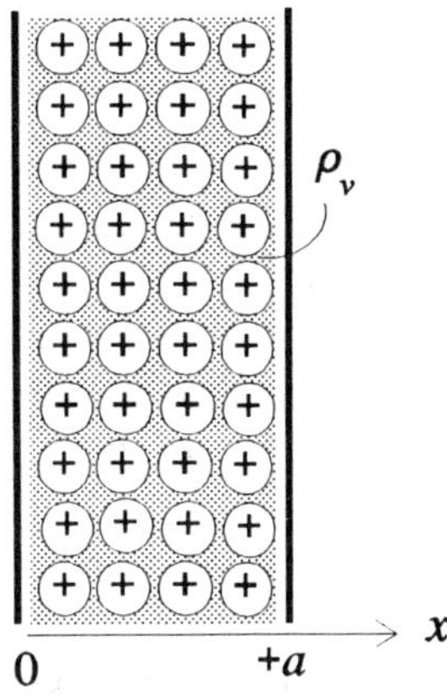

Figure 1.27

1.20 RÉSISTANCE DE FUITE DE CÂBLES SOUTERRAINS

Énoncé

Une ligne de transport d'énergie est formée de deux câbles conducteurs parallèles enfouis dans le sol. Chaque câble est formé d'un conducteur de rayon a = 1 cm entouré d'une gaine isolante de rayon b = 1,5 cm. La conductivité de cette gaine est σ_g = 10^{-9} S/m. La distance entre les centres des câbles est d = 30 cm. Le sol a une conductivité σ_S = 10^{-2} S/m et il s'étend à l'infini. Quelle est la résistance entre les deux câbles pour une longueur de 1 km?

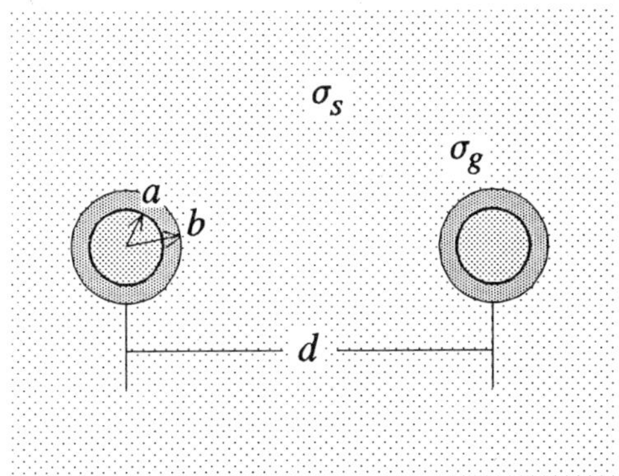

Figure 1.28

Note : Parce que d $\gg$ a et d $\gg$ b, on considère que la densité de courant est uniforme à la surface des conducteurs et de la gaine, et que le champ électrique en tout point est égal à la somme des champs produits par chaque conducteur. Parce que d $\ll$ 1 km, on considère que les câbles ont une longueur infinie (voir problème 1.8).

1.21 PEINTURE ÉLECTROSTATIQUE

Énoncé

En donnant une charge électrique aux gouttelettes de peinture qui sont projetées par un pistolet, elles peuvent être attirées par l'objet à peinturer, ce qui diminue les pertes de peinture. Comme elles se repoussent entre elles, on obtient une couche de peinture plus uniforme. Ici, l'objet à peinturer est un plan conducteur de grande dimension qui est mis à la masse. Une gouttelette de peinture de rayon a quitte le pistolet situé à une distance b de l'objet avec un potentiel $+V_0$. Si $a = 0{,}1$ mm, $b = 1$ m et $V_0 = 550$ V :

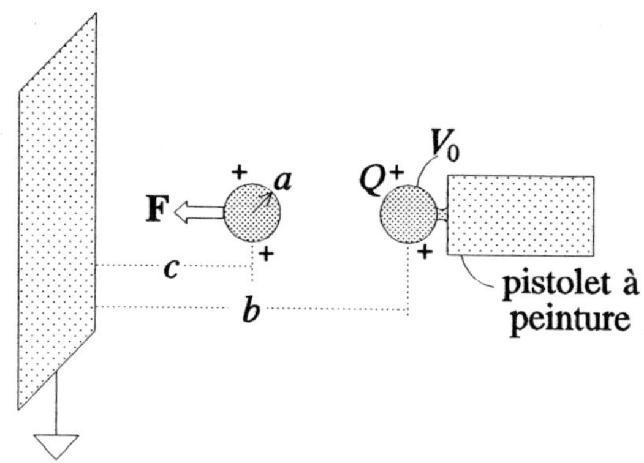

Figure 1.29

a) Quelle est la charge Q qui est distribuée sur la surface de la gouttelette? (Considérer que la peinture est conductrice et que la présence du pistolet à peinture n'a pas d'influence dans le calcul du champ électrique.)
b) Lorsque cette même gouttelette est parvenue à une distance $c = 10$ cm du plan conducteur, quelle est la force électrostatique **F** qui l'attire vers le plan?

1.22 TUBE DIODE

Énoncé

Un tube électronique est formé d'un tube à vide qui contient une cathode métallique cylindrique de rayon a, qui est entourée d'une anode cylindrique de rayon b. La cathode est chauffée de façon à émettre des électrons avec une densité $\rho_v(\rho) = -k/\rho$. La cathode est mise à la masse, tandis que l'anode est laissée flottante. Si $a = 1$ mm, $b = 10$ mm, $k = 10^{-6}$ C/m^2 :

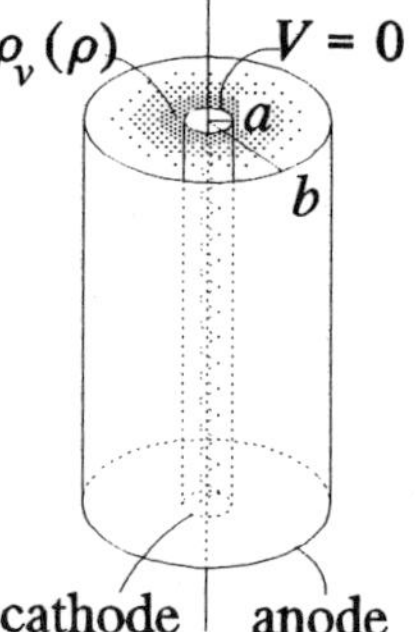

Figure 1.30

a) Quelle est l'expression du champ électrique **E** entre la cathode et l'anode?
b) Quel est le potentiel de l'anode?

1.23 SATELLITE PASSIF

Énoncé

Un satellite de communication simple est constitué d'un grand ballon dont la mince paroi métallisée réfléchit vers la terre les ondes radio qui y sont émises. Si le ballon est maintenu gonflé par la pression d'un gaz, le moindre accroc le dégonflera. C'est pourquoi, on utilise la pression électrostatique produite par les charges électriques réparties à la surface du ballon pour le maintenir gonflé. Soit un ballon de rayon a, se déplaçant dans le vide et portant une charge totale Q qui est uniformément répartie sur la paroi métallique :

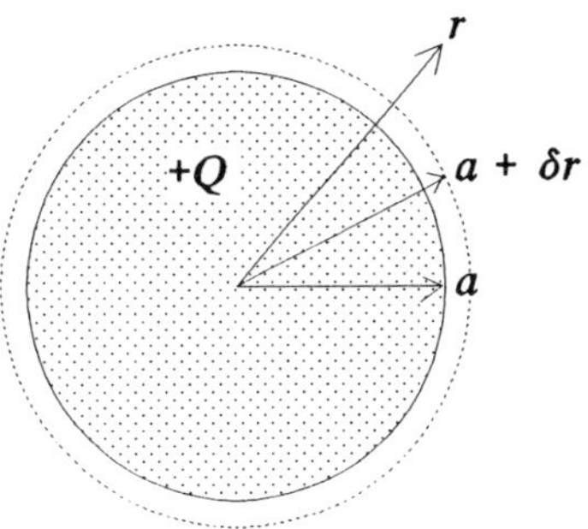

Figure 1.31

a) Quel est le champ électrique **E** en tout point de l'espace?
b) Quelle est l'énergie électrique W_e contenue dans tout l'espace?
c) Si la pression électrostatique augmente le rayon d'une longueur δr, quel est le changement d'énergie électrique δW_e?
d) Quelle est la pression électrostatique sur la paroi si $a = 50$ m et $Q = 10^{-3}$ C?

1.24 FORCE SUR CÂBLE COAXIAL

Énoncé

Un câble coaxial de longueur l possède un conducteur central de rayon a et un conducteur extérieur de rayon b. L'espace entre ces deux conducteurs est partiellement rempli sur une distance x par un diélectrique ayant la forme d'un long cylindre creux et une permittivité ϵ.

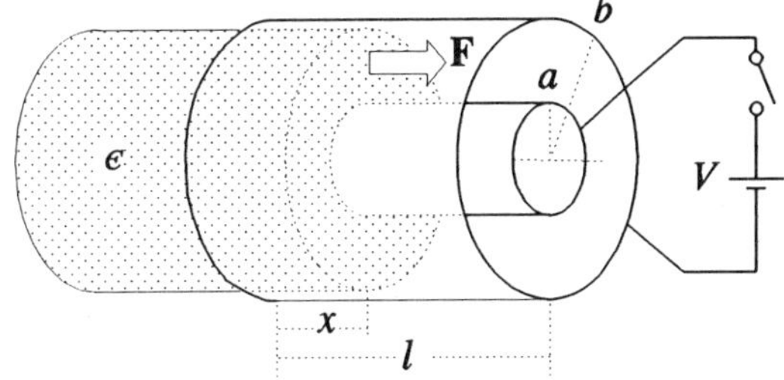

Figure 1.32

a) Quelle est la capacité du câble coaxial tel que décrit ci-dessus?
b) Le câble est momentanément branché à une source ayant un potentiel V de façon à charger le condensateur. Lorsque le condensateur est complètement chargé, la source est alors débranchée. Sous l'effet de la force électrostatique **F**, le diélectrique se déplace vers la droite d'une distance δx. Quelle est la valeur de la capacité C' et celle de la différence de potentiel V' après ce déplacement δx?
c) Quelle est l'énergie électrostatique contenue dans le câble avant (W_e) et après (W_e') le déplacement δx?
d) Quelle est la force **F**?

1.25 CAPACITÉ D'UN CÂBLE ISOLÉ

Énoncé

Un câble de rayon a est entouré d'une gaine isolante de rayon extérieur b et de permittivité ϵ. Le centre du câble est situé à une hauteur h au-dessus d'un plan conducteur qui est mis à la masse. Donner les expressions qui décrivent, sur une ligne imaginaire reliant directement le câble et le plan conducteur, la densité de flux électrique **D**, l'intensité du champ électrique **E**, et le potentiel V. Quelle est la capacité entre le câble de longueur l et le plan conducteur?

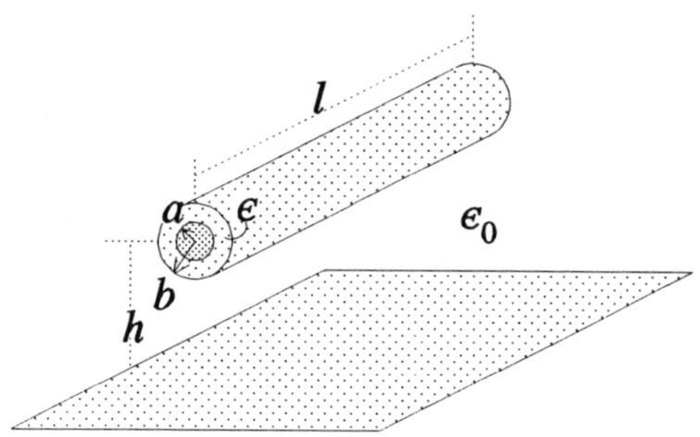

Figure 1.33

Note : Parce que a ≪ h, les charges sont réparties uniformément autour du câble.

1.26 RÉFLECTEUR POUR ANTENNE

Énoncé

Pour modifier le diagramme de rayonnement d'une antenne, un réflecteur formé de deux plans conducteurs joints à angle droit et mis à la masse, est placé derrière une antenne de type doublet. Chacun des deux segments tubulaires de l'antenne a un rayon a, une longueur L, et son centre est éloigné des deux plans par une distance d. Pour les dimensions suivantes : $a = 5$ mm, $L = 50$ cm, $d = 12$ cm, quelle est la valeur de la capacité entre un segment d'antenne de longueur L et les deux plans conducteurs?

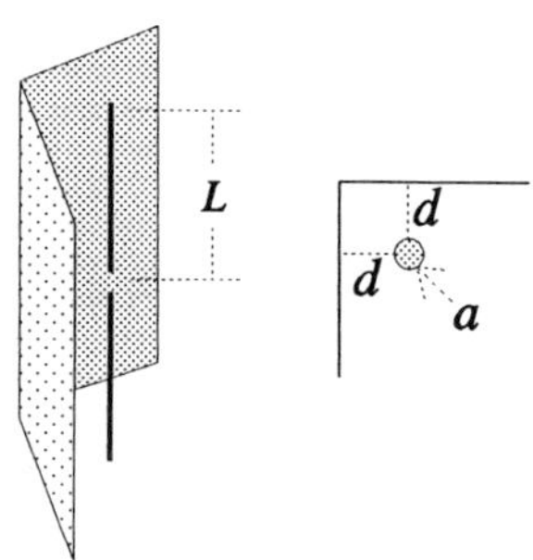

Figure 1.34

Note : 1) On peut considérer que les plans conducteurs sont infinis. 2) Parce que a ≪ d, les charges se répartissent uniformément sur la surface du tube. 3) L'ajout d'images de charges doit produire un potentiel nul sur les surfaces qui remplacent les plans conducteurs.

1.27 DIÉLECTRIQUE NON HOMOGÈNE

Énoncé

Soit un condensateur plan dont le matériau isolant est non homogène. La permittivité du diélectrique varie d'une façon linéaire en fonction de la distance qui sépare les deux plaques conductrices. Les deux valeurs extrêmes de la permittivité sont ϵ_1 et ϵ_2. La distance entre les deux plaques conductrices est d et la surface de chaque plaque est S. Déterminer la capacité du condensateur plan. Négliger les effets de bords.

1.28 FORCES DANS UN ÉLECTRET

Énoncé

La figure a) illustre une section d'un feuillet de plastique ayant une épaisseur b et une permittivité ϵ. Ce feuillet a été bombardé par des ions qui sont restés piégés avec une densité volumique uniforme ρ_v entre $x = a$ et $x = b$. Le côté gauche du feuillet, à $x = 0$, est recouvert d'une couche métallique mise à la masse. Les côtés ont une surface A et l'épaisseur du feuillet est beaucoup plus petite que les dimensions des côtés, ce qui permet de négliger les effets de bords.

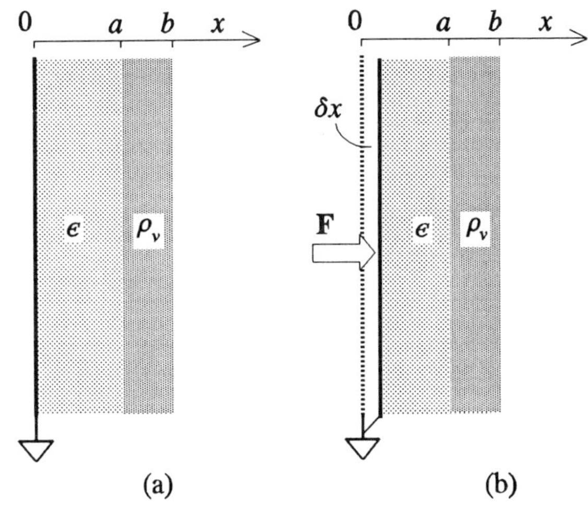

Figure 1.35

a) Quelle est l'expression permettant de décrire le champ électrique **E** dans le feuillet?
b) Quelle est l'énergie électrique W_e contenue à l'intérieur du feuillet?
c) La figure 1.35b nous montre comment les charges induites sur la couche métallique exercent sur celle-ci une force électrostatique **F** qui l'attire contre l'électret. En supposant que sous l'effet de cette force, le feuillet se déforme et la couche métallique se déplace d'une distance δx vers la droite, quel est le changement d'énergie électrique δW_e dans le feuillet?
d) Si le dispositif a les caractéristiques suivantes : $a = 2$ mm, $b = 3$ mm, $\rho_V = 10^{-3}$ C/m^3 et $\epsilon = \epsilon_0$, quelle est la pression électrostatique **P** qui attire la couche métallique contre l'électret?

CHAPITRE 2

Technique graphique

Lors de la conception d'un dispositif électromagnétique, l'ingénieur a besoin d'un outil puissant et rapide, qui ne ralentit pas le processus de création et avec lequel il pourra vérifier immédiatement ses idées et ses intuitions. La technique graphique qui est présentée dans ce chapitre permet de calculer très rapidement et avec une erreur souvent inférieure à 5 %, les valeurs de potentiel, de champ électrique, de densité de courant, de résistance et de capacité. Cette technique facilite la compréhension, elle est essentielle pour choisir la forme des solutions analytiques (chap. 3) et elle peut également être utilisée pour calculer le champ magnétique, la réluctance et l'inductance (chap. 4) ainsi que pour vérifier l'exactitude des solutions obtenues par ordinateur.

Cette technique est simple à décrire mais c'est surtout par des exemples nombreux et variés qu'elle peut être maîtrisée. Dans les problèmes d'électrostatique, le principe de base consiste à diviser la région étudiée en carrés curvilinéaires dont les quatre côtés sont des segments curvilignes de longueur approximativement égale et qui s'interceptent à angle droit. Les côtés opposés représentent deux lignes équipotentielles (lignes qui joignent les points ayant le même potentiel) ou deux lignes de flux.

Rappel théorique

Les règles suivantes s'appliquent dans les milieux diélectriques :

- Les lignes équipotentielles sont perpendiculaires aux lignes de flux électrique. (2.1)
- Les lignes de flux débutent ou se terminent sur des surfaces métalliques. (2.2)
- Les surfaces métalliques sont équipotentielles. (2.3)

Les mêmes règles s'appliquent dans les milieux conducteurs où les lignes de flux correspondent aux lignes de courant. Lorsque le milieu conducteur est entouré d'un isolant (en tout ou en partie), le courant ne peut pas traverser les surfaces non conductrices. Comme la composante normale de la densité du courant est nulle sur les surfaces non conductrices, les règles suivantes s'ajoutent aux précédentes :

- Les lignes de courant ne peuvent pas croiser une surface non conductrice. (2.4)
- Les lignes équipotentielles sont perpendiculaires aux surfaces non conductrices. (2.5)

Pour les problèmes bidimensionnels ou tridimensionnels pouvant être décrits en deux dimensions, la technique graphique nous permet d'obtenir les données suivantes :

- La grandeur du champ électrique **E** en un point est égale à la différence de potentiel entre les deux lignes équipotentielles, divisée par la distance entre ces lignes. L'orientation est fournie par l'orientation des lignes de flux en ce point. La valeur de **E** obtenue précédemment permet de calculer la densité de flux $\mathbf{D} = \epsilon\mathbf{E}$, la densité de courant $\mathbf{J} = \sigma\mathbf{E}$, et la densité de charges surfacique sur un conducteur $\rho_s = D_n$. (2.6)
- La capacité entre deux conducteurs peut être obtenue à partir du nombre de carreaux entre ces conducteurs N_V, du nombre de carrés entourant chaque conducteur N_Q, de la permittivité du milieu entre les conducteurs et la longueur des conducteurs (cette longueur est mesurée perpendiculairement au plan de l'esquisse) «d» :

$$C = \frac{N_Q \epsilon d}{N_V} \tag{2.7}$$

- La résistance entre deux conducteurs dépend de la conductivité σ du milieu séparant les deux conducteurs :

$$R = \frac{N_V}{N_Q \sigma d} \tag{2.8}$$

2.1 LIGNE DE TRANSMISSION RECTANGULAIRE (milieu fini, début potentiel)

Énoncé

Une ligne de transmission possède une section rectangulaire représentée ci-contre (fig. 2.1). Le potentiel du conducteur central est de 100 V, et la gaine conductrice est mise à la terre. La permittivité relative du milieu séparant les conducteurs est égale à 1. Les conducteurs ont une longueur de 1 m.

a) Faire une esquisse du champ électrique entre les conducteurs.
b) Estimer l'amplitude du champ électrique au point A.
c) Estimer la densité de charges surfacique sur le conducteur au point A.
d) Estimer la capacité entre les deux conducteurs.

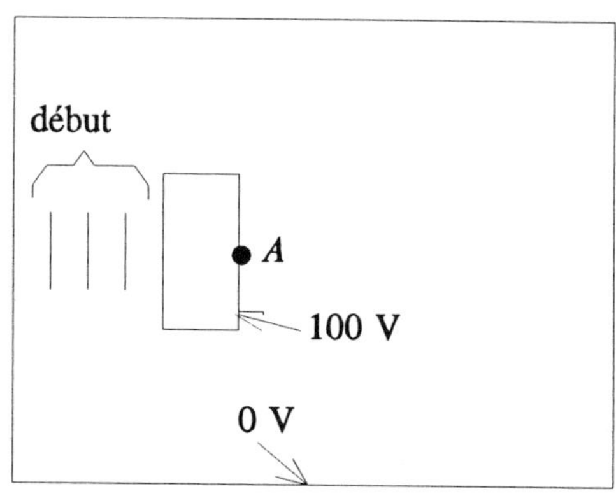

Figure 2.1

Solution

a) Nous allons débuter l'esquisse en traçant des lignes équipotentielles équidistantes à gauche du conducteur central, car le champ électrique est relativement uniforme entre deux conducteurs plats et rapprochés (fig. 2.1, début). À cause de la symétrie, on trace une ligne de flux horizontale au centre du dessin. Ensuite on dessine de petits cercles entre les lignes équipotentielles de façon à construire des carrés curvilignes de côtés approximativement égaux. Ces carrés s'agrandissent vers la gaine extérieure. On s'assure également que les lignes de flux sont perpendiculaires aux surfaces métalliques. Après avoir fait une première esquisse, on peut en faire une seconde, plus précise, où l'on peut modifier notre hypothèse initiale en rapprochant vers le centre les lignes équipotentielles du début.

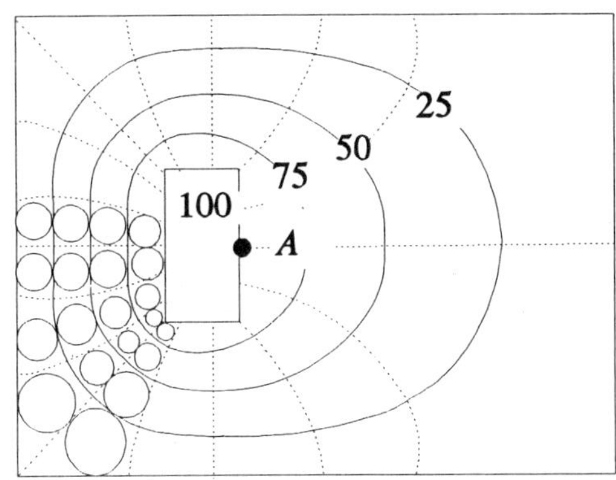

Figure 2.2

b) Au point A, la distance entre le conducteur (100 V) et la ligne équipotentielle la plus proche (75 V) est d'environ 7,5 mm. L'amplitude du champ électrique est donc :

$$E \approx 25 \text{ V} / 7{,}5 \text{ mm} = 3{,}3 \text{ kV/m}$$

c) Au point A, la composante normale de la densité de flux D_N est égale à $\epsilon_0 E_N \simeq 29{,}5$ nC/m^2 ce qui est aussi la valeur de la densité de charges surfacique ρ_S (équat. 1.24).

d) La capacité par unité de longueur entre les conducteurs est :

$$C = \frac{N_Q \epsilon_0 d}{N_V} \approx \frac{2 \times 8}{4} \times 8{,}85 \times 10^{-12} \approx 35 \text{ pF/m}$$

2.2 CÂBLE COAXIAL CYLINDRIQUE (milieu fini, début flux)

Énoncé

Utiliser les résultats du problème 1.6 pour évaluer la précision de la valeur de la capacité par unité de longueur d'un câble coaxial qui est obtenue par la technique graphique. Le rayon intérieur du câble est de 1 cm et le rayon extérieur est de 2,5 cm. Comparer également la valeur du champ électrique au point A (fig. 2.3 et 2.4).

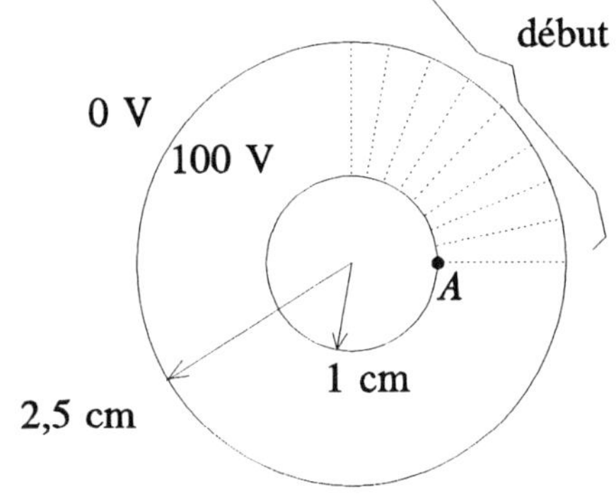

Figure 2.3

Solution

À cause de la symétrie, les lignes de flux qui joignent le conducteur central à la gaine sont radiales et elles sont réparties également autour du câble. Nous débuterons notre esquisse en traçant ces lignes de flux. Nous tracerons ensuite entre deux lignes de flux, un petit cercle qui touche au conducteur central. Ceci nous permet de trouver le rayon de la première ligne équipotentielle. On ajoute ensuite d'autres cercles entre les deux lignes de flux. La valeur estimée de la capacité est :

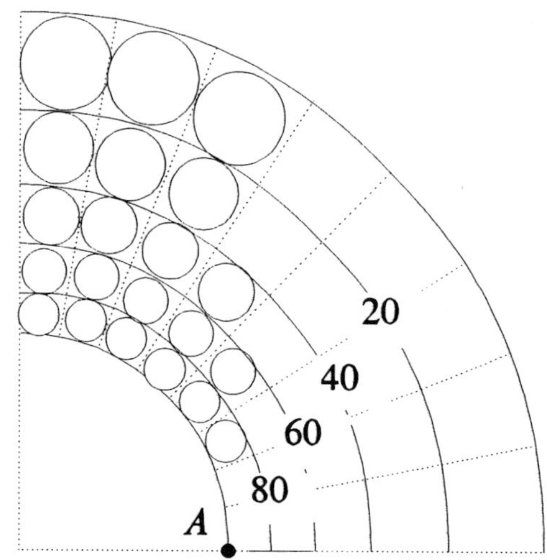

Figure 2.4

$$C \approx \frac{N_Q}{N_V}\,\epsilon_0 d = \frac{4 \times 8}{5} \times 8{,}85 \times 10^{-12} = 56{,}6 \text{ pF/m}$$

La valeur analytique de la capacité par unité de longueur est :

$$C = \frac{2\pi\epsilon_0 d}{\ln\left(\dfrac{b}{a}\right)} = 60{,}7 \text{ pF/m}$$

ce qui permet d'évaluer une erreur de 7 % pour la valeur estimée. Pour améliorer la précision, il faudrait utiliser un nombre plus grand de carrés plus petits, en débutant l'esquisse avec des lignes de flux plus rapprochées.

Par la méthode graphique, nous trouvons le champ au point A :

$$\mathbf{E} \approx \frac{20 \text{ V}}{2 \text{ mm}} = 10\,000 \text{ V/m}$$

La formule générale du champ électrique au point A permet d'obtenir :

$$\mathbf{E} = \frac{V_0}{\rho}\,\frac{1}{\ln(b/a)}\,\hat{\boldsymbol{\rho}} \quad \Rightarrow \quad E = 10\,914 \text{ V/m}$$

Ce qui représente une erreur de 8 %.

2.3 EFFET DE BORDS (milieu infini, début potentiel)

Énoncé

Dans les problèmes portant sur des condensateurs plans, nous avons déjà posé l'hypothèse que le champ électrique était uniforme entre les plaques. Ce n'est pas toujours le cas, surtout lorsque la distance entre les plaques n'est pas négligeable par rapport à la dimension des plaques. Faire une esquisse du champ entre les plaques du condensateur illustré ci-contre (fig. 2.5) et estimer sa capacité pour une longueur de 1 m.

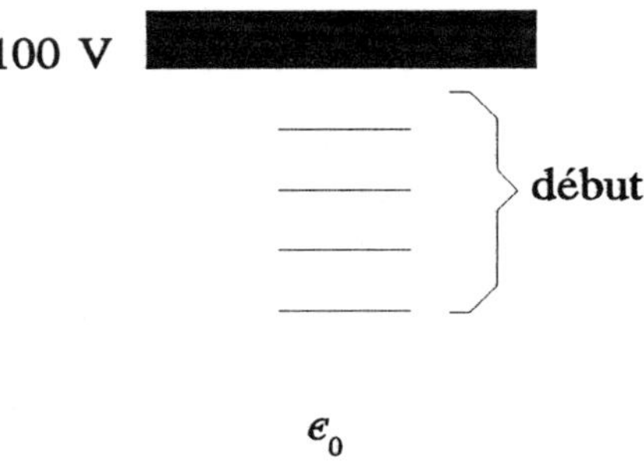

Figure 2.5

Solution

À cause de la symétrie, nous étudierons seulement le quadrant supérieur droit. Nous débutons l'esquisse par des lignes équipotentielles équidistantes entre les plaques, là où le champ est le plus uniforme (fig. 2.5, début).

On forme ensuite des carrés curvilinéaires qui s'agrandissent à l'extérieur des plaques. On note que des lignes de flux débutent sur la face supérieure de la plaque. Il existe donc des charges électriques sur les faces intérieures et extérieures des plaques. On détermine la capacité par l'expression suivante (équat. 2.7) :

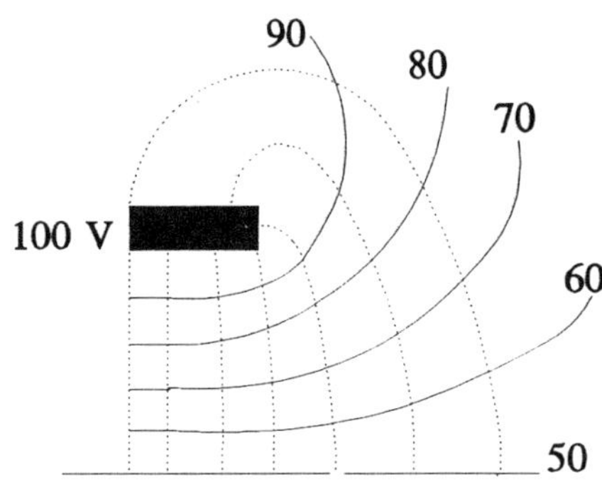

Figure 2.6

$$C = \frac{N_Q}{N_V} \epsilon_0 d = \frac{6 \times 2}{5 \times 2} \times 8{,}85 \cdot 10^{-12} \times 1 = 10{,}6 \text{ pF}$$

2.4 CIRCUIT IMPRIMÉ (milieu infini, début potentiel)

Énoncé

Sur un circuit imprimé dont le support a une permittivité relative unitaire, deux conducteurs métalliques plats, parallèles et ayant une longueur de 10 cm, ont une différence de potentiel de 100 V. Faire une esquisse du champ électrique entre ces conducteurs et trouver leur capacité.

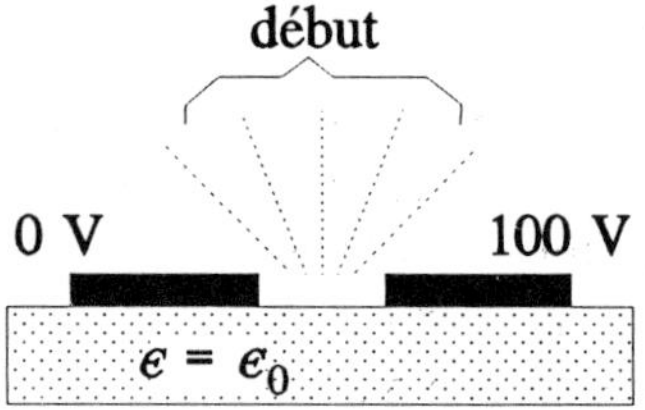

Figure 2.7

Solution

À cause de la symétrie, nous étudierons seulement le quadrant supérieur droit. Ici, nous débuterons par des lignes équipotentielles qui sont séparées par des angles égaux (fig. 2.7, début). De cette façon, les lignes équipotentielles vont pouvoir se confondre avec les surfaces métalliques pour les angles faibles. On sépare également la distance entre les conducteurs par des lignes équipotentielles équidistantes. On trace ensuite les carrés curvilinéaires qui deviennent plus gros lorsque l'on s'éloigne du centre. La capacité est estimée par l'équation 2.7 :

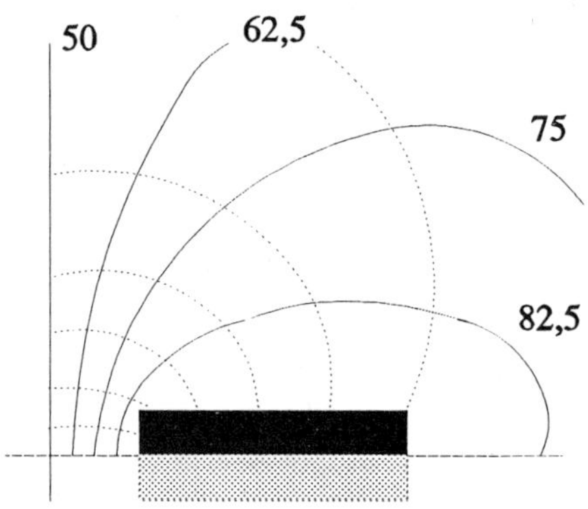

Figure 2.8

$$C = \frac{N_Q}{N_V}\epsilon_0 d = \frac{7 \times 2}{4 \times 2} \times 8{,}85 \cdot 10^{-12} \times 0{,}1 = 1{,}5 \text{ pF}$$

2.5 CHOC ÉLECTRIQUE (milieu conducteur isolé)

Énoncé

La réponse physiologique à un courant alternatif de 60 Hz traversant le corps humain varie selon l'amplitude de ce courant. À faible amplitude ($I < 1$ mA), le courant excite les terminaisons nerveuses cutanées et produit une sensation de bourdonnement sur la peau. À amplitude moyenne ($I < 20$ mA), le courant excite les muscles et leur contraction peut empêcher un individu de relâcher sa prise sur le conducteur. À amplitude plus élevée ($I > 20$ mA), le courant excite les cellules musculaires cardiaques et désynchronise la contraction des différentes parties du coeur, qui cesse alors de pomper le sang. C'est la fibrillation ventriculaire. En utilisant le schéma suivant où le corps a une épaisseur moyenne de 10 cm

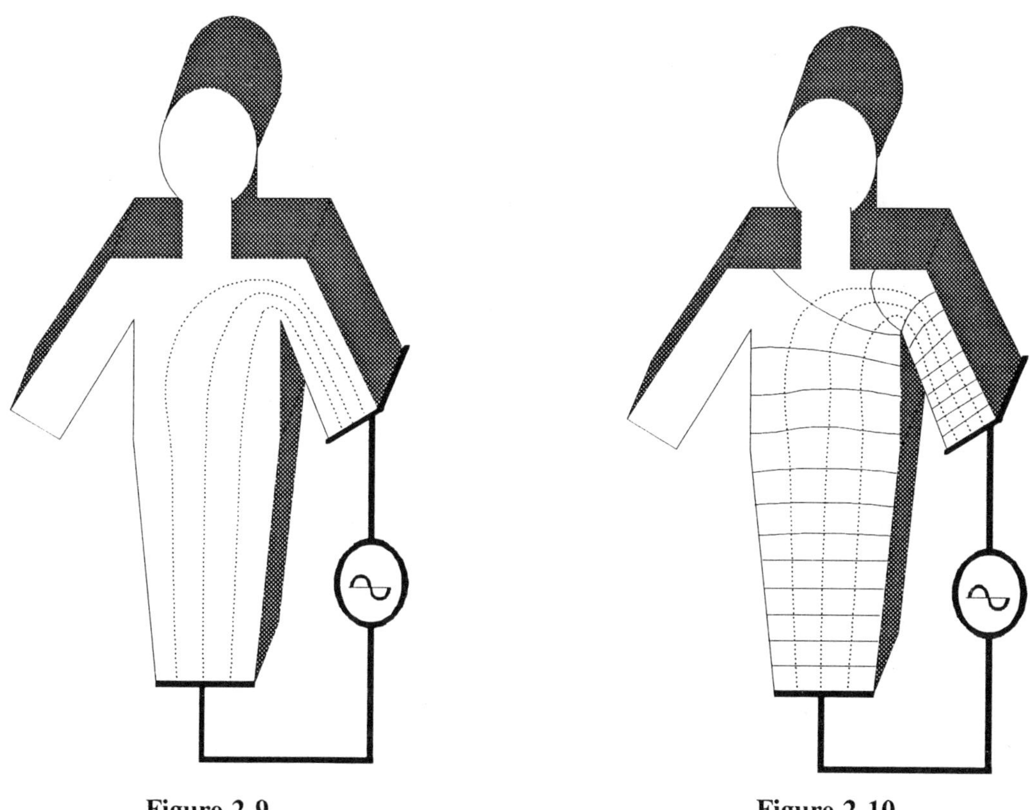

Figure 2.9 **Figure 2.10**

et une conductivité σ = 0,5 S/m, trouver la résistance entre le bras et les pieds. Quelle est l'amplitude du courant qui circule si la source de tension est de 110 V (efficace)?

Solution

À cause de la géométrie complexe des surfaces non conductrices, nous débutons en traçant des lignes de courant qui sont approximativement parallèles à ces surfaces. On complète l'esquisse en traçant les lignes équipotentielles. La résistance est d'environ (équat. 2.8) :

$$R = \frac{N_V}{N_Q \sigma d} = \frac{22}{4 \times 0{,}5 \times 0{,}1} = 110\ \Omega$$

L'amplitude efficace du courant est alors de 1 ampère, ce qui est amplement suffisant pour causer la fibrillation.

Pour obtenir cette résistance faible, il faut un excellent contact entre les conducteurs et le corps, comme, par exemple, lorsque les membres sont dans l'eau. Lorsque la peau est sèche, la résistance de contact entre la peau et un fil peut être supérieure à 10 kΩ, ce qui empêche heureusement le choc d'être mortel au contact d'un potentiel de 110 V.

2.6 TRANSISTOR À EFFET DE CHAMP (milieu conducteur fini)

Énoncé

Le transistor à effet de champ (FET : field effect transistor) est constitué d'un bloc de matériau semi-conducteur sur lequel trois électrodes parallèles (drain, grille, source) sont déposées. Une zone de déplétion de charge qui est non conductrice se forme sous l'électrode de la grille lors de l'application d'une tension. En changeant le potentiel appliqué à la grille, la zone de déplétion de charge change de dimension, ce qui modifie la résistance R_{DS} entre le drain et la source.

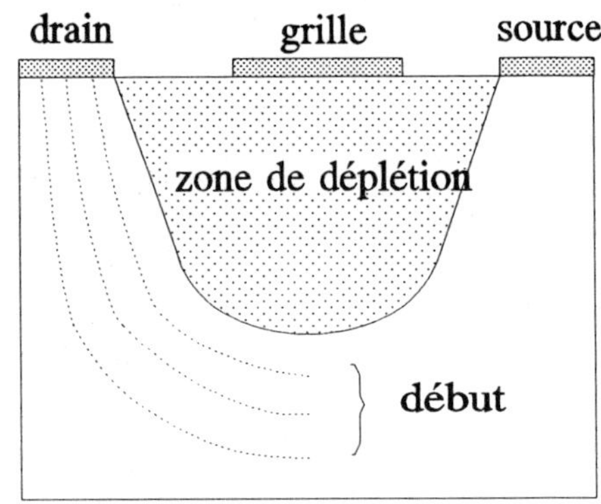

Figure 2.11

Faire une esquisse du champ électrique et estimer la valeur de la résistance R_{DS} pour les géométries aux figures 2.12 et 2.13. Le matériau a une conductivité $\sigma = 700$ S/m et le bloc semi-conducteur a une profondeur $d = 20\ \mu$m.

Nous commençons l'esquisse en traçant les lignes de courant qui débutent perpendiculairement aux surfaces conductrices et qui restent approximativement parallèles aux surfaces non conductrices. Pour les figures 2.12 et 2.13, nous obtenons les résistances suivantes (équat. 2.8) :

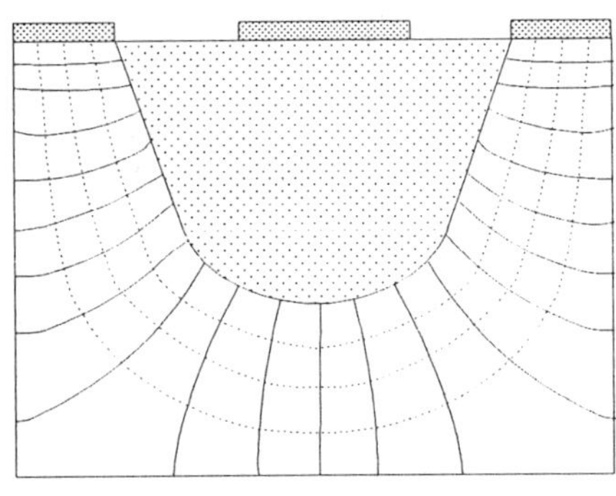

Figure 2.12

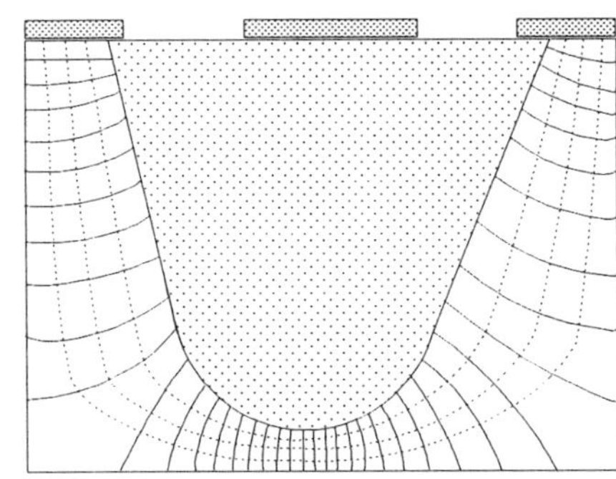

Figure 2.13

Figure 2.12 :

$$R_{DS} = \frac{N_V}{N_Q \sigma d} = \frac{22}{4 \times 700 \times 2 \cdot 10^{-5}} = 393\ \Omega$$

Figure 2.13 :

$$R_{DS} = \frac{N_V}{N_Q \sigma d} = \frac{41}{4 \times 700 \times 2 \cdot 10^{-5}} = 732\ \Omega$$

2.7 CONDENSATEUR EN COIN

Énoncé

Un condensateur est formé d'une plaque métallique insérée entre deux autres plaques qui sont interconnectées et qui forment un coin. Le potentiel est nul sur les deux plaques extérieures et il a une valeur $V = 3$ V sur la plaque centrale. Un milieu de permittivité $\epsilon = 10^{-10}$ F/M sépare les plaques. Faire une esquisse du champ électrique en identifiant bien les lignes équipotentielles et les lignes de flux et estimer la valeur de la capacité pour une longueur de 10 cm.

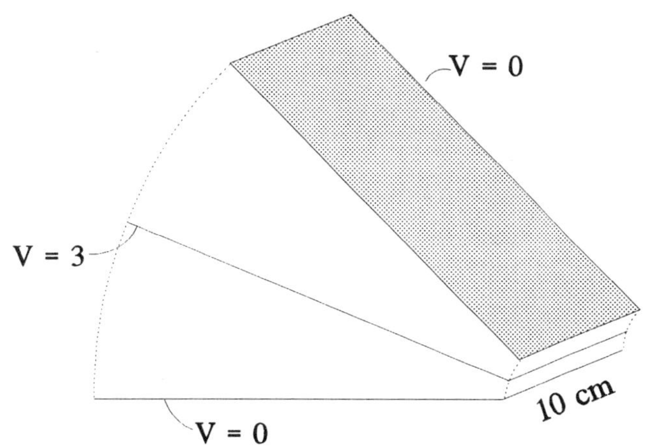

Figure 2.14

2.8 FUSIBLE

Énoncé

Tout le courant qui circule dans un circuit domestique doit traverser un fusible qui est constitué d'une petite plaque conductrice. Lorsque le courant dépasse une valeur limite, la puissance dissipée dans le fusible élève sa température jusqu'au point de fusion et le circuit électrique est alors interrompu. Faire une esquisse du champ électrique. Les deux traits noirs verticaux représentent les bornes du fusible et ils sont formés d'un alliage beaucoup plus conducteur que celui du fusible. Estimer aussi la résistance électrique du fusible. L'alliage du fusible a une conductivité électrique de 10^5 S/m et la plaque a une épaisseur de 0,5 mm.

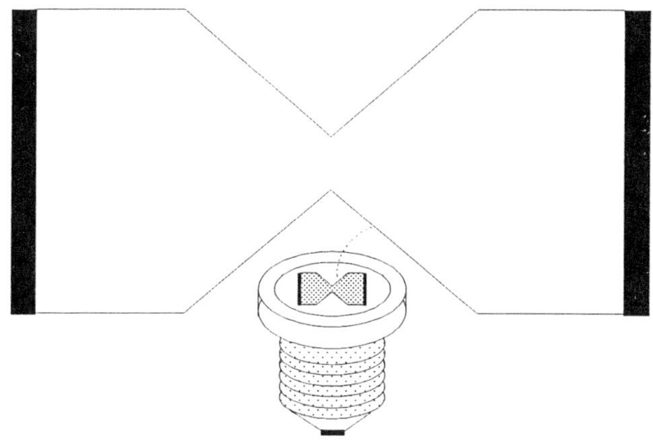

Figure 2.15

2.9 COUPLEUR PAR EFFET DE BORDS

Énoncé

Un coupleur par effet de bords est un dispositif utilisé dans les circuits micro-ondes qui permet de soutirer une partie de l'énergie contenue dans une onde qui se propage dans une ligne de transmission. Le coupleur illustré ici (fig. 2.16) est formé de deux conducteurs plats (micro-rubans) déposés sur un substrat de permittivité ϵ_0 et de longueur l = 5 cm. Trouver la capacité entre les deux conducteurs lorsqu'on ajoute un troisième conducteur de l'autre côté du substrat. Ce troisième conducteur, que l'on nomme septum, est laissé flottant, c'est-à-dire qu'il n'est pas relié à la masse.

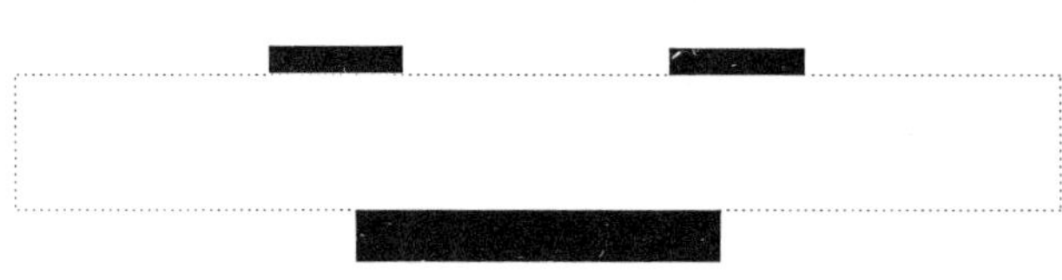

Figure 2.16

2.10 MESURE DE CONDUCTIVITÉ

Énoncé

Pour mesurer la conductivité σ d'un liquide circulant dans un tuyau en plastique, on applique une tension V entre deux électrodes de longueur l = 1 m situées de part et d'autre du tuyau et on mesure le courant I qui circule entre ces électrodes. Faire une esquisse du champ électrique dans le tuyau et donner l'expression permettant d'estimer la conductivité σ à partir de la valeur de R.

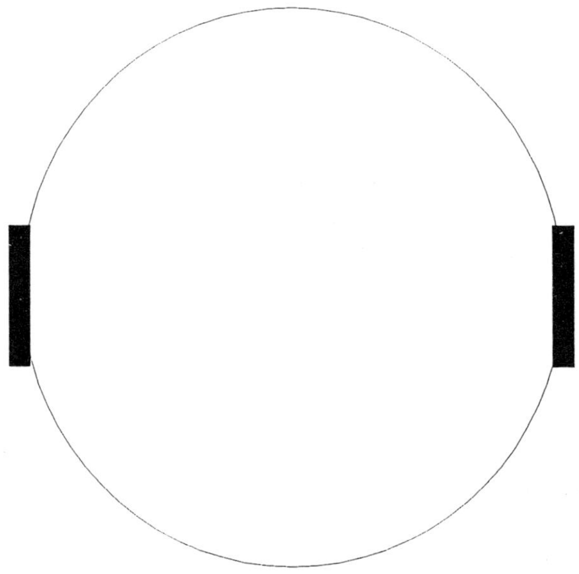

Figure 2.17

2.11 POTENTIOMÈTRE

Énoncé

Ce potentiomètre (fig. 2.18) est formé d'un mince disque conducteur d'épaisseur $d = 1$ mm et de conductivité $\sigma = 10$ S/m. Un conducteur métallique horizontal est fixé à une des extrémités ($V = 0$). Une tige métallique peut être tournée autour de l'axe central tout en étant en contact uniforme avec la surface du disque. Cette tige a un potentiel $V = 8$ V. Dessiner une esquisse du champ électrique à la surface du disque et estimer la valeur de la résistance R entre la tige mobile et le conducteur horizontal.

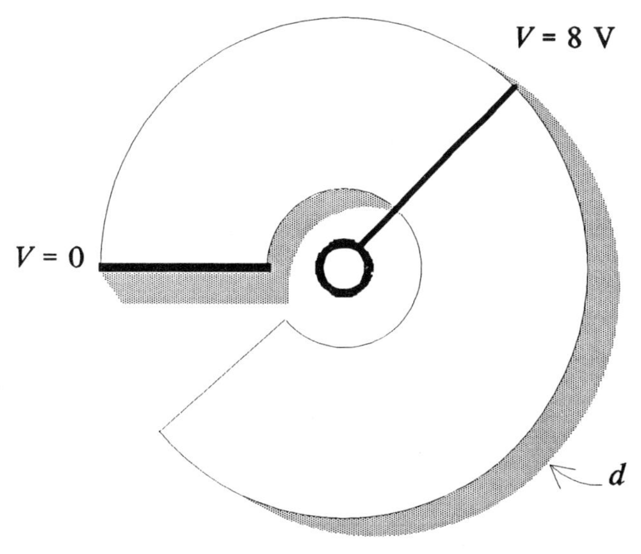

Figure 2.18

2.12 FILS TÉLÉPHONIQUES

Énoncé

Une section d'une paire de fils téléphoniques est présentée dans la figure ci-contre (fig. 2.19). L'isolant entourant chaque fil n'est pas illustré, car sa permittivité est la même que celle du vide. Faire une esquisse du champ électrique et estimer la capacité de cette paire de fils pour une longueur de 100 m.

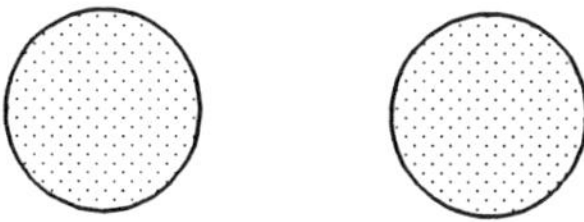

Figure 2.19

2.13 RÉSISTANCES

Énoncé

Chacun des dessins suivants illustre une section d'un barreau conducteur de conductivité unitaire (σ = 1 S/m) et de longueur unitaire (d = 1 m). Les traits gras représentent des surfaces conductrices équipotentielles, tandis que les traits fins représentent les frontières avec un milieu non-conducteur. Pour chacun de ces barreaux, estimer la résistance entre les surfaces conductrices.

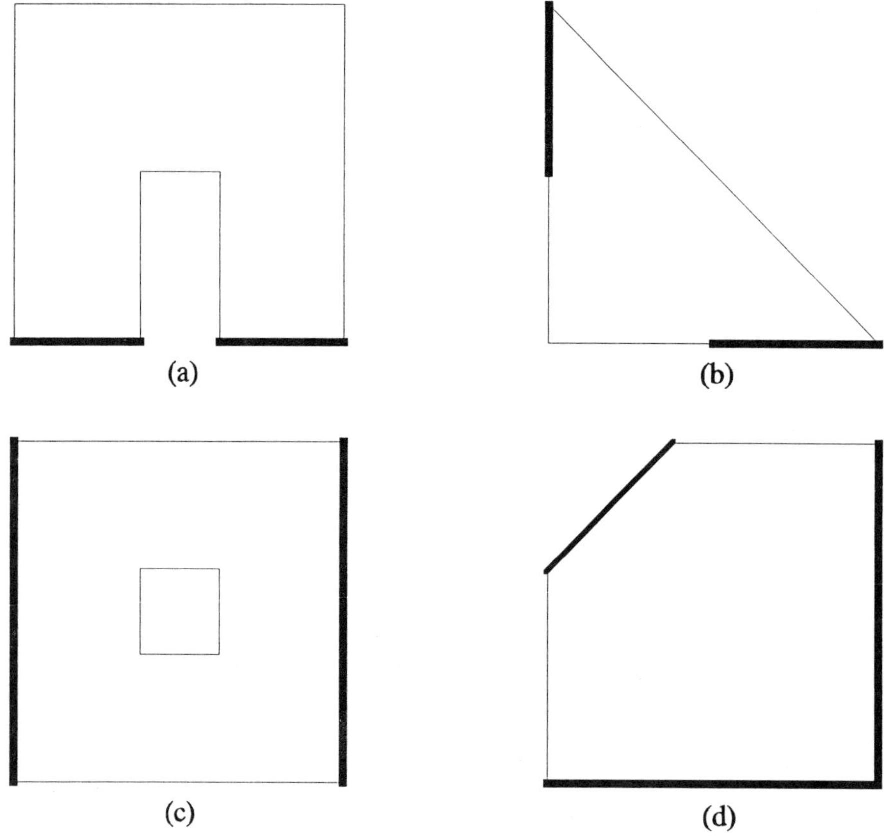

Figure 2.20

CHAPITRE 3

Problèmes de conditions aux frontières

Dans le premier chapitre, nous avons étudié trois techniques différentes qui permettent de calculer l'intensité du champ électrique à partir d'une distribution connue de charges électriques. Dans ce troisième chapitre, nous verrons une approche tout à fait différente qui consiste à calculer la distribution du potentiel sans connaître la distribution des charges électriques à la surface des conducteurs. Cette approche consiste à calculer la distribution de potentiel à l'intérieur d'un milieu diélectrique ou conducteur à partir : soit de distributions de potentiel connues sur toutes les surfaces entourant le milieu (conditions de Dirichlet); soit de gradients de potentiel connus sur toutes les surfaces (conditions de Neumann); ou encore, de distributions de potentiel et de gradient de potentiel connues sur toutes les surfaces (conditions mixtes). Si le milieu contient une densité de charge volumique, la distribution de potentiel doit satisfaire à l'équation de Poisson (équat. 3.1); s'il n'y a pas de charges à l'intérieur du milieu, la distribution de potentiel doit satisfaire à l'équation de Laplace (équat. 3.2).

Une grande variété de techniques peuvent être utilisées pour trouver la solution à l'équation de Laplace : techniques analytiques (intégration, séparation de variables, transformées conformes), numériques (différences finies, éléments finis, éléments frontières), analogiques (modèles conducteurs bi et tridimensionnels) et graphiques (deuxième chapitre). Une fois la distribution de potentiel connue, l'intensité du champ électrique peut alors être calculée afin de trouver la densité de flux électrique et les distributions de charges à la surface des conducteurs dans les problèmes de capacité, la distribution de courant dans les problèmes de résistance, ainsi que l'intensité maximale du champ électrique dans les problèmes de claquage.

Pour calculer analytiquement la fonction décrivant la distribution de potentiel, les équations de Poisson ou de Laplace peuvent être intégrées directement dans les cas où la distribution de potentiel est fonction d'une seule variable. Dans les cas unidimensionnels soumis à l'équation de Laplace, la fonction décrivant le potentiel prend obligatoirement la forme d'une des cinq équations générales 3.4 à 3.8 et les constantes apparaissant dans ces équations sont déterminées à partir des conditions aux frontières. Dans les cas où le potentiel dépend de deux ou trois variables et doit satisfaire à l'équation de Laplace, la technique de séparation de variables décrite au problème 3.6 peut être utilisée et les équations générales permettant de décrire les distributions de potentiel bidimensionnelles sont : 3.10 à 3.13 pour des coordonnées cartésiennes; 3.14 pour les problèmes en coordonnées sphériques où le potentiel varie selon r et θ; 3.19 pour les problèmes en coordonnées cylindriques où le potentiel varie selon ρ et ϕ.

La technique numérique des différences finies est présentée au problème 3.16. Les techniques numériques des éléments finis et des éléments frontières sont couramment utilisées pour résoudre des problèmes d'électrostatique dans la pratique du génie électrique mais elles ne seront pas présentées dans cet ouvrage à cause de leur complexité. Il en sera de même des techniques analytiques de transformées conformes et des techniques analogiques.

Rappel théorique

Équation de Poisson. Dans un milieu diélectrique homogène, linéaire et isotrope de permittivité ϵ où l'on retrouve une densité de charges volumique ρ_v, le potentiel électrique V doit satisfaire à l'équation de Poisson, soit :

$$\nabla^2 V = \frac{-\rho_v}{\epsilon} \tag{3.1}$$

où ∇^2 est l'opérateur laplacien.

Équation de Laplace. Dans les milieux diélectriques ou conducteurs homogènes, linéaires et isotropes où la densité de charges volumique est nulle, le potentiel électrique V doit satisfaire à l'équation de Laplace, soit :

$$\nabla^2 V = 0 \tag{3.2}$$

Conditions de Dirichlet. Les conditions aux frontières de Dirichlet sont décrites par des valeurs de potentiel connues sur toutes les surfaces entourant le milieu où l'on cherche la distribution de potentiel.

Conditions de Neumann. Les conditions aux frontières de Neumann sont décrites par des valeurs de la dérivée normale du potentiel ($\partial V/\partial n$) connues sur toutes les surfaces entourant le milieu où l'on cherche la distribution de potentiel.

Conditions mixtes. Les conditions aux frontières mixtes sont décrites par des valeurs de potentiel connues sur une partie des surfaces entourant le milieu ainsi que par des valeurs de la dérivée normale du potentiel connues sur les surfaces restantes.

Théorème d'unicité. Si une fonction V satisfait à la fois à l'équation de Laplace (équat. 3.2) ainsi qu'aux conditions aux frontières, c'est la seule solution possible.

Continuité du potentiel. En l'absence de couche de charges dipolaires, il y a continuité du potentiel électrique aux frontières.

Principe de superposition. La solution V de l'équation de Laplace satisfaisant aux conditions de Dirichlet selon lesquelles le potentiel est ϕ_j sur chacune des n portions de S_j entourant le volume, peut être obtenue en superposant les n solutions V_j satisfaisant chacune à l'équation de Laplace et aux conditions aux frontières $V_j = \phi_j$ sur S_j et $V_j = 0$ sur S_i pour $i \neq j$:

$$V = \sum_{j=1}^{n} V_j \tag{3.3}$$

Ce principe peut parfois faciliter la solution de certains problèmes.

Solutions unidimensionnelles. La solution de l'équation de Laplace lorsque le potentiel ne dépend que d'une seule variable à cause de la symétrie, est obtenue à l'aide d'une des équations suivantes dans les systèmes de coordonnées :

cartésiennes : $$V(x) = Ax + B \tag{3.4}$$

cylindriques : $$V(\rho) = A \ln\rho + B \tag{3.5}$$

$$V(\phi) = A\phi + B \tag{3.6}$$

sphériques : $$V(r) = \frac{A}{r} + B \tag{3.7}$$

$$V(\theta) = A \ln\left(\tan\frac{\theta}{2}\right) + B \tag{3.8}$$

où A et B sont des constantes dont les valeurs sont ajustées selon les conditions aux frontières.

Solutions bidimensionnelles cartésiennes. Lorsque le potentiel dépend de deux variables, la solution de l'équation de Laplace peut souvent être obtenue en appliquant la méthode de séparation des variables. Dans un système de coordonnées cartésiennes, la solution $V(x, y)$ résulte du produit suivant :

$$V(x, y) = X(x)\, Y(y) \tag{3.9}$$

où la fonction $X(x)$ ne dépend que de x et la fonction $Y(y)$ ne dépend que de y. En substituant l'équation 3.9 dans l'équation de Laplace (équat. 3.2), nous obtenons deux équations différentielles ordinaires du second ordre dont les solutions ont les formes suivantes :

$$X(x) = A\, e^{kx} + B\, e^{-kx} \tag{3.10}$$

$$Y(y) = C\, e^{jky} + D\, e^{-jky} \tag{3.11}$$

où A, B, C, D et k sont des constantes dont les valeurs sont ajustées selon les conditions aux frontières. De plus, les équations 3.10 et 3.11 sont équivalentes aux équations suivantes :

$$X(x) = E \sinh(kx) + F \cosh(kx) \tag{3.12}$$

$$Y(y) = G \sin(ky) + H \cos(ky) \tag{3.13}$$

où *E, F, G* et *H* sont d'autres constantes. Notons que l'orientation des axes du système de coordonnées doit être choisie en fonction de la forme des solutions. Par exemple, l'axe des x correspond à un changement monotone du potentiel (équat. 3.12), tandis que l'axe des y correspond à une «oscillation» (équat. 3.13). La technique graphique permet d'évaluer la forme de la solution et de choisir l'orientation du système d'axes.

Solutions bidimensionnelles sphériques. Dans les cas où le potentiel ne dépend que des variables r et θ dans un système de coordonnées sphériques, la solution prend la forme suivante :

$$V(r, \theta) = \sum_{n=0}^{\infty} A_n r^n P_n (\cos\theta) + B_n r^{-(n+1)} P_n (\cos\theta) \tag{3.14}$$

où A_n et B_n sont des constantes, n est un entier et P_n $(\cos\theta)$ sont les polynômes de Legendre d'ordre n. Les trois premiers polynômes sont :

$$P_0(\cos\theta) = 1 \tag{3.15}$$

$$P_1(\cos\theta) = \cos\theta \tag{3.16}$$

$$P_2(\cos\theta) = \frac{3}{2}\cos^2\theta - \frac{1}{2} \tag{3.17}$$

Solutions bidimensionnelles cylindriques. Dans les cas où le potentiel ne dépend que des variables ρ et θ dans un système de coordonnées cylindriques, la solution prend la forme générale suivante :

$$V(\rho, \phi) = \sum_{n=0}^{\infty} \left(A_n \rho^n + B_n \rho^{-n}\right)\left(C_n \cos n\phi + D_n \sin n\phi\right) \tag{3.19}$$

où A_n, B_n, C_n et D_n sont des constantes et n est un entier qui dépendent des conditions aux frontières.

Série de Fourier. Pour satisfaire à certaines conditions aux frontières, il est parfois nécessaire d'utiliser une série de fonctions sin ou cos. Dans ce cas, les coefficients de ces fonctions peuvent être calculés grâce aux propriétés des séries de Fourier. Une fonction périodique $f(x)$ définie dans l'intervalle $c \leqslant x \leqslant c + 2L$ où c est une constante et $2L$ est la période, peut être représentée par la série de Fourier suivante :

$$f(x) = \frac{a_0}{2} + \sum_{n=1}^{\infty} \left(a_n \cos\frac{n\pi x}{L} + b_n \sin\frac{n\pi x}{L}\right) \tag{3.18}$$

où :

$$a_n = \frac{1}{L}\int_c^{c+2L} f(x)\cos\frac{n\pi x}{L}\,dx$$

$$b_n = \frac{1}{L}\int_c^{c+2L} f(x)\sin\frac{n\pi x}{L}\,dx$$

Équations pour la méthode des différences finies. La technique des différences finies permet de trouver une solution approximative aux problèmes de conditions aux frontières. Cette solution est discrétisée, c'est-à-dire que le potentiel est calculé en un nombre fini de points qui sont espacés par une même distance h. La précision de la solution augmente lorsque h tend vers zéro. La technique des différences finies est une technique itérative. À chacune des itérations, le potentiel en chaque point est calculé à partir des valeurs de potentiel aux points voisins à l'aide d'une des formules énoncées ci-dessous. Ces formules dépendent de la position du point par rapport aux frontières. Les itérations cessent lorsque, pour chacun des points, l'écart entre le potentiel calculé à l'itération précédente et celui calculé à l'itération actuelle est inférieur à une valeur de tolérance prédéterminée. Les lignes pleines indiquent une interface entre deux milieux.

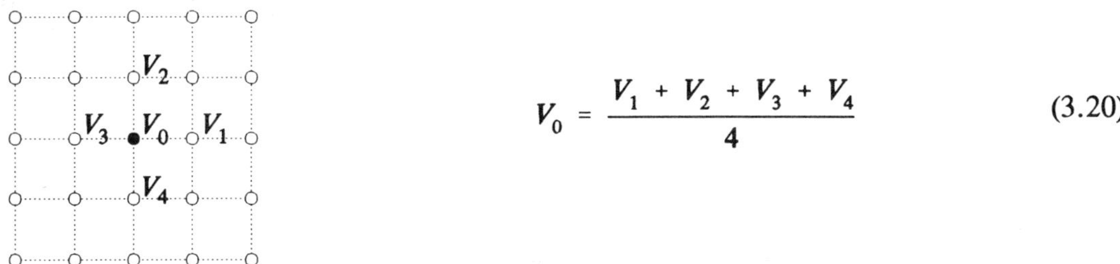

$$V_0 = \frac{V_1 + V_2 + V_3 + V_4}{4} \qquad (3.20)$$

Figure 3.1 Milieu homogène.

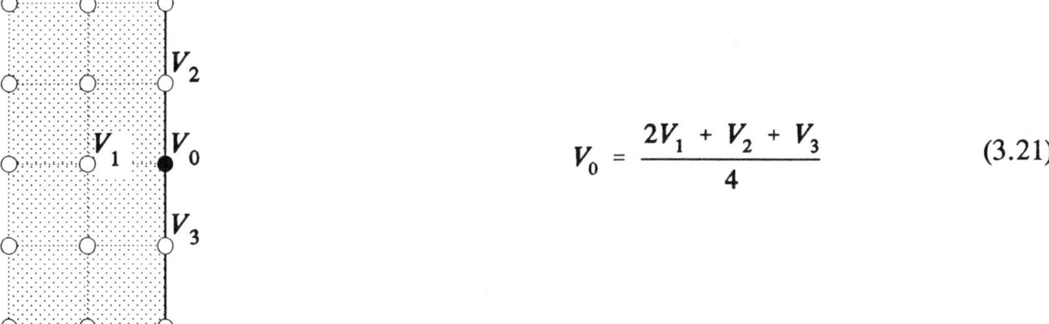

$$V_0 = \frac{2V_1 + V_2 + V_3}{4} \qquad (3.21)$$

Figure 3.2 Interface conducteur-diélectrique.

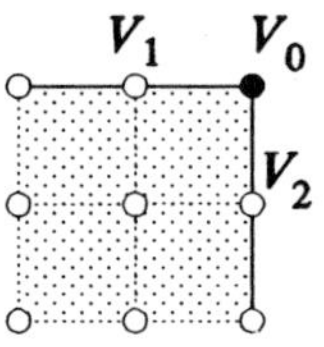

$$V_0 = \frac{V_1 + V_2}{2} \tag{3.22}$$

Figure 3.3 Interface diélectrique/coin conducteur.

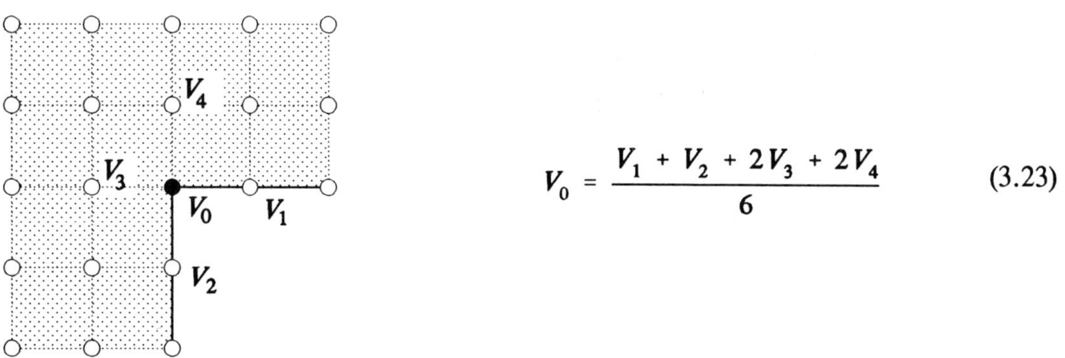

$$V_0 = \frac{V_1 + V_2 + 2V_3 + 2V_4}{6} \tag{3.23}$$

Figure 3.4 Interface conducteur/coin diélectrique.

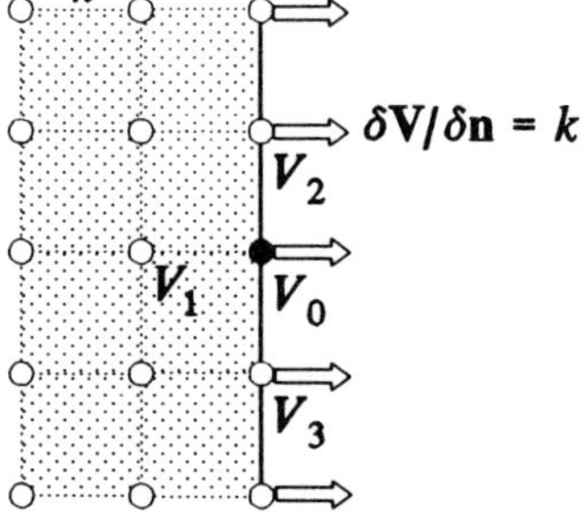

h

$\delta \mathbf{V} / \delta \mathbf{n} = k$

V_2 V_1 V_0 V_3

$$V_0 = \frac{2V_1 + V_2 + V_3}{4} + \frac{hk}{2} \tag{3.24}$$

Figure 3.5 Interface conducteur/diélectrique avec δV/δn imposé.

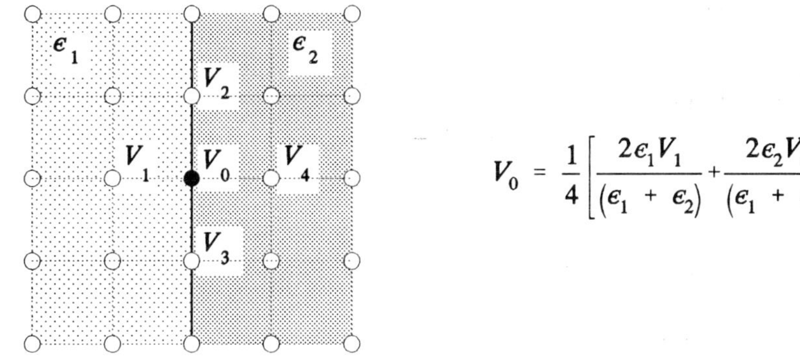

$$V_0 = \frac{1}{4}\left[\frac{2\epsilon_1 V_1}{(\epsilon_1 + \epsilon_2)} + \frac{2\epsilon_2 V_4}{(\epsilon_1 + \epsilon_2)} + V_2 + V_3\right] \qquad (3.25)$$

Figure 3.6 Interface diélectrique/diélectrique.

3.1 CONDENSATEUR À DOUBLE DIÉLECTRIQUE (Laplace 1-D, cartésien)

Énoncé

L'espace entre les deux plaques d'un condensateur plan est occupé par deux diélectriques de permittivités ϵ_1 et ϵ_2 (fig. 3.7). Les dimensions des plaques sont élevées par rapport à l'épaisseur du condensateur, ce qui permet de négliger les effets de bords et de considérer que le champ électrique est uniforme dans chaque diélectrique.

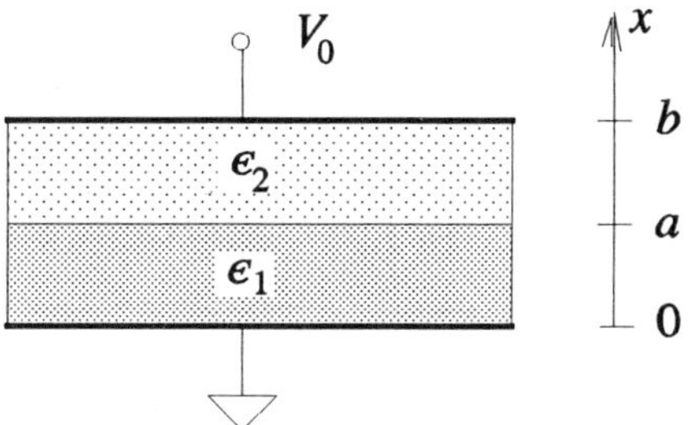

Figure 3.7

a) Trouver la distribution du potentiel entre les plaques lorsque la plaque supérieure est à un potentiel V_0 et la plaque inférieure est mise à la terre.
b) Trouver la capacité du condensateur. Les plaques ont une surface S.

Solution

a) Pour trouver la distribution du potentiel, nous pouvons appliquer l'équation de Laplace puisque la densité de charges est nulle dans les deux diélectriques. À cause de la symétrie, le potentiel ne dépend que de la distance x et l'équation de Laplace (équat. 3.2) devient :

$$\nabla^2 V = \frac{\partial^2 V}{\partial x^2} = 0$$

En intégrant une première fois cette équation par rapport à x nous obtenons :

$$\frac{\partial V}{\partial x} = A$$

où A est une constante. En intégrant une seconde fois, nous obtenons :

$$V = \int A \, \partial x = Ax + B$$

où B est une autre constante d'intégration. Cette équation générale 3.4 doit être adaptée aux conditions aux frontières pour chacun des deux milieux :

$$V_1 = A_1 x + B_1$$
$$V_2 = A_2 x + B_2$$

où V_1 et V_2 sont les potentiels dans les milieux 1 et 2 respectivement.

Puisque $V = 0$ à $x = 0$, nous obtenons d'abord :

$$V_1 = A_1 \times 0 + B_1 = 0 \quad \Rightarrow \quad B_1 = 0$$

À l'interface entre les deux diélectriques ($x = a$), la continuité du flux électrique (équat. 1.26) nous permet de poser :

$$D_{1n} = D_{2n} \quad \Rightarrow \quad \epsilon_1 E_1 = \epsilon_2 E_2$$

Puisque le champ électrique est égal au gradient négatif du potentiel (équat. 1.11), nous pouvons substituer $A_1 = -E_1$ et $A_2 = -E_2$ dans l'équation précédente pour obtenir :

$$\epsilon_1 A_1 = \epsilon_2 A_2 \qquad (1)$$

À l'interface, $x = a$, la continuité du potentiel nous permet de poser :

$$V_1 = A_1 a = V_2 = A_2 a + B_2 \quad \Rightarrow \quad (A_1 - A_2)\, a = B_2 \qquad (2)$$

Sur la plaque supérieure ($x = b$), le potentiel est V_0, donc :

$$V_0 = A_2 b + B_2 \quad \Rightarrow \quad B_2 = V_0 - A_2 b \qquad (3)$$

Finalement en substituant la valeur de B_2 de l'équation 3 dans l'équation 2, et en trouvant les deux inconnues A_1 et A_2 des deux équations 1 et 2, nous obtenons les valeurs des constantes manquantes :

$$A_1 = \frac{\epsilon_2 V_0}{(\epsilon_2 - \epsilon_1)a + \epsilon_1 b}, \; A_2 = \frac{\epsilon_1 V_0}{(\epsilon_2 - \epsilon_1)a + \epsilon_1 b}, \; B_2 = \frac{a(\epsilon_2 - \epsilon_1)V_0}{(\epsilon_2 - \epsilon_1)a + \epsilon_1 b}$$

b) Pour trouver la capacité, il s'agit tout d'abord de trouver la charge sur une des plaques. En appliquant la condition aux frontières (équat. 1.24), nous obtenons finalement :

$$C = \frac{Q}{V_0} = \frac{\rho_s S}{V_0} = \frac{D_1 S}{V_0} = \frac{\epsilon_1 A_1 S}{V_0} = \frac{\epsilon_1 \epsilon_2 S}{(\epsilon_2 - \epsilon_1)a + \epsilon_1 b}$$

Les mêmes résultats pourraient être obtenus en considérant que ce dispositif est équivalent à deux condensateurs plans, homogènes et connectés en série.

3.2 PRÉCIPITATEUR ÉLECTROSTATIQUE (Laplace 1-D, cylindrique, effet couronne)

Énoncé

Dans un précipitateur électrostatique, les particules de poussière qui sont initialement neutres, acquièrent une charge électrique grâce à des ions générés par effet couronne près d'un mince fil métallique (les particules neutres sont attirées par le gradient du champ électrique entourant les ions) et les poussières chargées sont finalement attirées par les parois qui portent des charges de signe opposé. L'effet couronne se produit lorsque le champ électrique est assez intense pour rendre l'air conducteur : des ions qui sont naturellement présents dans l'air à cause des radiations cosmiques sont accélérés par l'intensité du champ, entrent en collision avec les molécules de l'air qu'ils séparent en de nouveaux ions qui sont à leur tour accélérés (effet d'avalanche). Les ions négatifs produits dans le voisinage d'une électrode positive sont attirés vers l'électrode tandis que les ions positifs sont repoussés : une électrode positive est donc associée à la génération d'ions positifs. Dans l'air, le champ électrique doit être supérieur à 3 MV/m pour produire cette ionisation.

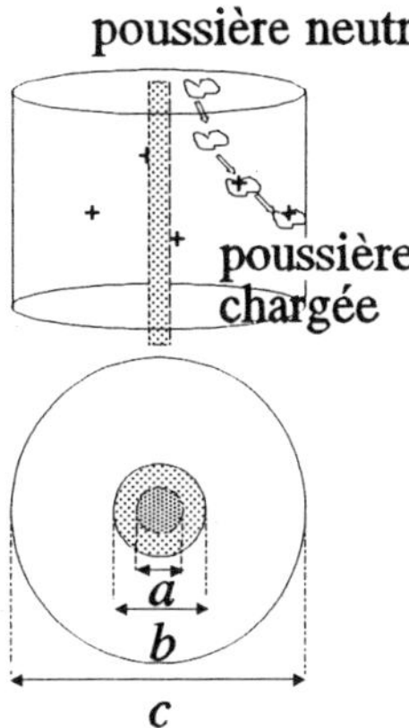

Figure 3.8

a) Dans le précipitateur illustré ci-dessus (fig. 3.8), le fil central de diamètre $a = 1$ mm, est situé au centre d'un manchon cylindrique mis à la masse et ayant un diamètre $c = 10$ cm. Quel doit être le potentiel minimal V_0 du fil, pour faire fonctionner le précipitateur?
b) Après plusieurs mois de fonctionnement, le fil se recouvre d'une couche de poussière non conductrice, de permittivité relative $\epsilon_r = 5$, de rigidité diélectrique élevée, et ayant une épaisseur de 0,5 mm ($b = 2$ mm). Quel est alors le potentiel minimum V_0?

Solution

a) En négligeant la densité de charges entre le fil central et le manchon, nous pouvons appliquer l'équation de Laplace. On observe que, par symétrie, V ne dépend que de ρ. Donc, les dérivées partielles en φ et z s'annulent dans l'expression du Laplacien :

$$\nabla^2 V = \frac{1}{\rho}\frac{\partial}{\partial \rho}\left(\rho \frac{\partial V}{\partial \rho}\right) = 0$$

Nous pouvons faire disparaître le terme $1/\rho$ pour résoudre, car ρ est différent de zéro dans la région qui nous intéresse et il n'introduit pas de singularité. On note alors que le terme entre parenthèses est égal à une constante puisque sa dérivée est nulle :

$$\rho \frac{\partial V}{\partial \rho} = A$$

où A est une constante. En intégrant, on obtient l'équation générale suivante 3.5 :

$$V = \int \frac{A \partial \rho}{\rho} = A \ln\rho + B$$

En utilisant les conditions aux frontières $V = V_0$ à $\rho = 0{,}5$ mm et $V = 0$ à $\rho = 50$ mm, on trouve :

$$A = \frac{-V_0}{\ln\left(\frac{0{,}05}{0{,}0005}\right)}$$

À partir de ce résultat, calculons le gradient du potentiel afin d'obtenir l'expression du champ électrique :

$$\mathbf{E} = -\nabla V = -\frac{A}{\rho}\,\hat{\boldsymbol{\rho}} = \frac{V_0}{\rho \ln(100)}\,\hat{\boldsymbol{\rho}}$$

on voit que la valeur du champ électrique est maximale à la surface du fil. Pour obtenir un effet couronne, il faut que le champ électrique soit supérieur à 3 mV/m au point $\rho = 0{,}0005$:

$$\frac{V_0}{\ln(100)\ 0{,}0005} > 3 \times 10^6 \quad \text{donc} \quad V_0 > 6{,}91 \text{ kV}$$

b) Appelons V_D le potentiel à la surface extérieure de la couche de poussière. La même équation générale permet de décrire le potentiel dans l'air et en utilisant les conditions aux frontières $V = V_D$ à $\rho = 1$ mm et $V = 0$ à $\rho = 50$ mm, on obtient une nouvelle valeur de A :

$$A = -\frac{V_D}{\ln\left(\frac{0{,}05}{0{,}001}\right)}$$

L'effet couronne se produit à la surface de la couche de poussière. Pour que le champ électrique soit supérieur à 3 mV/m à cet endroit, il faut que :

$$\mathbf{E} = -\nabla V = -\frac{A}{\rho}\,\hat{\boldsymbol{\rho}} \rightarrow \frac{V_D}{\ln\left(\frac{0{,}05}{0{,}001}\right)0{,}001} > 3 \times 10^6, \text{ donc } V_D > 11{,}74 \text{ kV}$$

À $\rho = 1$ mm, on a la frontière entre deux diélectriques de permittivités différentes. Les conditions aux frontières nous donnent : (poussière = 1, et air = 2)

$$D_{n1} = D_{n2} \rightarrow 5\epsilon_0 E_{n1} = \epsilon_0 E_{n2} \rightarrow 5E_{n1} = 3 \text{ MV/m} \text{ donc } E_{n1} = 600 \text{ kV/m}$$

On utilise toujours la même équation générale pour décrire le potentiel à l'intérieur de la couche de poussière mais cette fois, les conditions aux frontières $V = V_0$ à $\rho = 0{,}0005$ m et $V = 11{,}74$ kV à $\rho = 0{,}001$ m, nous donnent une constante A' égale à :

$$A' = \frac{-V_0 + 11{,}74\ \text{kV}}{\ln\left(\frac{0{,}001}{0{,}0005}\right)} = \frac{-V_0 + 11{,}74\ \text{kV}}{\ln 2}$$

Le champ électrique à l'intérieur de la couche de poussière, à $\rho = 0{,}001$ m, sera :

$$E = -\frac{A'}{\rho} = \frac{V_0 - 11{,}74\ \text{kV}}{0{,}001 \times \ln 2} = E_{n1} = 600\ \text{kV/m}, \quad \text{donc} \quad V_0 > 12{,}15\ \text{kV}$$

3.3 CONDENSATEUR VARIABLE (Laplace 1-D, cylindrique)

Énoncé

La plupart des condensateurs variables sont formés d'une série de plaques parallèles dont la surface active est changée par rotation. Le condensateur illustré ci-contre (fig. 3.9) peut aussi être utilisé comme condensateur variable mais de capacité plus faible. Trouver la capacité en fonction de l'angle α séparant les deux plaques de dimensions identiques. À cause de la symétrie, on peut considérer que le potentiel ne dépend que de l'angle ϕ entre le point d'observation et la plaque inférieure. Le potentiel est égal à V_0 sur la plaque supérieure ($\phi = \alpha$) et est nul sur la plaque inférieure ($\phi = 0$). On néglige les effets de bords.

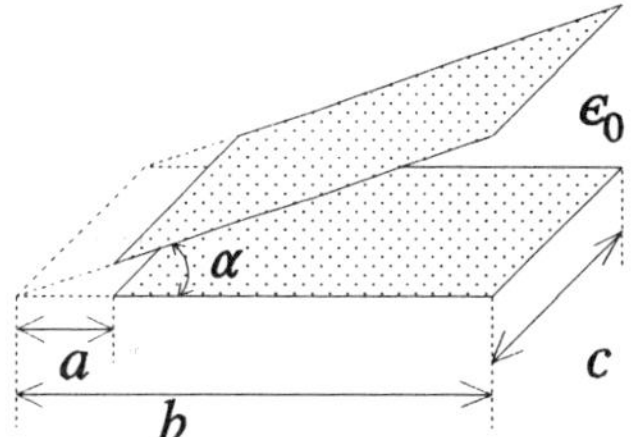

Figure 3.9

Solution

On peut mettre à profit la symétrie du problème en appliquant l'équation de Laplace (équat. 3.2) en coordonnées cylindriques avec variation selon l'angle ϕ seulement :

$$\nabla^2 V = \frac{1}{\rho^2}\frac{\partial^2 V}{\partial \phi^2} = 0$$

On peut tout d'abord éliminer le terme $1/\rho^2$ à droite de l'équation qui constitue une singularité à $\rho = 0$, car aucun point n'a un rayon nul dans la région entre les plaques. En intégrant une première fois par rapport à ϕ, nous obtenons :

$$\frac{\partial V}{\partial \phi} = A$$

où A est une constante d'intégration. Une seconde intégration nous fournit l'équation générale 3.5 :

$$V = \int A \, \partial\phi + B = A\,\phi + B$$

Cette équation générale doit être adaptée aux conditions aux frontières pour le milieu entre les plaques ($0 < \phi < \alpha$) mais également pour le milieu à l'extérieur des plaques ($\alpha - 2\pi < \phi < 0$) où les potentiels sont respectivement :

$$V_i = A_i\phi + B_i$$

$$V_e = A_e\phi + B_e$$

La condition $V = 0$ à $\phi = 0$ nous permet d'annuler B_i et B_e. La condition $V = V_0$ à $\phi = \alpha$ permet d'obtenir :

$$V_0 = A_i\,\alpha \quad \Rightarrow \quad A_i = \frac{V_0}{\alpha}$$

$$V_0 = A_e(\alpha - 2\pi) \quad \Rightarrow \quad A_e = \frac{V_0}{(\alpha - 2\pi)}$$

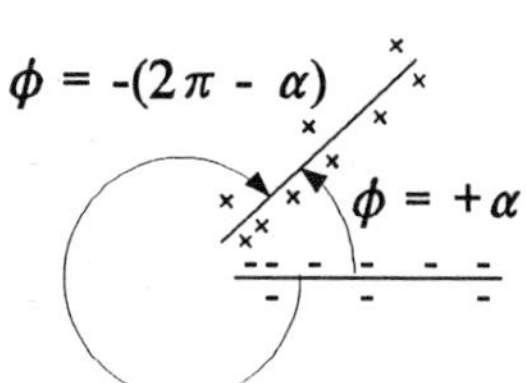

Figure 3.10

Évaluons maintenant la densité de charges sur la surface supérieure de la plaque inférieure ($\phi = 0$) en appliquant l'équation 1.24 :

$$\rho_s = D_n = \epsilon_0 E_i = \epsilon_0(-\nabla V_i) = -\epsilon_0 \frac{1}{\rho}\,\frac{\partial V_i}{\partial\phi} = \frac{-\epsilon_0 V_0}{\rho\alpha}$$

ainsi que la densité de charges sur la surface inférieure de la plaque inférieure :

$$\rho_s = D_n = -\epsilon_0 E_e = \epsilon_0 \nabla V_e = \epsilon_0\,\frac{1}{\rho}\,\frac{\partial V_e}{\partial\phi} = \frac{\epsilon_0 V_0}{\rho(\alpha - 2\pi)}$$

qui est également négative car $\alpha < 2\pi$. La charge Q sur les deux côtés de cette plaque est :

$$Q = \int_a^b \int_0^c \frac{-\epsilon_0 V_0}{\rho\alpha}\, dz\, d\rho + \int_a^b \int_0^c \frac{\epsilon_0 V_0}{\rho(\alpha - 2\pi)}\, dz\, d\rho$$

$$Q = c\,\epsilon_0 V_0 \ln\left(\frac{b}{a}\right)\left(\frac{1}{\alpha - 2\pi} - \frac{1}{\alpha}\right)$$

La charge sur la plaque supérieure est de signe opposé et la capacité est (équat. 1.18) :

$$C = \frac{Q}{V} = c\,\epsilon_0 \ln\left(\frac{b}{a}\right)\left(\frac{1}{\alpha} - \frac{1}{\alpha - 2\pi}\right)$$

où l'on voit que la capacité est inversement proportionnelle à α pour $\alpha \ll 2\pi$.

3.4 GÉNÉRATEUR VAN DER GRAAF (Laplace 1-D, sphérique)

Énoncé

Les générateurs Van der Graaf peuvent être utilisés pour tester des dispositifs de transport d'énergie à haute tension et pour accélérer des particules chargées. Le principe de base consiste à accumuler les charges électriques sur une électrode sphérique dont le potentiel peut atteindre plusieurs millions de Volts. Une source d'ions, semblable à celle décrite au problème 3.2, génère des ions qui se déposent sur une courroie isolante. Un moteur fait avancer la courroie jusqu'à l'électrode, où une brosse métallique permet aux charges de quitter la courroie et de se répartir à la surface de l'électrode. Cette électrode sphérique possède un rayon a et elle est entourée d'une sphère métallique de blindage, de rayon b, qui est mise à la terre.

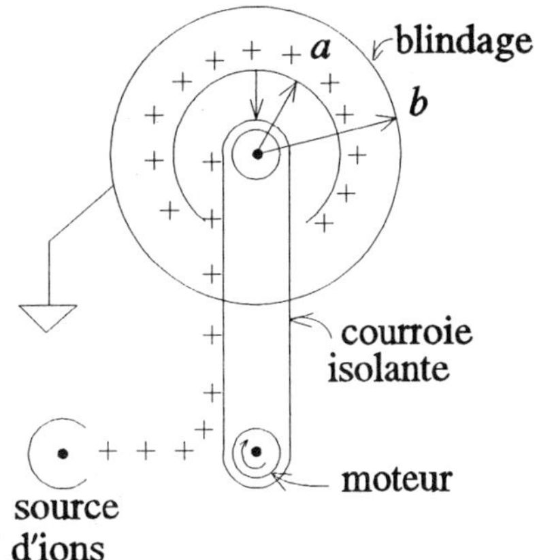

Figure 3.11

a) Trouver la distribution du potentiel entre les sphères lorsque l'électrode est à un potentiel $V_0 > 0$.
b) Pour une valeur fixe de rayon extérieur b, trouver le rayon intérieur a qui permet de supporter un potentiel maximal V_0 sans claquage.
c) Sachant que le claquage survient lorsque l'intensité du champ électrique est supérieure à 3 MV/m en valeur absolue, quel est le potentiel maximal V_0 lorsque $b = 2$ m et a est égal à la valeur optimale trouvée en b)?

Solution

a) Il n'y a pas de charge entre les sphères et nous pouvons donc appliquer l'équation de Laplace dans cette région. À cause de la symétrie, le potentiel ne dépend que de r et les dérivées partielles de V selon θ et ϕ s'annulent dans l'expression du Laplacien :

$$\nabla^2 V = \frac{1}{r^2}\frac{\partial}{\partial r}\left(r^2 \frac{\partial V}{\partial r}\right) = 0$$

Il est possible d'exclure le terme $1/r^2$ qui présente une singularité à $r = 0$, car aucun des points situés entre les sphères n'a un rayon nul. Le terme entre parenthèses est donc égal à une constante car sa dérivée est nulle :

$$r^2 \frac{\partial V}{\partial r} = -A$$

En divisant par r^2 les deux côtés de l'équation et en intégrant par rapport à r nous obtenons :

$$V = \int \frac{-A \; \partial r}{r^2} = \frac{A}{r} + B$$

Cette équation générale 3.7 peut être ajustée aux conditions aux frontières $V = V_0$ à $r = a$ et $V = 0$ à $r = b$ pour obtenir finalement :

$$V = \frac{V_0}{\left(\frac{1}{a} - \frac{1}{b}\right)} \left(\frac{1}{r} - \frac{1}{b}\right)$$

b) Commençons par trouver l'intensité du champ électrique entre les sphères :

$$\mathbf{E} = -\nabla V = -\frac{\partial V}{\partial r} \hat{\mathbf{r}} = \frac{V_0}{\left(\frac{1}{a} - \frac{1}{b}\right)} \frac{\hat{\mathbf{r}}}{r^2}$$

Le claquage survient lorsque l'intensité du champ électrique dépasse une certaine valeur qui est appelée la rigidité diélectrique. Ici, le champ est plus intense pour la plus petite valeur de r, soit à la surface de l'électrode ($r = a$) :

$$E_{max} = \frac{V_0}{\left(\frac{1}{a} - \frac{1}{b}\right) a^2} = \frac{V_0 b}{(b - a) a}$$

On note que E_{max} tend vers l'infini si a tend vers b, ou vers 0. On peut trouver la valeur de a optimale qui correspond à la plus petite valeur de E_{max}, en annulant la dérivée partielle de E_{max} par rapport à a et en s'assurant que la dérivée seconde de E_{max} par rapport à a est positive pour la valeur de a qui annule la dérivée première.

$$\frac{\partial E_{max}}{\partial a} = \frac{V_0 b (2a - b)}{((b - a) a)^2} = 0 \quad \Rightarrow \quad a = \frac{b}{2}$$

$$\frac{\partial^2 E_{max}}{\partial a^2} \left(\frac{b}{2}\right) = \frac{32 V_0}{b^3} > 0$$

c) Pour $b = 2$ m, la valeur optimale de a est de un mètre. La rigidité diélectrique de l'air étant 3 MV/m, nous obtenons :

$$E_{max} = \frac{2 \, V_{max}}{(2 - 1) 1} = 3 \text{ MV/m} \quad \Rightarrow \quad V_{max} = 1{,}5 \text{ MV}$$

3.5 ANTENNE POUR HYPERTHERMIE (Laplace 1-D, sphérique)

Énoncé

La figure ci-contre (fig. 3.12) illustre une antenne micro-ondes qui est insérée dans le corps humain pour détruire par radiation électromagnétique des tissus atteints par le cancer (ces tissus sont plus sensibles à une élévation de température que les tissus sains). L'antenne est formée de deux cônes opposés ayant le même angle d'ouverture α, une longueur de côté l et des potentiels $+V_0$ et $-V_0$. Les sommets des cônes sont séparés par une distance faible. Le milieu biologique a une permittivité relative ϵ_r. Dans les calculs suivants, on supposera que le potentiel dans le milieu biologique ne dépend que de l'angle θ et on négligera les effets de bords (le flux reste concentré entre les cônes).

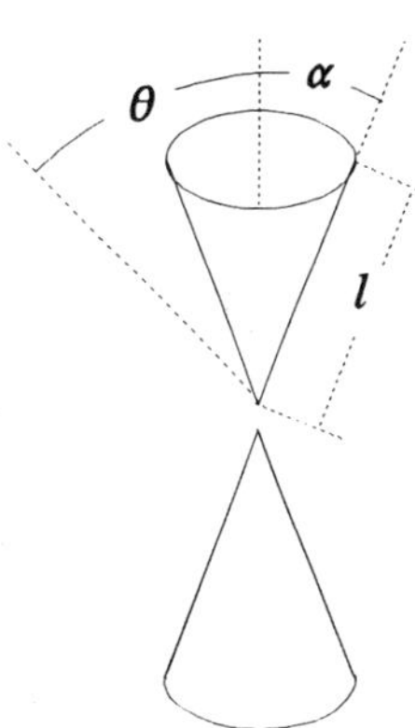

Figure 3.12

a) Quelle est l'expression de la capacité entre les deux cônes?
b) Quelle est la valeur de la capacité si l = 1 cm, α = 10°, et la permittivité relative du milieu biologique ϵ_r = 80?

Solution

a) Nous allons utiliser l'équation de Laplace pour résoudre ce problème car on peut considérer la densité de charges dans l'espace nulle. On observe que par symétrie, le potentiel ne dépend que de θ. Alors les dérivées partielles en r et en ϕ du Laplacien s'annulent :

$$\nabla^2 V = \frac{1}{r^2 \sin\theta} \frac{\partial}{\partial\theta}\left(\sin\theta \frac{\partial V}{\partial\theta}\right) = 0$$

Nous pouvons faire disparaître le terme $1/r^2 \sin\theta$ pour résoudre car r et θ sont différents de zéro dans la région qui nous intéresse et ils n'introduisent donc pas de singularité :

$$\frac{\partial}{\partial\theta}\left(\sin\theta \frac{\partial V}{\partial\theta}\right) = 0$$

En intégrant une première fois, nous obtenons :

$$\sin\theta \frac{\partial V}{\partial\theta} = A$$

où A est une constante. En intégrant une seconde fois, on obtient l'équation générale 3.8 :

$$V = \int \frac{A\ \partial\theta}{\sin\theta} = A \ln\left(\tan\frac{\theta}{2}\right) + B$$

En utilisant les conditions aux frontières $V = V_0$ à $\theta = \alpha$ et $V = 0$ à $\theta = \pi/2$ (à cause de la symétrie), on trouve :

$$A = \frac{V_0}{\ln\left(\tan\dfrac{\alpha}{2}\right)} \quad \text{et} \quad B = 0$$

À partir de ce résultat, calculons le gradient du potentiel afin d'obtenir l'expression du champ électrique (équat. 1.11) :

$$\mathbf{E} = -\nabla V = -\frac{1}{r}\,\frac{A}{2\sin\left(\dfrac{\theta}{2}\right)\cos\left(\dfrac{\theta}{2}\right)}\,\hat{\boldsymbol{\theta}} = -\frac{1}{r}\,\frac{V_0}{\ln\left(\tan\dfrac{\alpha}{2}\right)\sin\theta}\,\hat{\boldsymbol{\theta}}$$

Par définition (équat. 1.4) :

$$\mathbf{D} = \epsilon_0\epsilon_r\mathbf{E}$$

Pour trouver la quantité de charges à la surface d'un cône, il suffit d'évaluer D_n à $\theta = \alpha$ ce qui nous donne la densité de charges surfaciques (équat. 1.24), puis d'intégrer sur la surface du cône.

$$D_n = \rho_s = -\frac{\epsilon_0\epsilon_r V_0}{r\,\ln\left(\tan\dfrac{\alpha}{2}\right)\sin\alpha}$$

$$Q = \int_0^{2\pi}\int_0^{l} \rho_s(r\,\sin\alpha)\;d\phi\;dr = -\frac{2\pi\,\epsilon_0\,\epsilon_r V_0\,l}{\ln\left(\tan\dfrac{\alpha}{2}\right)}$$

Nous pouvons ensuite évaluer la capacité entre les deux cônes (équat. 1.18) :

$$C = \frac{Q}{\Delta V} = \frac{Q}{2V_0} = -\frac{\pi\,\epsilon_0\,\epsilon_r\,l}{\ln\left(\tan\dfrac{\alpha}{2}\right)}$$

b) En remplaçant les valeurs données dans l'équation trouvée en (a), nous obtenons :

$$C = 9{,}1\ \text{pF}$$

3.6 MILIEU AVEC SECTION RECTANGULAIRE (Laplace 2-D, cartésien)

Énoncé

La figure 3.13 représente une section d'un dispositif formé de : deux plaques horizontales séparées par une distance b et mises à la masse; d'une plaque verticale fixe, reliée à la masse; d'une plaque verticale située à une distance a de la plaque précédente et soumise à une tension V_0. Toutes les plaques sont longues, le potentiel est donc constant en fonction de la profondeur. Trouver la distribution de potentiel entre les plaques.

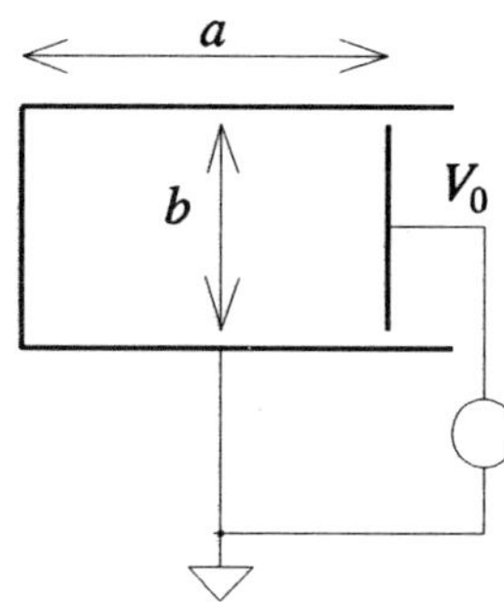

Figure 3.13

Solution

a) Pour bien comprendre la nature du problème, commençons par faire une esquisse du champ électrique en appliquant la technique graphique présentée au chapitre 2. On débute cette esquisse en traçant des lignes équipotentielles avec angles égaux dans les deux coins à droite. Sur l'esquisse finale, on note que le potentiel décroît de façon monotone de droite à gauche tandis qu'il augmente puis diminue de bas en haut. C'est pourquoi nous choisissons, pour appliquer les équations 3.12 et 3.13, d'utiliser des composantes monotones ($\sinh(kx)$, $\cosh(kx)$) pour décrire le potentiel selon un axe des x horizontal (équat. 3.12) et des composantes périodiques ($\sin(ky)$, $\cos(ky)$) pour décrire le potentiel selon un axe des y vertical (3.13).

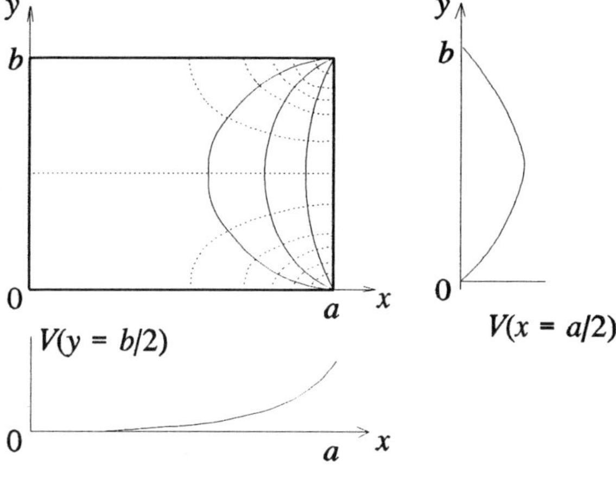

Figure 3.14

Nous pourrions appliquer immédiatement ces deux équations mais nous allons plutôt les démontrer en appliquant la méthode de séparation des variables. En substituant l'expression $V = XY$ (équat. 3.9) dans l'équation de Laplace (équat. 3.2), nous obtenons :

$$Y\frac{d^2X}{dx^2} + X\frac{d^2Y}{dy^2} = 0$$

en divisant par XY les deux côtés de cette équation nous obtenons :

$$\left(\frac{1}{X}\ \frac{d^2X}{dx^2}\right) + \left(\frac{1}{Y}\ \frac{d^2Y}{dy^2}\right) = 0$$

Chacun des deux termes entre parenthèses doit être égal à une constante car l'autre terme en est toujours indépendant. Pour satisfaire l'égalité, ces constantes doivent être égales, mais de signes opposés :

$$\frac{1}{X}\ \frac{d^2X}{dx^2} = k^2 \quad \text{et} \quad \frac{1}{Y}\ \frac{d^2Y}{dy^2} = -k^2$$

Nous obtenons finalement deux équations différentielles ordinaires du deuxième ordre :

$$\frac{d^2X}{dx^2} - k^2X = 0 \qquad \text{et} \qquad \frac{d^2Y}{dy^2} + k^2Y = 0$$

dont les solutions sont les équations 3.10 et 3.11 ou les équations 3.12 et 3.13.

Les solutions générales étant démontrées, trouvons maintenant les valeurs des constantes E, F, G, H et k de ces solutions :

$$X(x) = E\ \sinh(kx) + F\ \cosh(kx) \tag{3.12}$$

$$Y(y) = G\ \sin(ky) + H\ \cos(ky) \tag{3.13}$$

Selon la condition aux frontières $V = 0$ à $y = 0$, Y doit être nul lorsque $y = 0$ et :

$$Y = G\ \sin(0) + H\ \cos(0) = 0 + H = 0 \quad \Rightarrow \quad H = 0$$

Comme $V = 0$ à $y = b$, Y doit également être nul lorsque $y = b$ et :

$$Y = G\ \sin(kb) = 0 \quad \Rightarrow \quad k = \frac{m\pi}{b}, \quad m = 0, 1, 2, ...$$

Comme $V = 0$ à $x = 0$, X doit être nul à $x = 0$ et :

$$X = E\ \sinh(0) + F\ \cosh(0) = 0 + F = 0 \quad \Rightarrow \quad F = 0$$

En insérant les valeurs connues des constantes dans la solution, nous obtenons l'expression suivante pour décrire le potentiel à $x = a$:

$$V = GE\ \sinh\left(\frac{m\pi a}{b}\right)\ \sin\left(\frac{m\pi y}{b}\right) \tag{1}$$

Telle quelle, cette expression ne permet pas de satisfaire à la condition aux frontières $V = V_0$ à $x = a$. Toutefois, une série de fonctions du même type que l'équation (1) peut satisfaire à cette condition. Nous pouvons appliquer les séries de Fourier pour trouver les coefficients de cette série. Il faut tout d'abord considérer que la condition aux frontières $V = V_0$ à $x = a$ et $0 \leq y < b$, représente seulement une partie d'une fonction périodique qui s'étend à l'infini, comme illustré sur la courbe du haut de la figure 3.15. En additionnant différentes harmoniques comme la première et la troisième (les deux courbes du milieu), on obtient une fonction (la courbe du bas) qui se rapproche de plus en plus de la condition aux frontières (la courbe du haut) lorsqu'on y ajoute de nouvelles harmoniques.

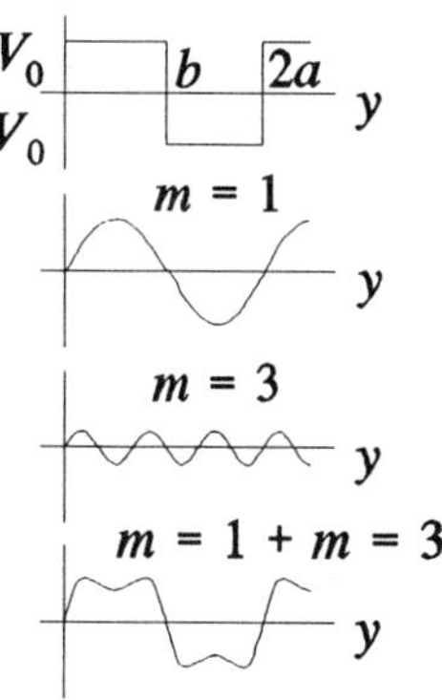

Figure 3.15

Pour appliquer les équations 3.18, nous remplaçons d'abord le terme constant de l'équation (1) par la constante C_m :

$$C_m = GE \sinh\left(\frac{m\pi a}{b}\right)$$

puis nous utiliserons dans les équations 3.18 les valeurs suivantes : $L = b$, $n = m$, $b_n = C_m$, $f(x) = V_0$ pour $0 \leq x < b$, $f(x) = -V_0$ pour $b \leq x < 2b$. En intégrant ces équations, nous obtenons des valeurs nulles pour a_n, tandis que les valeurs de b_n sont :

$$b_n = \frac{1}{b}\left[\int_0^b V_0 \sin\left(\frac{n\pi x}{b}\right) dx + \int_b^{2b} -V_0 \sin\left(\frac{n\pi x}{b}\right) dx\right]$$

D'où nous obtenons : $C_m = 4\ V_0/m\pi$ si m est impair et $C_m = 0$ pour m pair. Ceci nous permet de calculer la valeur de la dernière constante EG :

$$C_m = \frac{4V_0}{m\pi} = EG \sinh\left(\frac{m\pi a}{b}\right) \Rightarrow EG = \frac{4V_0}{m\pi \sinh\left(\frac{m\pi a}{b}\right)}$$

Finalement, la solution est :

$$V(x,\ y) = \sum_{m=1}^{\infty} \frac{4V_0}{m\pi} \frac{\sinh\left(\frac{m\pi x}{b}\right) \sin\left(\frac{m\pi y}{b}\right)}{\sinh\left(\frac{m\pi a}{b}\right)}$$

pour m impair.

3.7 BARREAU CONDUCTEUR (Laplace 2-D, cartésien)

Énoncé

La figure 3.16 illustre une section rectangulaire d'un long barreau conducteur de conductivité σ. Des électrodes qui sont de parfaits conducteurs recouvrent les surfaces supérieures et inférieures du barreau qui sont ainsi mises à la terre, ainsi que la surface de droite qui est à un potentiel V_0. La surface de gauche est simplement exposée à l'air. Trouver la distribution du potentiel dans ce barreau.

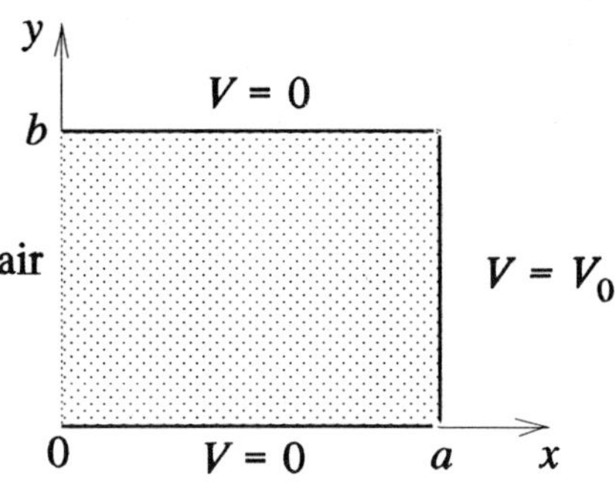

Figure 3.16

Solution

Il s'agit d'un problème de conditions aux frontières mixtes car le potentiel n'est pas connu sur toutes les surfaces. À l'interface avec l'air, il ne peut y avoir de courant qui quitte le milieu conducteur. Donc, la composante normale du courant est nulle sur cette surface. Ceci entraîne :

$$J_n = \sigma E_n = -\sigma \frac{\partial V}{\partial n} = 0 \quad \Rightarrow \quad \frac{\partial V}{\partial n} = 0$$

Une esquisse du champ électrique montre que l'on peut conserver l'orientation du système de coordonnées qui a été utilisé dans le problème précédent. Il faut maintenant trouver les constantes des équations 3.12 et 3.13 :

$$X(x) = E \sinh(kx) + F \cosh(kx) \tag{3.12}$$

$$Y(y) = G \sin(ky) + H \cos(ky) \tag{3.13}$$

Comme $V = 0$ à $y = 0$, Y doit être nul sur la plaque inférieure et :

$$Y = G \sin(0) + H \cos(0) = 0 + H = 0 \quad \Rightarrow \quad H = 0$$

Comme $V = 0$ à $y = b$, Y doit être nul sur la plaque supérieure et :

$$Y = G \sin(kb) = 0 \quad \Rightarrow \quad k = \frac{m\pi}{b}, \quad m = 0, 1, 2, \ldots$$

Comme $\partial V/\partial n = 0$ à $x = 0$, $\partial V/\partial n$ doit être nul sur la surface de gauche et :

$$\frac{\partial X}{\partial x} = Fk \sinh(0) + Ek \cosh(0) = 0 + Ek = 0 \quad \Rightarrow \quad E = 0$$

Nous avons maintenant l'expression suivante pour décrire le potentiel à $x = a$:

$$V = FG \cosh\left(\frac{m\pi a}{b}\right) \sin\left(\frac{m\pi y}{b}\right)$$

Comme expliqué au problème précédent, nous appliquerons la théorie des séries de Fourier pour satisfaire à la dernière condition aux frontières $V = V_0$ à $x = a$. En utilisant la constante C_m :

$$C_m = FG \cosh\left(\frac{m\pi a}{b}\right)$$

ainsi que les valeurs suivantes dans les équations 3.18 : $L = b$, $n = m$, $b_n = C_m$, $f(x) = V_0$ pour $0 < x < b$ et $f(x) = -V_0$ pour $b \leq x < 2b$, nous obtenons des valeurs nulles pour a_n et les valeurs suivantes pour les b_n :

$$b_n = \frac{1}{b}\left[\int_0^b V_0 \sin\left(\frac{n\pi x}{b}\right)dx + \int_b^{2b} -V_0 \sin\left(\frac{n\pi x}{b}\right)dx\right]$$

d'où $C_m = 4V_0/m\pi$ si m est impair, et $C_m = 0$ pour m pair. Ceci permet de calculer la valeur de la dernière constante FG :

$$C_m = \frac{4V_0}{m\pi} = FG \cosh\left(\frac{m\pi a}{b}\right) \quad \Rightarrow \quad FG = \frac{4V_0}{m\pi \cosh\left(\frac{m\pi a}{b}\right)}$$

Finalement, la solution est (m est impair) :

$$V(x, y) = \sum_{m=1}^{\infty} \frac{4V_0}{m\pi} \frac{\cosh\left(\frac{m\pi x}{b}\right) \sin\left(\frac{m\pi y}{b}\right)}{\cosh\left(\frac{m\pi a}{b}\right)}$$

3.8 PARTICULE MÉTALLIQUE DANS L'HUILE (Laplace 2-D, sphérique)

Énoncé

On utilise souvent de l'huile dans les transformateurs et les condensateurs à haute tension à des fins de refroidissement et d'isolation. Ces dispositifs sont conçus de façon à ce que l'intensité du champ électrique ne dépasse pas la rigidité diélectrique de l'huile. Toutefois, si des impuretés comme des particules métalliques sont en suspension dans l'huile, celles-ci peuvent accroître le champ électrique dans leur voisinage et produire un claquage localisé qui, à la longue, peut détériorer les propriétés chimiques de

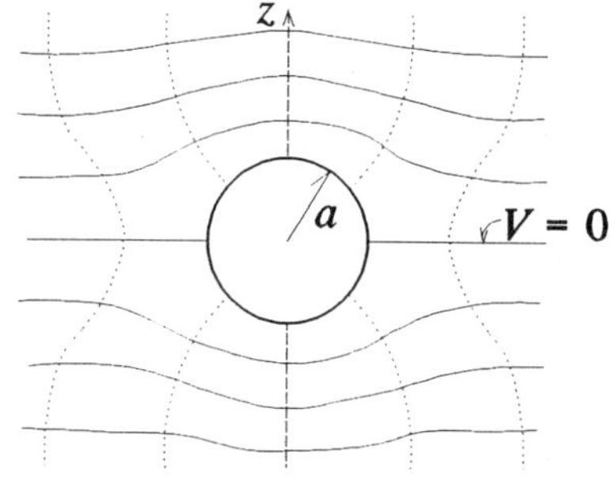

Figure 3.17

l'huile. Pour étudier ce problème, on utilise une particule métallique sphérique de rayon a placée dans un milieu où le champ électrique est initialement uniforme. Le centre de la sphère correspond à celui du système de coordonnées. Le potentiel est nul sur la sphère et le champ électrique est uniforme ($\mathbf{E} = E_0\,\hat{\mathbf{z}}$) pour des points situés loin de la sphère.

a) Trouver la distribution de potentiel autour de la sphère.
b) Trouver la valeur maximale du champ électrique.

Solution

a) Il s'agit d'un problème avec symétrie axiale autour de l'axe des z, donc le potentiel ne dépend que de r et θ. Ramenons tout d'abord la condition aux frontières $\mathbf{E} = E_0\,\hat{\mathbf{z}}$ lorsque r tend vers l'infini, en fonction du potentiel :

$$r \to \infty, \qquad V = -E_0 z = -E_0 r \cos\theta$$

Les surfaces équipotentielles sont horizontales et espacées également loin de la sphère. Cette condition impose le polynôme de Legendre d'ordre 1 (équat. 3.16) :

$$r \to \infty, \qquad V = -E_0 r \cos\theta = -E_0 r P_1(\cos\theta)$$

Dans la solution générale (équat. 3.14), les polynômes de Legendre d'ordre supérieur à 1 ne sont donc pas requis, ce qui implique que n est seulement égal à 1 et que $A_1 = -E_0$. La solution prend alors la forme suivante :

$$V = -E_0 r \cos\theta + \frac{B_1 \cos\theta}{r^2}$$

Sur la surface de la sphère ($r = a$), nous avons $V = 0$ et :

$$V = -E_0 a \cos\theta + \frac{B_1 \cos\theta}{a^2} = 0 \quad \Rightarrow \quad B_1 = E_0 a^3$$

La solution est donc :

$$V(r, \theta) = -E_0 r \cos\theta + \frac{a^3 E_0}{r^2} \cos\theta$$

b) La valeur maximale du champ électrique est observée à la surface de la sphère, là où les lignes isopotentielles sont les plus rapprochées. Comme la sphère est métallique, les lignes de flux sont perpendiculaires à sa surface et le champ électrique possède seulement une composante radiale E_r sur sa surface :

$$E_r = -\frac{\partial V}{\partial r} = E_0 \cos\theta + \frac{2a^3 E_0}{r^3} \cos\theta$$

La valeur maximale est observée à $r = a$ et $\theta = 0$:

$$E_{\text{max}} = E_0 + \frac{2a^3 E_0}{a^3} = 3E_0$$

On note que l'intensité du champ électrique a triplé et ce, quel que soit le rayon de la sphère. Ceci peut causer un claquage localisé qui peut détériorer l'huile.

3.9 BULLE D'AIR DANS L'HUILE (Laplace 2-D, sphérique)

Énoncé

Des bulles d'air peuvent également contaminer l'huile des dispositifs à haute tension du problème précédent. Considérons une bulle d'air de permittivité ϵ_0, de rayon a, située dans un milieu diélectrique de permittivité ϵ_1 où le champ électrique est initialement uniforme. Par définition, le potentiel est nul au centre de la bulle qui correspond aussi à celui du système de coordonnées, et le champ électrique est uniforme ($\mathbf{E} = E_0\,\hat{\mathbf{z}}$) pour des points situés loin de la bulle.

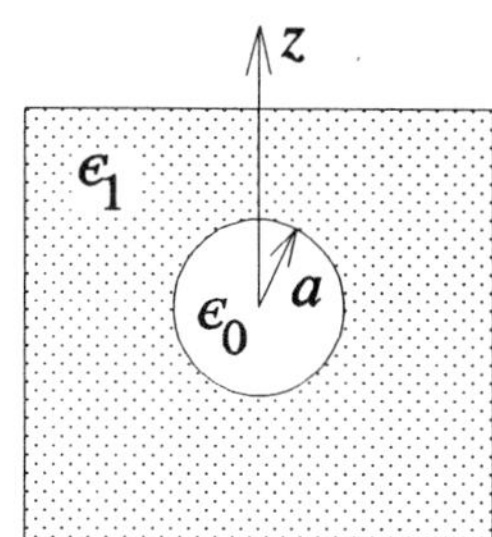

Figure 3.18

a) Trouver la distribution du potentiel autour et à l'intérieur de la bulle.
b) Trouver l'intensité du champ électrique à l'intérieur de la bulle.

Solution

a) Comme dans le problème précédent, la condition aux frontières de champ uniforme loin de la bulle peut s'énoncer en termes de potentiel :

$$r \Rightarrow \infty\,, \quad V = -E_0 r \cos\theta$$

ce qui implique que $n = 1$ dans la solution générale (équat. 3.14), que $A_1 = -E_0$ et que la solution prend la forme suivante pour le potentiel V_1 à l'extérieur de la bulle (voir problème précédent) :

$$V_1 = -E_0 r \cos\theta + \frac{B_1 \cos\theta}{r^2}$$

À l'intérieur de la bulle, le potentiel est fini. En fait il est nul à r = 0, ce qui implique que $B_n = 0$ pour tout n de façon à éliminer toute singularité à $r = 0$. Le potentiel V_0 à l'intérieur de la bulle a donc la forme suivante :

$$V_0 = \sum_{n=0}^{\infty} A_n r^n P_n(\cos\theta)$$

À la surface de la sphère ($r = a$) il y a continuité du potentiel. Pour que $V_0 = V_1$ à $r = a$, il faut que V_0 ne présente que des termes en $\cos\theta$, c'est-à-dire que $n = 1$ à l'intérieur de la bulle. À la surface de la bulle ($r = a$), nous obtenons alors :

$$V_1 = V_0 \quad \Rightarrow \quad \left(-E_0 a + \frac{B_1}{a^2}\right)\cos\theta = A_1\, a \cos\theta \qquad (1)$$

De plus, il doit y avoir continuité du flux électrique à la surface de la bulle (équat. 1.26) :

$$D_{n1} = D_{n0} \quad \Rightarrow \quad \epsilon_1 E_{n1} = \epsilon_0 E_{n0} \quad \Rightarrow \quad \epsilon_1 \frac{\partial V_1}{\partial r} = \epsilon_0 \frac{\partial V_0}{\partial r}$$

Cette condition aux frontières permet de développer l'expression suivante pour $r = a$:

$$-\epsilon_1 \left(E_0 + \frac{2B_1}{a^3} \right) \cos\theta = \epsilon_0 A_1 \cos\theta \qquad (2)$$

Les deux inconnues A_1 et B_1 des deux équations 1 et 2 sont :

$$A_1 = \frac{-3\epsilon_1 E_0}{2\epsilon_1 + \epsilon_0} \qquad B_1 = \frac{(\epsilon_0 - \epsilon_1)\, E_0 a^3}{2\epsilon_1 + \epsilon_0}$$

La solution finale est donc :

$$r \leq a, \quad V_0 = \left(\frac{-3\epsilon_1 E_0}{2\epsilon_1 + \epsilon_0} \right) r \cos\theta$$

$$r > a, \quad V_1 = \left(-E_0 r + \frac{(\epsilon_0 - \epsilon_1)\, E_0 a^3}{(2\epsilon_1 + \epsilon_0) r^2} \right) \cos\theta$$

b) Le champ électrique à l'intérieur de la bulle est :

$$\mathbf{E} = -\nabla V_0 = -\nabla \left(\frac{-3\epsilon_1 E_0 z}{2\epsilon_1 + \epsilon_0} \right) = \left(\frac{3\,\epsilon_1 E_0}{2\epsilon_1 + \epsilon_0} \right) \hat{\mathbf{z}}$$

On note que ce champ électrique est constant. Comme la permittivité et la rigidité de l'huile sont plus élevées que celles de l'air, le champ électrique est plus intense dans la bulle que dans l'huile, et le claquage peut y survenir plus facilement.

3.10 BARREAU MÉTALLIQUE DANS UN DIÉLECTRIQUE (Laplace 2-D, cylindrique)

Énoncé

Un champ électrique E_0, uniforme et orienté selon l'axe des x, est appliqué dans l'espace. On introduit un cylindre parfaitement conducteur de longueur infinie et orienté selon l'axe des z. Puisqu'il s'agit d'un conducteur, la surface du cylindre ($\rho = R$) est équipotentielle. Ici, elle est fixée à zéro. La présence de ce cylindre conducteur perturbe la distribution du champ électrique. Déterminer la distribution du champ électrique après l'introduction du cylindre.

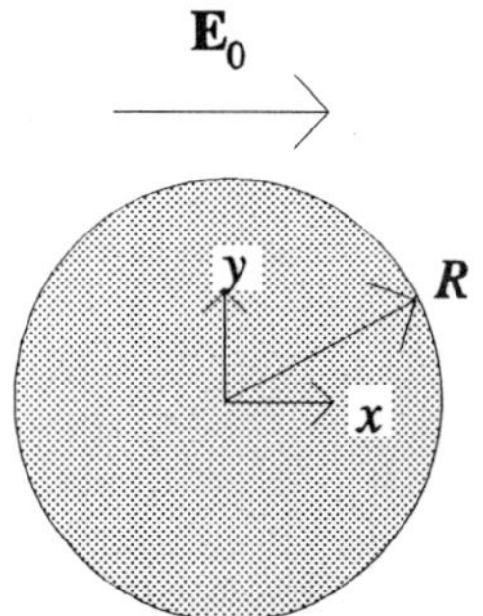

Figure 3.19

Solution

Il s'agit d'un problème de conditions aux frontières en coordonnées cylindriques, avec symétrie de translation selon l'axe des z. La solution partielle dans ce cas est de la forme suivante (équat. 3.19) :

$$V = V(\rho, \phi) = \left(A_n \rho^n + \frac{B_n}{\rho^n}\right)\left(C_n \sin n\phi + D_n \cos n\phi\right)$$

Nous savons que le champ électrique est uniforme à l'infini, d'amplitude E_0 et dirigé selon l'axe des x. L'expression du potentiel (sans l'effet du cylindre) est $V(x) = -E_0 x$ en coordonnées cartésiennes. En coordonnées cylindriques l'expression du potentiel est $V(\rho) = -E_0\, \rho \cos \phi$. Pour conserver l'uniformité du champ électrique à l'infini, on obtient :

$$V(\rho \to \infty) = -E_0 \rho \cos\phi$$

Ce qui implique que $C_n = 0$, n = 1 et $A_1 D_1 = -E_0$. En effet, la constante C_n s'annule pour que l'expression dépende seulement de cos ϕ et de plus, $n = 1$ afin que lorsque ρ tend vers l'infini, la valeur finie et l'uniformité du champ ne soient pas affectées, alors :

$$V(\rho, \phi) = -E_0 \rho \cos\phi + \frac{B_1 D_1}{\rho} \cos\phi$$

La condition aux frontières, $V = 0$ à $\rho = R$, permet de déterminer la constante $B_1 D_1$:

$$B_1 D_1 = E_0 R^2$$

La nouvelle expression du potentiel est donc :

$$V(\rho, \phi) = -E_0 R \left(\frac{\rho}{R} - \frac{R}{\rho}\right) \cos\phi$$

On peut maintenant déterminer la valeur du champ électrique :

$$\mathbf{E} = -\nabla V = E_0 \left(1 + \left(\frac{R}{\rho}\right)^2\right) \cos\phi\ \hat{\boldsymbol{\rho}} - E_0 \left(1 - \left(\frac{R}{\rho}\right)^2\right) \sin\phi\ \hat{\boldsymbol{\phi}}$$

3.11 ORIFICE CYLINDRIQUE DANS UN CONDUCTEUR (Laplace 2-D, cylindrique)

Énoncé

Un bloc conducteur de grande dimension d'un matériau isotrope et homogène (σ_1) est placé entre deux électrodes parallèles. La différence de potentiel V_0 entre les électrodes crée une densité de courant $\mathbf{J} = \mathbf{J}_0\hat{\mathbf{x}}$ uniforme dans le bloc. On perce un orifice cylindrique de rayon $\rho = R$ au centre du conducteur, perturbant ainsi la distribution du champ électrique dans le conducteur. Quel est le potentiel dans l'orifice et dans le conducteur? Déduire ensuite l'expression du champ électrique dans les deux régions. Le potentiel est nul au centre du cylindre.

Solution

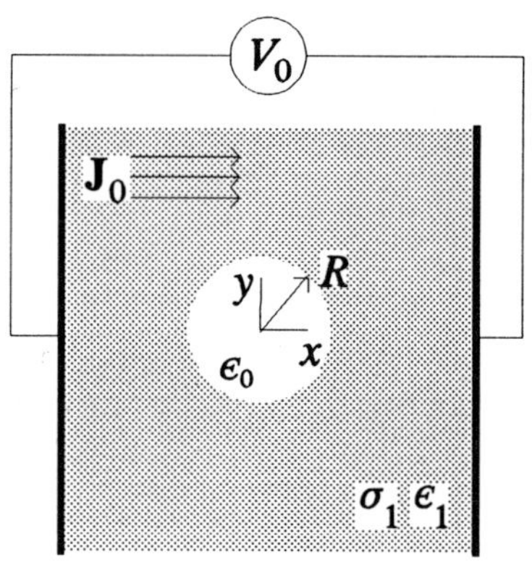

Figure 3.20

L'expression du champ électrique dans le conducteur avant que l'orifice ne soit percé est :

$$\mathbf{J}_0 = \sigma\mathbf{E}_0 \quad \Rightarrow \quad \mathbf{E}_0 = \frac{J_0}{\sigma}\,\hat{\mathbf{x}}$$

Cette information nous permet de calculer le potentiel :

$$V = -\int \mathbf{E}\cdot d\mathbf{x} = -E_0 x = -E_0\rho\cos\phi$$

Le problème consiste à solutionner l'équation de Laplace assujettie dans les deux milieux aux conditions aux frontières. Puisqu'il s'agit d'un problème de conditions aux frontières en coordonnées cylindriques et qu'il y a symétrie de translation, les formes générales des solutions dans le vide et dans le conducteur seront respectivement les suivantes (équat. 3.19) :

$$V_0(\rho,\,\phi) = \left(A_n\rho^n + \frac{B_n}{\rho^n}\right)(C_n\cos n\phi + D_n\sin n\phi)$$

$$V_1(\rho,\,\phi) = \left(A_m{}'\rho^m + \frac{B_m{}'}{\rho^m}\right)(C_m\cos m\phi + D_m\sin m\phi)$$

Pour conserver l'uniformité du champ électrique à l'infini, la condition aux frontières est la suivante :

$$\rho \to \infty, \qquad V_1 = -E_0\rho\cos\phi$$

ce qui implique : $m = 1$, $D'_1 = 0$, $A'_1C'_1 = -E_0$. Le potentiel dans le conducteur est alors :

$$V_1(\rho,\,\phi) = -E_0\rho\cos\phi + \frac{B_1{}'C_1{}'}{\rho}\cos\phi$$

Sachant que le potentiel est nul sur l'axe du cylindre, on obtient $B_n = 0$. Comme il doit y avoir continuité de potentiel sur la paroi de l'orifice, ceci implique que $n = 1$ et $D_1 = 0$, d'où l'expression du potentiel dans l'orifice :

$$V_0(\rho,\,\phi) = A_1C_1{}'\rho\cos\phi$$

Toujours à cause de la continuité du potentiel à l'interface $\rho = R$, on a :

$$V_0 = V_1 \Rightarrow -E_0R\cos\phi + \frac{B_1{}'C_1{}'}{R}\cos\phi = A_1C_1R\cos\phi$$

La composante normale de la densité de courant du milieu 1 est nulle à l'interface $\rho = r$:

$$\left.\frac{\partial V_1}{\partial\rho}\right|_{\rho=R} = 0$$

Donc, pour $\rho = R$, on a :

$$\cos\phi \left(-E_0 - \frac{B_1'C_1'}{R^2} \right) = 0$$

On résout cette équation pour déterminer $B'_1C'_1$:

$$B_1'C_1' = -E_0R^2$$

Finalement, les expressions du potentiel dans le bloc et dans l'orifice sont :

$$V_1 = -E_0\rho\,\cos\phi - \frac{E_0R^2}{\rho}\cos\phi$$

$$V_0 = -2E_0\rho\,\cos\phi$$

Le champ électrique dans le bloc conducteur est :

$$\mathbf{E}_1 = -\nabla V_1 = +\,E_0\cos\phi\left(1 - \frac{R^2}{\rho^2}\right)\hat{\boldsymbol{\rho}} - E_0\sin\phi\left(1 + \frac{R^2}{\rho^2}\right)\hat{\boldsymbol{\phi}}$$

Le champ électrique dans le cylindre d'air est :

$$\mathbf{E} = -\nabla V_0 = 2E_0\cos\phi\,\hat{\boldsymbol{\rho}} - 2E_0\sin\phi\,\hat{\boldsymbol{\phi}}$$

3.12 FIL MÉTALLIQUE ISOLÉ (Laplace 2-D, cylindrique)

Énoncé

Un champ électrique $\mathbf{E}_0$ orienté selon l'axe des x est appliqué dans l'espace. On introduit un long fil métallique isolé par une gangue de caoutchouc. Le fil métallique est mis à la terre. Il possède un rayon $\rho = a$ alors que la gangue a un rayon $\rho = b$. La permittivité de la gangue est ϵ_1 alors que l'air a une permittivité ϵ_0. La présence de ce fil modifie la distribution du champ électrique. Quelles sont les expressions du potentiel à l'intérieur et l'extérieur de la gangue?

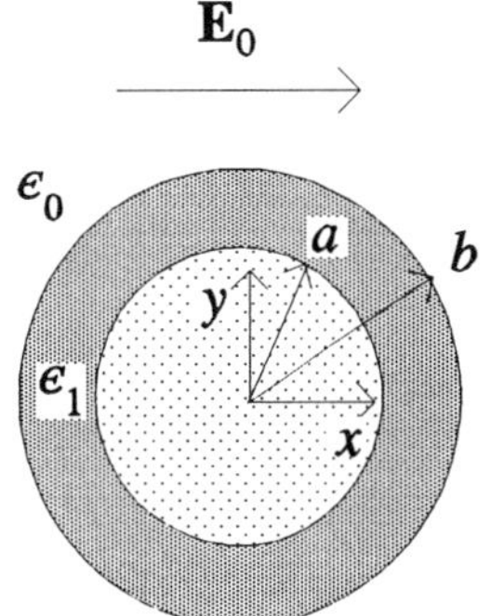

Figure 3.21

Solution

Nommons V_1 le potentiel dans la gangue et V_0 celui dans l'air. Afin que les solutions aient la même forme que celle du potentiel à l'infini et vérifient les conditions de continuité à l'interface diélectrique/air (probl. 3.10 et 3.11), les termes en sinus doivent être annulés dans l'équation 3.19 et la solution de l'équation de Laplace dans ce cas particulier est la suivante :

$$V_1 = \sum_{n=0}^{\infty} A_n \rho^n \cos n\phi + B_n \rho^{-n} \cos n\phi$$

$$V_0 = \sum_{m=0}^{\infty} C_m \rho^m \cos m\phi + D_m \rho^{-m} \cos m\phi$$

La première condition aux frontières, soit $V_0 = -E_0 \rho \cos\phi$ lorsque ρ tend vers l'infini, indique que le champ électrique est uniforme à l'infini. On peut déduire $C_m = 0$ pour tout $m \neq 1$, ce qui donne :

$$\rho \to \infty, \qquad V_0 = C_1 \rho \cos\phi = -E_0 \rho \cos\phi$$

Donc, $C_1 = -E_0$. À la surface du conducteur (ρ = a), on a $V_1 = 0$, soit :

$$0 = A_0 + A_1\, a \cos\phi + A_2\, a^2 \cos 2\phi + ... + B_0 + B_1\, a^{-1} \cos\phi + B_2\, a^{-2} \cos 2\phi + ...$$

Pour que tous les termes s'annulent, il faut que :

$$B_n = -a^{2n} A_n, \qquad \forall\, n$$

ce qui permet de poser :

$$V_1 = \sum_{n=1}^{\infty} A_n \left(\rho^n - \left(\frac{a^{2n}}{\rho^n}\right)\right) \cos n\phi$$

La troisième condition aux frontières est la continuité du potentiel à l'interface de l'air et du caoutchouc ($\rho = b$), ce qui implique :

$$-E_0 b \cos\phi + D_1 b^{-1} \cos\phi + D_2 b^{-2} \cos 2\phi + ... =$$
$$A_0 + A_1 \left[b - \left(\frac{a^2}{b}\right)\right] \cos\phi + A_2 \left[b^2 - \left(\frac{a^4}{b^2}\right)\right] \cos 2\phi + ...$$

Ce qui permet de déduire :

$$A_0 = 0,\ D_1 = A_1(b^2 - a^2) + E_0 b^2 \ \text{ et } \ D_2 = A_2(b^4 - a^4)$$

ou,

$$D_n = A_n(b^{2n} - a^{2n}) \ \text{ si } \ n > 1$$

Les expressions décrivant le potentiel sont alors :

$$V_1 = \sum_{n=1}^{\infty} A_n \left[\rho^n - \left(\frac{a^{2n}}{\rho^n}\right)\right] \cos n\phi$$

$$V_0 = -E_0 \left[\rho - \left(\frac{b^2}{\rho}\right)\right] \cos\phi + \sum_{n=1}^{\infty} \left[\frac{(b^{2n} - a^{2n})}{\rho^n}\right] A_n \cos n\phi$$

La dernière condition aux frontières est la continuité du flux électrique à l'interface $\rho = b$:

$$\epsilon_1 \left.\frac{\partial V_1}{\partial \rho}\right|_{\rho = b} = \epsilon_0 \left.\frac{\partial V_0}{\partial \rho}\right|_{\rho = b}$$

$$\epsilon_1 \sum_{n=1}^{\infty} nA_n \left[b^{n-1} + \left(\frac{a^{2n}}{b^{n+1}}\right)\right] \cos n\phi =$$

$$-2\epsilon_0 E_0 \cos\phi - \epsilon_0 \sum_{n=0}^{\infty} n \left[\frac{(b^{2n} - a^{2n})}{b^{n+1}}\right] A_n \cos n\phi$$

Cette dernière équation pourra être satisfaite si et seulement si $n = 1$. On obtient alors :

$$A_1 = \frac{-2\epsilon_0 b^2 E_0}{\epsilon_1(b^2 + a^2) + \epsilon_0(b^2 - a^2)}$$

$$V_1 = \frac{-2b^2 \epsilon_0 E_0 (\rho^2 - a^2) \cos\phi}{\rho\left[\epsilon_1(b^2 + a^2) + \epsilon_0(b^2 - a^2)\right]}$$

$$V_0 = \frac{-E_0 \cos\phi}{\rho} \left(\frac{\epsilon_1(b^2 + a^2)(\rho^2 - b^2) + \epsilon_0(b^2 - a^2)(\rho^2 + b^2)}{\epsilon_1(b^2 + a^2) + \epsilon_0(b^2 - a^2)}\right)$$

3.13 ÉLECTRODES ISOLÉES (Laplace 2-D, cartésien)

Énoncé

Sur la figure 3.22, on peut voir deux électrodes conductrices séparées par deux diélectriques parfaitement isolants, de permittivités ϵ_a et ϵ_b. Les électrodes sont de profondeur infinie, le champ électrique ne varie donc pas selon z. L'électrode de gauche est au potentiel V_1 alors que l'électrode de droite est au potentiel V_0. Les deux panneaux horizontaux sont mis à la terre. Quelle est l'expression du potentiel entre les électrodes?

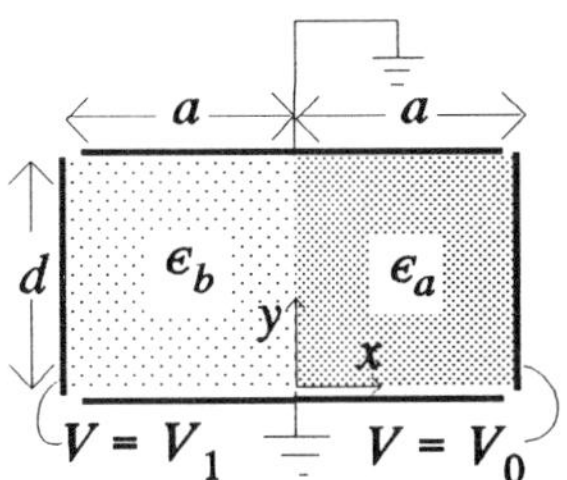

Figure 3.22

Solution

Il s'agit d'un problème pour lequel il faut résoudre l'équation de Laplace en coordonnées cartésiennes. Nous procéderons par séparation des variables. Les conditions aux frontières (continuité du potentiel et du flux électrique) nous permettront de déterminer les inconnues. Les solutions générales de l'équation de Laplace sont (équat. 3.12 et 3.13) :

$$V_a(x, y) = (A \cosh kx + B \sinh kx)(C \cos ky + D \sin ky)$$
$$V_b(x, y) = (E \cosh \lambda x + F \sinh \lambda x)(G \cos \lambda y + H \sin \lambda y)$$

Appliquons les conditions aux frontières à l'électrode de droite :

$$\text{C.F.1 } : V_a(x, 0) = 0 \quad \Rightarrow \quad C = 0$$
$$\text{C.F.2 } : V_a(x, d) = 0 \quad \Rightarrow \quad k = n\pi/d$$

et à l'électrode de gauche :

$$\text{C.F.1 } : V_b(x, 0) = 0 \quad \Rightarrow \quad G = 0$$
$$\text{C.F.2 } : V_b(x, d) = 0 \quad \Rightarrow \quad \lambda = m\pi/d$$

L'expression générale du potentiel devient alors :

$$V_a = \left(A_n' \cosh\frac{n\pi}{d}x + B_n' \sinh\frac{n\pi}{d}x\right) \sin\frac{n\pi}{d}y$$
$$V_b = \left(C_m' \cosh\frac{m\pi}{d}x + D_m' \sinh\frac{m\pi}{d}x\right) \sin\frac{m\pi}{d}y$$

Pour l'électrode de droite, lorsque $x = a$, $V_a = V_0$, on obtient :

$$V_0 = \left(A_n' \cosh\frac{n\pi}{d}a + B_n' \sinh\frac{n\pi}{d}a\right) \sin\frac{n\pi}{d}y$$
$$\Leftrightarrow V_0 = A_n'' \sin\frac{n\pi}{d}y$$

Cette expression ne peut pas vérifier les conditions aux frontières. Comme dans les problèmes 3.6 et 3.7, on doit donc chercher une solution dont les coefficients seront obtenus grâce au développement en série de Fourier. La fonction périodique impaire de période $2d$ est :

$$f(x) = \begin{cases} V_0 \text{ pour } (2n)d < x < (2n + 1)d \\ -V_0 \text{ pour } (2n + 1)d < x < 2(n + 1)d \end{cases}$$

On pose $f(x)$, $A_n'' = b_n$ et $d = L$ dans l'équation (3.18) pour obtenir :

$$a_n = 0, \quad b_n = 0 \text{ pour } n \text{ pair}, \quad \text{et} \quad b_n = \frac{4V_0}{n\pi} \text{ pour } n \text{ impair}$$

Ce qui nous permet d'obtenir l'équation suivante :

$$A_n' \cosh\frac{n\pi}{d}a + B_n' \sinh\frac{n\pi}{d}a = \frac{4V_0}{n\pi}, \text{ pour } n \text{ impair} \qquad (1)$$

Par un raisonnement similaire, on obtient l'expression pour la seconde région (ϵ_b) :

$$C_m' \cosh\frac{m\pi a}{d} - D_m' \sinh\frac{m\pi a}{d} = \frac{4V_1}{m\pi}, \text{ pour } m \text{ impair} \qquad (2)$$

La continuité du potentiel à l'interface permet d'obtenir :

$$V_a\,(0,\,y) = V_b\,(0,\,y)$$

$$A_n{}' \sin\frac{n\pi}{d}y = C_m{}' \sin\frac{m\pi}{d}y \qquad (3)$$

On en déduit que $A'_n = C'_m$ et que $m = n$. La dernière condition aux frontières est la continuité de la densité du flux électrique :

$$\epsilon_a \left.\frac{\partial V_a}{\partial x}\right|_{x=0} = \epsilon_b \left.\frac{\partial V_b}{\partial x}\right|_{x=0}$$

$$\epsilon_a B_n{}' = \epsilon_b D_m{}' \qquad (4)$$

On résout simultanément les quatre équations obtenues avec les conditions aux frontières pour obtenir les quatre inconnues : $A_n{}'$, $B_n{}'$, $C_m{}'$ et $D_m{}'$. Si $n = m$ sont pairs :

$$A_n{}' = B_n{}' = C_m{}' = D_m{}' = 0 \quad \text{Solution triviale}$$

Si $n = m$ sont impairs :

$$A_n{}' = \frac{\Omega\left[\dfrac{4V_0}{n\pi} - \left(\dfrac{4(V_0 - V_1)}{\Omega\, n\pi}\right)\right]}{\cosh\dfrac{n\pi}{d}a} \qquad B_n{}' = \frac{\dfrac{4(V_0 - V_1)}{n\pi}}{\Omega\,\sin\dfrac{n\pi}{d}a}$$

où

$$\Omega = \frac{\epsilon_a}{\epsilon_b} + 1$$

L'expression du potentiel est finalement :

$$V_a = \sum_{n}^{\infty}\left[A_n{}' \cosh\frac{n\pi}{d}x + B_n{}' \sinh\frac{n\pi}{d}x\right]\sin\frac{n\pi}{d}y$$

$$V_b = \sum_{m}^{\infty}\left[C_m{}' \cosh\frac{m\pi}{d}x + \frac{\epsilon_a}{\epsilon_b} D_m{}' \sinh\frac{m\pi}{d}x\right]\sin\frac{m\pi}{d}y$$

avec $A_n{}'$, $B_n{}'$, $C_m{}'$, $D_m{}'$ et Ω tels qu'indiqués plus haut.

3.14 ÉLÉVATEUR À GRAIN (Poisson, cylindrique 1-D)

Énoncé

Dans les conduits d'un élévateur à grain, les grains et les poussières acquièrent des charges électriques par frottement, et se répartissent uniformément dans l'air en tombant. Cette distribution de charges génère des champs électriques dont l'intensité peut dépasser la rigidité diélectrique de l'air et produire des étincelles qui peuvent faire exploser le mélange combustible de grain et d'air. Pour étudier ce problème, trouver les distributions de potentiel et de champ électrique dans un conduit métallique cylindrique de rayon a, mis à la masse et contenant des distributions de charges de densité uniforme ρ_v.

Solution

Nous pouvons appliquer l'équation de Poisson à l'intérieur du cylindre en considérant que la permittivité du milieu est celle du vide :

$$\nabla^2 V = -\frac{\rho_v}{\epsilon_0}$$

À cause de la symétrie, le potentiel ne dépend que de ρ et les dérivées partielles en ϕ et en z sont nulles dans l'expression du Laplacien :

$$\nabla^2 V = \frac{1}{\rho}\frac{\partial}{\partial \rho}\left(\rho \frac{\partial V}{\partial \rho}\right) = -\frac{\rho_V}{\epsilon_0}$$

En multipliant les deux côtés de l'équation par ρ et en intégrant, nous obtenons :

$$\rho \frac{\partial V}{\partial \rho} = \int \frac{-\rho_v \rho}{\epsilon_0}\,\partial\rho = \frac{-\rho_v \rho^2}{2\epsilon_0} + A$$

En divisant les deux côtés de l'équation par ρ et en intégrant une seconde fois, nous obtenons :

$$V = \int \frac{-\rho_v \rho}{2\epsilon_0}\,\partial\rho + \int \frac{A}{\rho}\,\partial\rho = \frac{-\rho_v \rho^2}{4\epsilon_0} + A \ln \rho + B$$

Comme le potentiel est fini à l'intérieur du cylindre, A doit être nul pour éliminer la singularité à $\rho = 0$. Comme $V = 0$ à $\rho = a$, nous obtenons finalement :

$$V = \frac{\rho_v}{4\epsilon_0}(a^2 - \rho^2)$$

Le champ électrique est :

$$\mathbf{E} = -\nabla V = \frac{-\partial V}{\partial \rho}\,\hat{\boldsymbol{\rho}} = \frac{\rho_v \rho}{2\epsilon_0}\,\hat{\boldsymbol{\rho}}$$

3.15 JONCTION P-N (Poisson, cartésien 1-D)

Énoncé

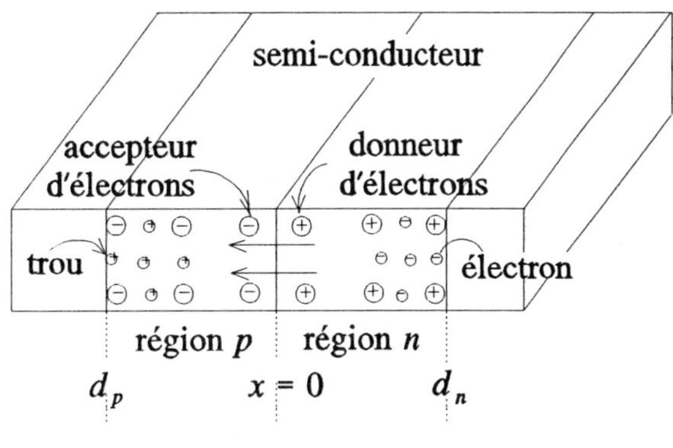

Figure 3.23

Soit une jonction P-N obtenue en dopant un matériau semi conducteur (silicium, germanium...) par des atomes donneurs d'électrons d'un côté (région n) et par des atomes accepteurs d'électrons de l'autre côté (région p), tel que montré à la figure 3.23. Les charges libres, soit des électrons (région n) ou des trous (région p), tendent à diffuser à travers la surface de séparation. Ces charges sont à l'origine d'un champ électrique **E** dirigé de la région n vers la région p. Considérons une jonction où les concentrations des atomes donneurs et accepteurs sont uniformes et respectivement égales à N_n et N_p dans des régions de longueur respective d_n et d_p situées de part et d'autre de la jonction.

a) Utiliser l'équation de Poisson pour trouver le potentiel électrique V dans la jonction P-N. On suppose que le champ électrique est nul pour $x \leq -d_p$ ainsi que pour $x \geq d_n$.
b) Trouver la barrière de potentiel à franchir entre les deux régions pour obtenir la conduction.

Solution

a) Les électrons ont diffusé de la région n à la région p et la densité des charges dans cette région est :

$$\rho_V = -eN_p \quad \text{pour} \quad -d_p < x < 0$$

D'autre part, des trous ont diffusé dans la région n où la densité de charges est :

$$\rho_V = eN_n \quad \text{pour} \quad 0 < x < d_n$$

où e est la charge de l'électron ($e = 1{,}6 \times 10^{-19} C$). L'équation de Poisson dans chaque milieu est la suivante :

$$\frac{d^2V_p}{dx^2} = \frac{eN_p}{\epsilon} \quad \text{pour} \quad -d_p < x < 0$$

$$\text{et} \quad \frac{d^2V_n}{dx^2} = \frac{-eN_n}{\epsilon} \quad \text{pour} \quad 0 < x < d_n$$

Par intégration, on peut obtenir :

$$\frac{dV_p}{dx} = \frac{eN_p}{\epsilon} x + C_1 \quad \text{pour} \quad -d_p < x < 0$$

$$\text{et} \quad \frac{dV_n}{dx} = \frac{-eN_n}{\epsilon} x + C_2 \quad \text{pour} \quad 0 < x < d_n$$

Or, le champ électrique s'annule pour $x = -d_p$ et $x = d_n$, ce qui permet de calculer C_1 et C_2. On obtient :

$$\frac{dV_p}{dx} = \frac{eN_p}{\epsilon}(x + d_p) \quad \text{pour} \quad -d_p < x < 0$$

$$\text{et} \quad \frac{dV_n}{dx} = \frac{-eN_n}{\epsilon}(x - d_n) \quad \text{pour} \quad 0 < x < d_n$$

Une autre intégration nous donne :

$$V_p = \frac{eN_p}{2\epsilon}(x + d_p)^2 + C_3 \quad \text{pour} \quad -d_p < x < 0$$

$$\text{et} \quad V_n = \frac{-eN_n}{2\epsilon}(x - d_n)^2 + C_4 \quad \text{pour} \quad 0 < x < d_n$$

Si on prend comme référence de potentiel $V_p\,(-d_p) = 0$, cela implique que $C_3 = 0$. La continuité du potentiel $V_p = V_n$ à l'interface $x = 0$ est la suivante :

$$\frac{eN_p}{2\epsilon} d_p^2 = -\frac{eN_n}{2\epsilon} d_n^2 + C_4$$

d'où

$$C_4 = \frac{eN_p}{2\epsilon} d_p^2 + \frac{eN_n}{2\epsilon} d_n^2$$

ce qui permet d'obtenir les potentiels :

$$V_p = \frac{eN_p}{2\epsilon}(x + d_p)^2 \qquad \text{pour} \quad -d_p < x < 0$$

$$\text{et} \quad V_n = \frac{-eN_n}{2\epsilon}(x^2 - 2xd_n) + \frac{eN_p}{2\epsilon} d_p^2 \quad \text{pour} \quad 0 < x < d_n$$

b) La barrière de potentiel V_B de la jonction *P-N* est :

$$V_B = V_n(d_n) - V_p(-d_p) = V_n(d_n)$$

$$V_B = \frac{eN_n}{2\epsilon}(d_n^2) + \frac{eN_p}{2\epsilon} d_p^2$$

$$\text{donc :} \quad V_B = \frac{e}{2\epsilon}(N_n d_n^2 + N_p d_p^2)$$

3.16 BARREAU CONDUCTEUR (technique des différences finies)

Énoncé

Le problème du barreau conducteur (3.7) peut aussi être résolu à l'aide de la technique des différences finies. Cette fois, nous considérons que le barreau a une largeur $a = 9$ cm, une hauteur $b = 7$ cm, que son côté droit a un potentiel de 10 V, que le dessus et le dessous ont des potentiels nuls et que le côté gauche est exposé à l'air. Pour appliquer la technique des différences finies, la section du barreau est divisée en carrés ayant des côtés égaux de 1 cm. Le programme doit se terminer lorsque la convergence est inférieure à 1 mV pour tous les points du barreau, ou lorsque le nombre d'itérations dépasse 100.

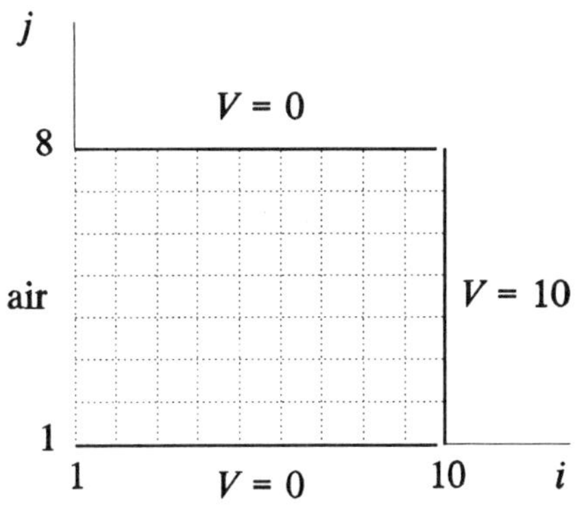

Figure 3.24

Solution

La technique des différences finies est une technique itérative : à chaque itération, le potentiel est recalculé à chacun des coins des carrés en tenant compte des potentiels aux coins voisins. Les valeurs du potentiel en chacun des points du domaine sont conservées dans un tableau. Au début du programme, des valeurs fixes sont attribuées aux points dont le potentiel est connu et une valeur initiale est attribuée à chacun des points où il est inconnu. Pour simplifier le programme, cette valeur initiale est généralement la même pour tous les points.

Dans le barreau conducteur, il y a deux types de points pour lesquels le potentiel doit être recalculé à chaque itération : ceux qui sont à l'intérieur du barreau et ceux qui sont sur le côté gauche. Les premiers sont entourés de quatre points voisins et le potentiel est calculé à l'aide de l'équation 3.20, les deuxièmes sont entourés de trois points voisins et le potentiel est calculé à l'aide de l'équation 3.21.

Tel que demandé, le programme doit cesser d'effectuer des itérations lorsque la valeur absolue de la différence entre le potentiel calculé à l'itération courante et celui calculé à l'itération précédente est inférieure à 1 mV pour tous les points, ou lorsque le nombre d'itérations dépasse 100.

Le programme en Turbo Pascal que l'on retrouve à la page suivante présente un tableau contenant les valeurs de potentiel pour chacune des lignes et colonnes de la matrice :

```
Nombre d'itérations=  52
0.000  0.000  0.000  0.000  0.000  0.000  0.000  0.000  0.000 10.000
0.201  0.221  0.287  0.412  0.622  0.971  1.560  2.623  4.783 10.000
0.362  0.399  0.516  0.738  1.108  1.702  2.648  4.148  6.510 10.000
0.452  0.497  0.643  0.916  1.369  2.084  3.181  4.812  7.107 10.000
0.452  0.498  0.643  0.916  1.369  2.084  3.181  4.812  7.107 10.000
0.363  0.400  0.517  0.738  1.108  1.703  2.648  4.148  6.510 10.000
0.202  0.222  0.288  0.412  0.623  0.972  1.561  2.623  4.783 10.000
0.000  0.000  0.000  0.000  0.000  0.000  0.000  0.000  0.000 10.000
```

```
            { PROBLÈME 3.12 - TECHNIQUE DES DIFFÉRENCES FINIES }

                              { déclarations }

CONST NX          = 10;                           { nombre de colonnes }
      NY          =  8;                            { nombre de rangées }
      Tolerance   = 0.001;                     { seuil de convergence }
      NbMaxItera  = 100;                 { nombre maximal d'itérations }

TYPE  Potentiels = ARRAY[1..NX,1..NY] OF Real;

VAR   V          : Potentiels; { potentiels de l'itération courante }
      NouvPot    : Real; { nouvelle valeur du potentiel en un point }
      Converge   : Boolean;                   { la solution converge }
      I,                                          { indice de colonne }
      J,                                           { indice de rangée }
      NbItera    : Integer;                      { nombre d'itérations }

BEGIN
                             { initialisations }

  FOR I   := 1 TO NX DO FOR J    := 1 TO NY DO  V[I,J] := 0.0;
  FOR J   := 1 TO NY DO   V[NX,J] := 10.0;
  NbItera := 0;

                               { itérations }
  REPEAT
    NbItera  := NbItera + 1;
    Converge := True;

                 { calculer les potentiels dans le centre }

    FOR I := 2 TO NX -1 DO
       FOR J := 2 TO NY-1 DO BEGIN
       NouvPot := (V[I-1,J] + V[I+1,J] + V[I,J-1] + V[I,J+1]) / 4.0;
       IF Abs (NouvPot - V[I,J]) > Tolerance THEN Converge:= False;
       V[I,J] := NouvPot;
    END; {FOR J}

               { calculer les potentiels sur le côté gauche }

    FOR J := 2 TO NY-1 DO BEGIN
       NouvPot := (2 * V[2,J] + V[1,J-1] + V[1,J+1]) / 4.0;
       IF Abs (NouvPot - V[1,J]) > Tolerance THEN Converge:= False;
       V[1,J] := NouvPot;
    END; {FOR J}

 UNTIL  Converge  OR  (NbItera >= NbMaxItera);
```

```
                    { écriture des résultats }

  Writeln('Nombre d''itérations= ',NbItera:3);
  Writeln;
  FOR J := 1 TO NY DO BEGIN
    FOR I := 1 TO NX DO  Write(V[I,J]:7:3);
    Writeln;
  END; {FOR J}
END.
```

3.17 CAPACITÉ D'UNE MICROÉLECTRODE

Énoncé

Pour mesurer le potentiel à l'intérieur d'une cellule nerveuse, on utilise un tube de verre qui a la forme d'un cône très effilé dont l'extrémité peut être facilement insérée dans la cellule. L'intérieur du tube est rempli d'une solution conductrice. La figure ci-contre illustre une microélectrode ayant un angle intérieur α par rapport à l'axe du tube, un angle extérieur β et dont le verre a une permittivité ϵ. On considère que le potentiel à l'intérieur du tube ($\theta \leq \alpha$) est égal à V_0 et que le potentiel à l'extérieur du tube ($\theta \geq \beta$) est nul.

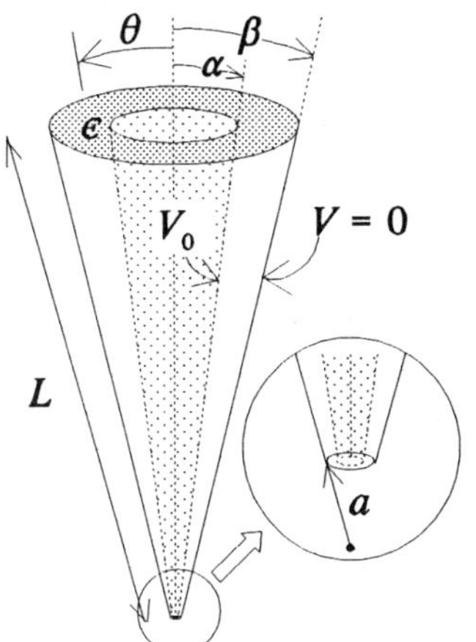

Figure 3.25

a) Quelle est l'expression du potentiel V dans le verre ($\alpha < \theta < \beta$)? (Comme l'angle θ est très petit, on peut considérer que $\tan\theta \approx \theta$.)
b) Quelle est l'expression du champ électrique **E** dans le verre ($\alpha < \theta < \beta$)?
c) Quelle est l'expression de la densité de charge surfacique ρ_s sur la surface conductrice intérieure (à $\theta = \alpha$)?
d) Pour une microélectrode ayant une longueur $L = 3$ cm, une pointe tronquée $a = 10^{-6}$ m, un angle intérieur $\alpha = 5°$, un angle extérieur $\beta = 10°$, et dont le verre a une permittivité relative $\epsilon_r = 10$, quelle est la valeur numérique de la capacité de cette microélectrode?

3.18 OPTIMISATION D'UN CÂBLE COAXIAL

Énoncé

Soit un câble coaxial cylindrique de rayon intérieur a et de rayon extérieur b rempli d'un milieu diélectrique. Pour une valeur fixe de b, trouver le rayon a qui permet de supporter la différence de potentiel maximal entre les deux conducteurs sans claquage.

3.19 PLAQUES CONDUCTRICES

Énoncé

Trouver la distribution de potentiel dans un milieu sans charge soumis aux conditions aux frontière suivantes : $V = V_0$ pour $x = 0$ et $0 < y < a$; $V = 0$ pour $y = 0$ et $x \geq 0$; $V = 0$ pour $y = a$ et $x \geq 0$; V tend vers zéro lorsque x tend vers l'infini. Trouver la solution dans la région $x > 0$ et $0 < y < a$.

3.20 TRAVERSE POUR TRANSFORMATEUR

Énoncé

La figure 3.26 illustre un dispositif qui permet à un conducteur à très haute tension de pénétrer à l'intérieur du boîtier métallique qui entoure un transformateur. Un gaz ayant une rigidité diélectrique beaucoup plus élevée que celle de l'air est contenu dans le boîtier pour éviter le claquage. Le conducteur métallique qui traverse le boîtier est à un potentiel V_0, il a la forme d'un cône formant un angle α avec son axe et il est entouré d'un isolant conique dont la surface externe forme un angle β avec l'axe central. La surface intérieure du diélectrique est à une distance $r = a$ du sommet du cône tandis que la surface extérieure du diélectrique est à une distance $r = b$ du sommet. Le boîtier est mis à la masse. Si $\alpha = 30°$, $\beta = 45°$, $a = 2$ cm, $b = 6$ cm, et la rigidité diélectrique de l'isolant est $E_c = 6$ MV/m :

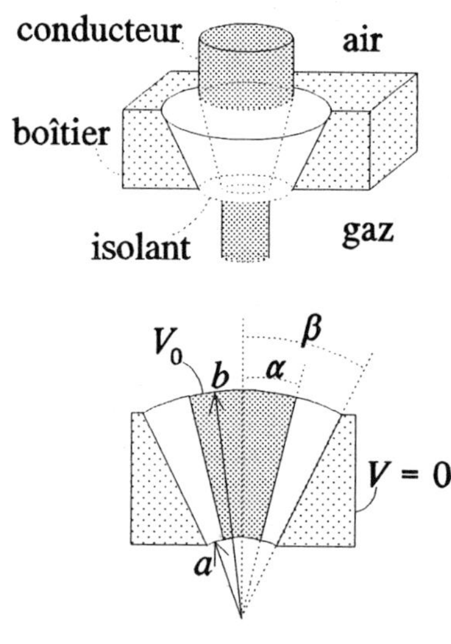

Figure 3.26

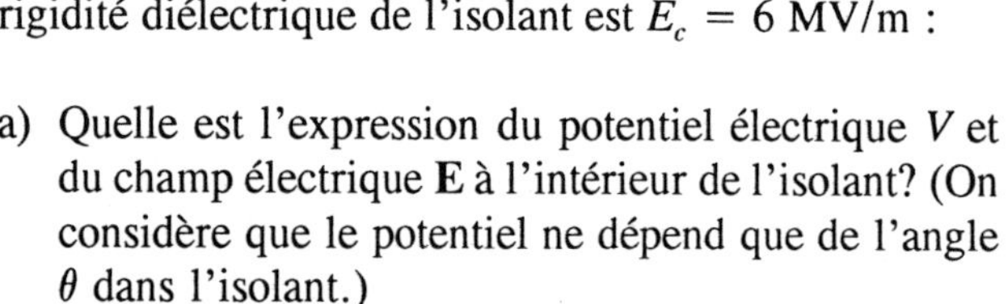

a) Quelle est l'expression du potentiel électrique V et du champ électrique $\mathbf{E}$ à l'intérieur de l'isolant? (On considère que le potentiel ne dépend que de l'angle θ dans l'isolant.)

b) Quelle est le potentiel maximal V_{max} que peut supporter l'isolant sans qu'il n'y ait de claquage?

3.21 BULLE D'AIR DANS UN CONDUCTEUR

Énoncé

Une bulle d'air de rayon a est située dans un milieu conducteur de conductivité σ, où le champ électrique est uniforme ($\mathbf{E} = E_0\ \hat{\mathbf{z}}$) loin de la bulle. Trouver la distribution de potentiel à l'intérieur (V_0) et à l'extérieur (V_1) de la bulle.

3.22 CONDENSATEUR EN COIN

Énoncé

Un condensateur est formé d'une plaque métallique insérée entre deux autres plaques qui sont interconnectées et qui forment un coin. Toutes les plaques ont un rayon intérieur $a = 1$ cm à partir du sommet du coin, un rayon extérieur $b = 7$ cm et une profondeur $l = 10$ cm. Tel qu'illustré sur la figure 3.27, le potentiel est nul sur les deux plaques situées à $\phi = 0$ et $\phi = \pi/4$, et il a une valeur V_0 sur la plaque située à $\phi = \pi/8$. Un milieu de permittivité $\epsilon = 10^{-10}$ **F/m** sépare les plaques. Parce que les deux plaques extérieures sont mises à la masse, on considère que le champ électrique est nul à l'extérieur du coin.

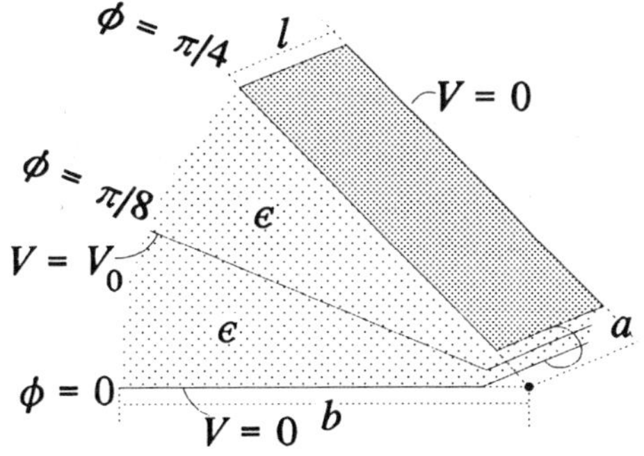

Figure 3.27

a) Donner les expressions du potentiel V et du champ électrique **E** dans la région $0 < \phi < \pi/8$.
b) Quelle est la valeur de la capacité entre la plaque centrale ($\phi = \pi/8$) et les deux plaques interconnectées?

3.23 POTENTIOMÈTRE AUDIO

Énoncé

Comme l'oreille humaine possède une plage dynamique très étendue, les potentiomètres utilisés pour contrôler l'amplitude de sortie des systèmes de son doivent avoir une réponse non linéaire pour permettre à l'utilisateur de mieux ajuster le niveau sonore à faible amplitude. La figure ci-contre illustre un potentiomètre de volume qui est formé d'un mince disque conducteur de rayon intérieur a, de rayon extérieur b, d'épaisseur d. La première section de ce disque a un angle de 45° et une conductivité élevée σ_1 pour contrôler les niveaux faibles. Un conducteur métallique horizontal est fixé à l'extrémité de cette première section. La seconde section s'étend entre 45° et 315° et possède une conductivité plus faible σ_2. Une tige métallique peut être tournée autour de l'axe central tout en étant en contact uniforme avec la surface du disque. Cette tige mobile forme un angle ϕ avec l'horizontale et la résistance du potentiomètre est mesurée entre la tige mobile et le conducteur

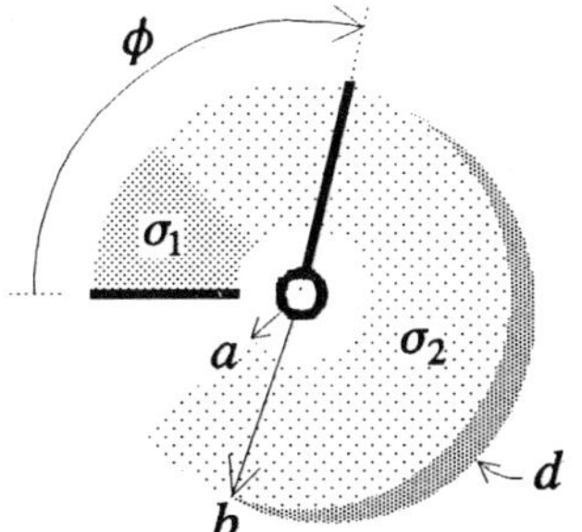

Figure 3.28

horizontal. Lorsque $a = 1$ cm, $b = 3{,}25$ cm, $d = 1$ mm, $\sigma_1 = 10$ S/m et $\sigma_2 = 1$ S/m, donner l'expression de la résistance en fonction de l'angle ϕ pour $0 < \phi < 315°$?

3.24 ÉLÉVATEUR À GRAIN MODIFIÉ

Énoncé

Au centre du cylindre du problème 3.14, on dispose un fil de rayon R qui est mis à la masse (le cylindre de rayon a est aussi mis à la masse et il contient une densité de charges ρ_v). Trouver le champ électrique dans le cylindre.

3.25 ÉLECTRET

Énoncé

Un bloc de plastique mince de permittivité ϵ et d'épaisseur $2b$ est bombardé par des ions qui restent piégés seulement dans la région $-a < x < a$ avec une densité de charges uniforme ρ_v. Des plaques métalliques mises à la masse recouvrent les deux côtés du bloc, c'est-à-dire, $V = 0$ à $x = b$ et à $x = -b$. Trouver la distribution du potentiel dans le bloc pour $x > 0$.

3.26 MONTEUR DE LIGNE (Laplace 2-D, cartésien)

Énoncé

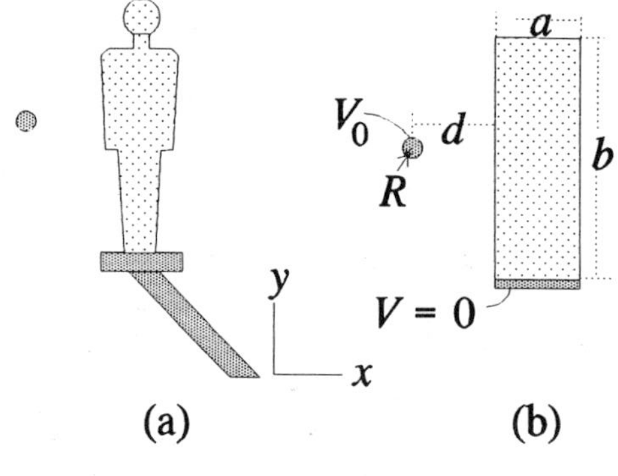

Figure 3.29

Un monteur de ligne travaille à proximité d'une ligne de transport à 120 KV. Vous voulez étudier le champ électrique qui est produit à l'intérieur du corps humain par cette ligne de transport. La figure 3.29 illustre un modèle simplifié de la ligne et du monteur. Seulement un des trois conducteurs triphasés est représenté : le rayon du fil est $R = 1$ cm, la distance de son centre par rapport à la surface du corps est $d = 30$ cm, la différence de potentiel du fil par rapport au sol est $V_0 = 120\sqrt{2}/\sqrt{3}$ KV, et la fréquence est de 60 Hz. Pour simplifier le problème, on considère que le corps du monteur a une section rectangulaire avec une largeur $a = 48$ cm, une hauteur $b = 144$ cm, que le fil se situe à mi-hauteur du corps, et que le champ électrique est indépendant de la profondeur. Les pieds du monteur sont en contact avec le plancher d'une nacelle métallique qui est mise à la masse. La conductivité électrique moyenne du corps humain est $\sigma_H = 0{,}2$ S/m, la conductivité de l'air est $\sigma_A = 10^{-13}$ S/m.

a) Dans des conditions statiques et pour un potentiel V_0 maximal, donnez l'expression de la densité de charge $\rho_S(y)$ sur la surface à gauche du corps.

Note : Puisque la conductivité de l'air est tellement plus faible que celle du corps, il est possible de calculer le champ électrique dans l'air en considérant que l'air est un diélectrique et que le corps est un bon conducteur ayant un potentiel presque nul. La surface à gauche du corps peut alors être considérée comme un plan conducteur infini ayant un potentiel nul.

b) Dans des conditions dynamiques, donner l'expression de la dérivée normale du potentiel $f(y) = \delta V/\delta n$ sur la surface gauche du corps.

Note : Le champ électrique alternatif impose une nouvelle condition aux frontières à l'interface entre le diélectrique et le conducteur. La loi de la conservation de charge permet de prouver que la composante normale de la densité du courant (J_n) dans le milieu conducteur est égale au taux de changement de la densité de charge sur la surface du conducteur : $J_n = \delta\rho_s/\delta t$.

c) En utilisant la technique de séparation des variables, développer l'expression analytique décrivant le potentiel à l'intérieur du corps.

Note : La fonction $f(y)$ constitue une condition aux frontières de type «Neumann». La représentation de $f(y)$ par une série de Fourier est difficile à appliquer à cause de la complexité des intégrales pour évaluer les coefficients de la série de Fourier. On peut simplifier le problème en remplaçant la fonction $f(y)$ par la fonction $g(y) = k$ ($b/4 < y < 3b/4$) et $g(y) = 0$ ($y < b/4$ ou $y > 3b/4$) où $k = f(b/2)$.

CHAPITRE 4

Champs magnétostatiques

Ce quatrième chapitre présente deux techniques qui nous permettrons de calculer l'intensité du champ magnétique à partir d'une distribution connue de courant électrique : la loi de Biot-Savart (équat. 4.1) et la loi d'Ampère (4.4). La loi de Biot-Savart présente l'avantage d'être très générale mais son principal inconvénient est la complexité des intégrales vectorielles qui doivent être solutionnées. La technique basée sur la loi d'Ampère utilise des intégrales de ligne très simples mais elle ne peut être appliquée qu'à des problèmes présentant une certaine symétrie. La principale technique utilisée dans ce chapitre est basée sur la loi d'Ampère. Cette approche nous permettra de mettre l'accent sur les concepts de base de la magnétostatique plutôt que sur les difficultés du calcul des intégrales. Donc, du point de vue de la complexité de l'approche, nous pouvons faire un parallèle entre la loi de Coulomb en électrostatique et la loi de Biot-Savart en magnétostatique, ainsi qu'entre la loi de Gauss en électrostatique et la loi d'Ampère en magnétostatique. Nous verrons à travers les différents problèmes proposés que le calcul du champ magnétique est souvent une étape préliminaire au calcul du flux magnétique, de l'inductance, de l'inductance mutuelle, de l'énergie magnétique et de la force magnétostatique. Dans ces problèmes, les différents matériaux magnétiques sont considérés comme linéaires et isotropes pour simplifier la résolution des problèmes et ils sont également homogènes, ce qui nous permet d'analyser plus clairement les conditions aux frontières entre deux matériaux différents.

Dans ce chapitre, nous décrirons également la notion de potentiel magnétique. Ce potentiel magnétique est un scalaire dans le cas particulier où il n'y a pas de courant électrique circulant dans la région dans laquelle le potentiel doit être calculé, et il est vectoriel dans le cas contraire. La notion de potentiel scalaire magnétique est essentielle pour résoudre les problèmes de circuits magnétiques et le calcul de la réluctance (probl. 4.11 et 4.12). Dans les problèmes de circuits magnétiques, il existe une analogie entre l'intensité du champ magnétique **H** et celle du champ électrique **E**, entre la perméabilité μ et la conductivité σ, entre la densité de flux magnétique **B** et la densité de courant **J**, entre le flux magnétique ψ_m et le courant I, entre le potentiel scalaire magnétique V_m et le potentiel électrique V, et entre la réluctance $\Re$ et la résistance R. Mentionnons que le potentiel scalaire magnétique satisfait à l'équation de Laplace, ce qui permet d'appliquer les techniques graphiques, analytiques et numériques décrites dans le deuxième et troisième chapitre pour calculer le potentiel magnétique (probl. 4.13). Les problèmes de circuits magnétiques sont très courants en électrotechnique : moteurs, générateurs, transformateurs, relais, etc.

Rappel théorique

Loi de Biot-Savart. Le champ magnétique **H** (A/m) au point d'observation **r** qui est produit par une distribution d'éléments différentiels de courant situés au point **r'** est :

$$\mathbf{H} = \frac{1}{4\pi} \int_L \frac{I\, d\mathbf{l} \times (\mathbf{r} - \mathbf{r}')}{|\mathbf{r} - \mathbf{r}'|^3} \tag{4.1}$$

où $d\mathbf{l}$ est dans la même direction que le courant I et où l'élément différentiel du courant $I\, d\mathbf{l}$ peut aussi être égal à $\mathbf{K}\, ds$ ou $\mathbf{J}\, dv$ selon que l'on ait une densité de courant surfacique **K** (A/m) ou une densité de courant volumique **J** (A/m^2).

Règle de la main droite. L'orientation des lignes de champ magnétique produites par un élément différentiel de courant $Id\mathbf{l}$ peut être obtenue par la règle de la main droite : le pouce retroussé indique la direction du courant I et les doigts repliés sur la paume indiquent la direction des lignes de flux autour de l'élément de courant représenté par le pouce.

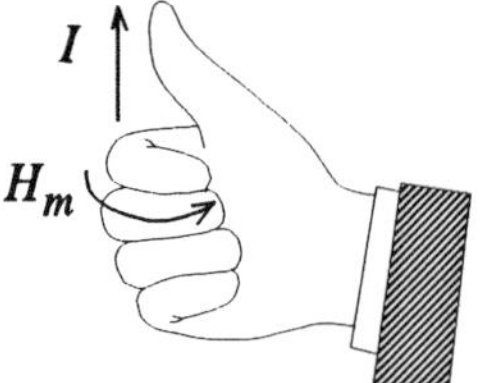

Figure 4.1

Densité du flux magnétique. Dans le vide, le vecteur densité du flux magnétique **B** (Wb/m^2) est le suivant :

$$\mathbf{B} = \mu_0 \mathbf{H} \tag{4.2}$$

où $\mu_0 = 4\pi \times 10^{-7}$ H/m est la permittivité du vide.

Milieu magnétique. Dans un milieu isotrope, homogène et linéaire ayant une perméabilité magnétique μ (H/m), la densité du flux magnétique **B** est :

$$\mathbf{B} = \mu \mathbf{H} = \mu_0 \mu_r \mathbf{H} = \mu_0 (1 + \chi_m) \mathbf{H} \tag{4.3}$$

où μ_r et la perméabilité relative et χ_m est la susceptibilité magnétique. Dans le cas plus général : $\mathbf{B} = \mu_0 (\mathbf{H} + \mathbf{M})$, où **M** est la magnétisation (A/m). Pour les matériaux diamagnétiques,

$$\mu_r \leq 1 \quad (\mu_r \approx 0{,}999)$$

Pour les matériaux paramagnétiques,

$$\mu_r \geq 1 \quad (\mu_r \approx 1{,}000)$$

Pour les matériaux ferromagnétiques,

$$\mu_r \gg 1 \quad (50 \leq \mu_r \leq 100{,}000)$$

Loi d'Ampère. La circulation (intégrale de ligne) du champ magnétique **H** sur un contour fermé est égale à la somme algébrique de tous les courants qui traversent la surface entourée par ce contour fermé.

$$\oint \mathbf{H} \cdot d\mathbf{l} = I_{\text{total}} \tag{4.4}$$

Dans le cas où la distribution du courant présente une certaine symétrie, il est souvent possible d'appliquer la loi d'Ampère pour calculer l'amplitude du champ magnétique **H**. Le contour fermé doit être choisi de façon à ce que :

1) le champ magnétique soit parallèle ou perpendiculaire aux éléments $d\mathbf{l}$ qui constituent ce contour;
2) le champ magnétique ait une amplitude constante sur la partie du contour où il est parallèle aux éléments $d\mathbf{l}$.

La direction et le sens du champ magnétique sont déduites selon la règle de la main droite. Pour appliquer le théorème d'Ampère, on doit tenir compte de l'effet de tous les courants qui produisent le champ magnétique à calculer. Cependant, le terme de droite de l'équation 4.4 inclut seulement les courants entourés par le parcours d'intégration. La partie de gauche de l'équation 4.4 se ramène alors à un simple calcul de longueur du contour.

Rotationnel. Le rotationnel d'un champ vectoriel **G** dont les composantes sont continues est défini par :

$$(\nabla \times \mathbf{G})_N = \lim_{\Delta S_N \to 0} \frac{\oint \mathbf{G} \cdot d\mathbf{l}}{\Delta S_N} \tag{4.5}$$

où ΔS_N est la surface associée au contour fermé et N indique la composante du vecteur $(\nabla \times \mathbf{G})$ qui est normale à la surface délimitée par le contour.

Théorème de Stokes. Pour un champ vectoriel **G** (qui associe à tout point de l'espace un seul vecteur $\mathbf{G}(x, y, z)$), le théorème de Stokes permet d'obtenir :

$$\oint_C \mathbf{G} \cdot d\mathbf{l} = \int_S (\nabla \times \mathbf{G}) \cdot d\mathbf{s} \tag{4.6}$$

où S est la surface délimitée par le contour fermé C. Dans certaines situations où $\nabla \times \mathbf{G}$ est constant ou s'il s'exprime de façon simple, il est plus facile de calculer la circulation du champ **G** sur un contour fermé par l'intermédiaire du théorème de Stokes. L'intégrale de droite se ramène alors à un calcul de surface ou bien à un calcul d'une intégrale simple.

Champ solénoïdal. Les lignes de flux magnétiques sont fermées sur elles-mêmes ou à l'infini, et elles ne se terminent pas sur des «charges magnétiques» comme les lignes de flux électrique. Le vecteur densité de flux magnétique **B** est un champ solénoïdal, c'est-à-dire :

$$\oint_s \mathbf{B} \cdot d\mathbf{s} = 0 \tag{4.7}$$

Seconde équation de Maxwell. Le théorème de la divergence (équat. 1.8) permet de déduire de l'équation 4.7 la seconde équation de Maxwell.

$$\nabla \cdot \mathbf{B} = 0 \tag{4.8}$$

Potentiel vecteur magnétique. Le vecteur densité de flux magnétique **B** peut être dérivé d'un potentiel vecteur magnétique **A** (W/m) défini, tel que :

$$\mathbf{B} = \nabla \times \mathbf{A} \tag{4.9}$$

Connaissant la distribution du courant électrique I, le vecteur $\mathbf{A}$ peut être calculé par :

$$\mathbf{A} = \int_L \frac{\mu_0 \, I \, d\mathbf{l}}{4\pi |r - r'|} \qquad (4.10)$$

où l'élément différentiel $Id\mathbf{l}$ peut aussi être égal à $\mathbf{K}ds$ ou $\mathbf{J}dv$ selon la nature de la distribution du courant; $\mathbf{r}$ correspond au point d'observation et $\mathbf{r}'$ à la source.

Potentiel scalaire magnétique. Dans les régions où la densité de courant $\mathbf{J}$ est nulle, on peut définir un potentiel scalaire magnétique V_m (A · tours), tel que :

$$\mathbf{H} = -\nabla V_m \qquad (\mathbf{J} = 0) \qquad (4.11)$$

Équation de Laplace pour V_m. Le potentiel scalaire magnétique V_m est la solution de l'équation de Laplace pour des régions où $\mathbf{J} = 0$ et où les matériaux magnétiques sont homogènes.

$$\nabla^2 V_m = 0 \qquad (\mathbf{J} = 0) \qquad (4.12)$$

Équation de Poisson pour A. Le potentiel vecteur magnétique $\mathbf{A}$ est la solution de l'équation de Poisson vectorielle :

$$\nabla^2 \mathbf{A} = -\mu_0 \, \mathbf{J} \qquad (4.13)$$

où $\nabla^2 \mathbf{A}$ est le Laplacien vectoriel de $\mathbf{A}$ (formules 14 et 15 en annexe B).

Force magnétique sur une charge en mouvement. Une charge électrique Q en mouvement avec une vitesse $\mathbf{v}$(m/s) dans un champ magnétique $\mathbf{B}$ (Wb/m^2) est soumise à une force $\mathbf{F}$ (N) :

$$\mathbf{F} = Q \, \mathbf{v} \times \mathbf{B} \qquad (4.14)$$

Force magnétique sur un circuit. Un circuit rigide parcouru par un courant I dans un champ magnétique $\mathbf{B}$ est soumis à une force magnétique $\mathbf{F}$, telle que :

$$\mathbf{F} = \int_L I \, d\mathbf{l} \times \mathbf{B} \qquad (4.15)$$

où $d\mathbf{l}$ est dans la même direction que le courant I, et où l'élément différentiel du courant $Id\mathbf{l}$ peut être égal à $\mathbf{K}ds$ ou $\mathbf{J}dv$ selon la nature de la distribution du courant.

Couple magnétique sur un circuit. Un circuit électrique fermé (boucle plane ayant une surface $\mathbf{S}$) se trouvant dans un champ magnétique constant $\mathbf{B}$ et parcouru par un courant I, est soumis à un couple τ (N · m) :

$$\boldsymbol{\tau} = I \, \mathbf{S} \times \mathbf{B} = \mathbf{m} \times \mathbf{B} \qquad (4.16)$$

où $\mathbf{m}$ est le vecteur moment dipolaire magnétique normal à la surface de la boucle.

Le couple s'exerçant sur une boucle de courant tend à aligner le champ magnétique créé par le courant de la boucle avec le champ magnétique extérieur.

Conditions aux frontières. Soit la frontière entre deux milieux magnétiques 1 et 2 :

- Les composantes normales des densités de flux magnétiques dans les deux milieux sont égales :

$$B_{n2} = B_{n1} \tag{4.17}$$

- La différence entre les composantes tangentielles vectorielles des champs magnétiques est reliée à la densité du courant surfacique **K** circulant sur la frontière grâce aux charges libres par la formule suivante :

$$\hat{\mathbf{n}}_{12} \times (\mathbf{H}_1 - \mathbf{H}_2) = \mathbf{K} \tag{4.18}$$

  où $\hat{\mathbf{n}}_{12}$ est un vecteur unitaire normal à la frontière entre le milieu 1 et 2, pointant du milieu 1 au milieu 2.

- La différence entre les composantes tangentielles des vecteurs de magnétisation est égale à la densité du courant surfacique K_l grâce aux charges liées :

$$M_{t1} - M_{t2} = K_l \tag{4.19}$$

Réluctance. La réluctance $\Re$ (H^{-1}) entre deux points d'un circuit magnétique traversé par un flux magnétique ψ_m et soumis à une force magnétomotrice (potentiel magnétique scalaire) $V_m = NI$, est :

$$\Re = V_m / \psi_m \tag{4.20}$$

Dans les circuits magnétiques, il est souvent nécessaire de calculer la réluctance à partir de la géométrie et de la nature du matériau. Pour un bloc de longueur l, de surface de section S et de perméabilité μ, la réluctance est :

$$\Re = \frac{l}{\mu S} \tag{4.21}$$

Par analogie avec les circuits électriques, on peut définir des circuits magnétiques où les sources de tension, les résistances et les courants dans les circuits électriques sont remplacés respectivement par des sources de potentiel magnétique, des réluctances et des flux magnétiques dans les circuits magnétiques. Les méthodes utilisées pour solutionner les circuits électriques sont aussi applicables dans les circuits magnétiques (méthode des mailles, méthode des noeuds, etc.).

Énergie magnétique. En tout point où un champ magnétique existe, la densité d'énergie magnétique (J/m^3) est égale à :

$$w_H = \frac{\mathbf{B} \cdot \mathbf{H}}{2} \tag{4.22}$$

L'énergie magnétique W_m (J) contenue dans un volume V est :

$$W_m = \frac{1}{2} \int_V \mathbf{B} \cdot \mathbf{H}\, dv = \frac{1}{2} \int \mu\, H^2\, dv \tag{4.23}$$

Le terme de droite est évidemment valide pour un milieu isotrope.

Inductance. L'inductance L (H) d'un circuit électrique est le rapport entre N fois le flux magnétique ψ_m (Wb) qui traverse la surface délimitée par une spire du circuit et le courant électrique I qui génère ce flux :

$$L = \frac{\psi_m N}{I} = \frac{N}{I} \int_S \mathbf{B} \cdot ds \tag{4.24}$$

où N est le nombre de spires qui entourent toutes les lignes de flux magnétique.

L'inductance peut aussi être définie à partir de l'énergie magnétique W_m dans les cas où la géométrie du problème est complexe et que le nombre de tours N est difficile à déterminer, par exemple, lorsque le courant circule dans un volume plutôt que dans un fil mince :

$$L = \frac{2W_m}{I^2} \tag{4.25}$$

Inductance mutuelle. L'inductance mutuelle M_{12} (H) entre deux circuits électriques 1 et 2 parcourus par des courants I_1 et I_2 et ayant respectivement des nombres de spires N_1 et N_2 est :

$$M_{12} = \frac{N_2\ \psi_{12}}{I_1} = M_{21} = \frac{N_1\ \psi_{21}}{I_2} \tag{4.26}$$

où ψ_{12} est le flux magnétique produit par le courant I_1 et intercepté par les N_2 spires du circuit 2, et où ψ_{21} est le flux magnétique produit par le courant I_2 et intercepté par les N_1 spires du circuit 1.

4.1 SOLÉNOÏDE (Biot-Savart)

Énoncé

Soit une boucle plane de courant de rayon R où circule un courant d'intensité I.

a) Calculer le champ magnétique **H** à un point quelconque sur l'axe z (fig. 4.2).
b) En disposant de façon rapprochée N boucles de courant côte à côte faisant une longueur totale l (fig. 4.3), on obtient une configuration équivalente à un solénoïde de longueur l, de rayon R et portant une densité de courant surfacique : $K_s = (NI/l)$. Utiliser le résultat de (a) pour calculer l'expression du champ magnétique à n'importe quel point de l'axe du solénoïde.
c) Déduire du résultat de (b) le champ magnétique au centre d'un solénoïde très long.

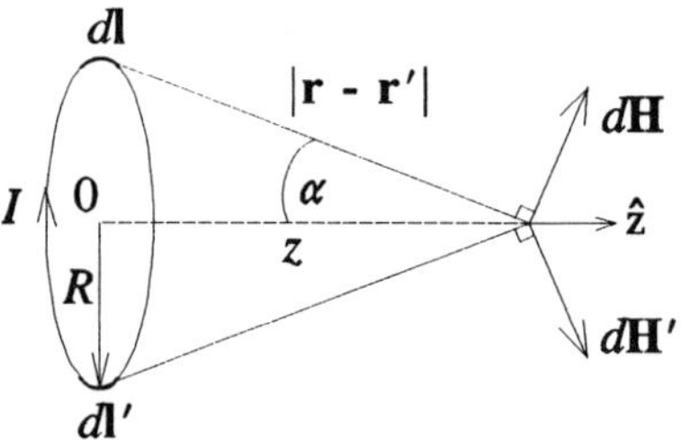

Figure 4.2

Solution

a) Pour calculer le champ magnétique induit par une boucle de courant, on utilise la loi de Biot-Savart (équat. 4.1). Pour chaque élément différentiel de courant $I d\mathbf{l}$, il existe un élément diamétralement opposé $I d\mathbf{l}'$ (fig. 4.2). Les deux éléments différentiels de courant $I d\mathbf{l}$ et $I d\mathbf{l}'$ annulent la composante de $\mathbf{H}$ selon ρ, donc le champ magnétique résultant de ces deux éléments est orienté suivant la direction z :

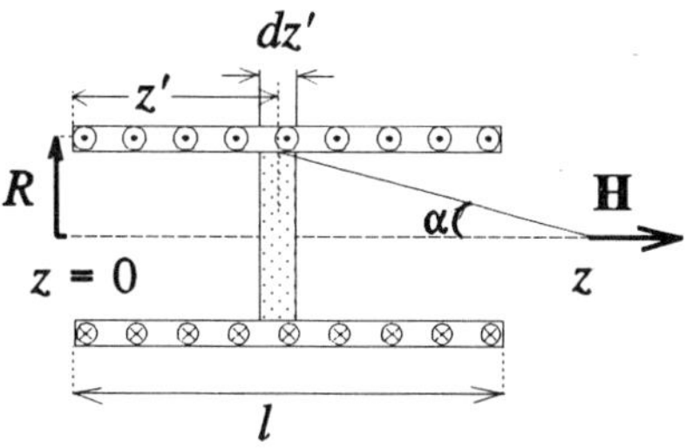

Figure 4.3

$$|d\mathbf{H} + d\mathbf{H}'| = 2\,|d\mathbf{H}|\,\sin\alpha = 2\left(\frac{1}{4\pi}\,\frac{I\,dl}{|r - r'|^2}\right)\left(\frac{R}{|r - r'|}\right)$$

$$= \frac{I}{2\pi}\,\frac{R\,dl}{(R^2 + z^2)^{3/2}}$$

On obtient donc :

$$H_z = \frac{I}{2\pi}\,\frac{R}{(R^2 + z^2)^{3/2}}\oint dl = \frac{I}{2\pi}\,\frac{\pi R^2}{(R^2 + z^2)^{3/2}}$$

$$\mathbf{H} = \frac{I\,R^2}{2(R^2 + z^2)^{3/2}}\,\hat{\mathbf{z}}$$

b) Considérons un anneau circulaire de largeur dz' situé à z' (fig. 2). Le résultat de (a) nous permet d'obtenir le champ magnétique produit par cet anneau en un point z de l'axe du solénoïde.

$$dH_z = \frac{K_s\,dz' R^2}{2\left[R^2 + (z - z')^2\right]^{3/2}}\ ;\quad \left(K_s = \frac{NI}{l}\right)$$

Le champ magnétique total H_z est alors donné par :

$$H_z = \int_{z'=0}^{l} \frac{K_s R^2\,dz'}{2\left[R^2 + (z - z')^2\right]^{3/2}}$$

Nous pouvons résoudre plus facilement cette intégrale en effectuant le changement de variable $q = z - z'$:

$$H_z = \frac{K_s R^2}{2}\int_{q=z}^{z-l} \frac{-dq}{(R^2 + q^2)^{3/2}} = \frac{K_s R^2}{2}\left[\frac{-q}{R^2(R^2 + q^2)^{1/2}}\right]_z^{z-l}$$

d'où

$$H_z = \frac{K_s}{2}\left(\frac{z}{(R^2 + z^2)^{1/2}} - \frac{(z - l)}{\left[R^2 + (z - l)^2\right]^{1/2}}\right)$$

c) Au centre d'un solénoïde très long, $z = l/2$ et $l \gg R$:

$$H_z = K_s = \frac{NI}{l}$$

4.2 CÂBLE COAXIAL (Ampère, inductance)

Énoncé

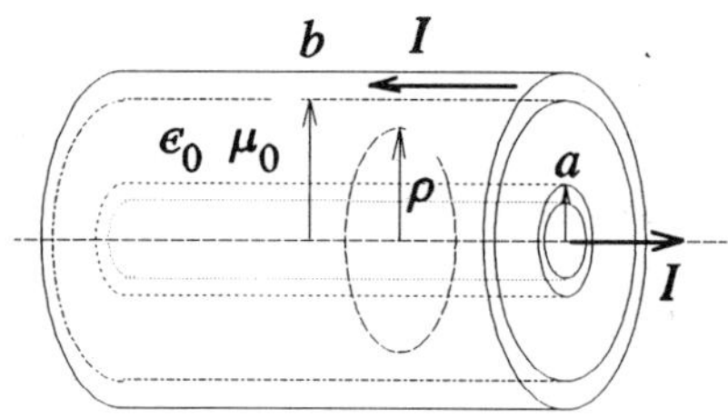

Figure 4.4

Le câble coaxial est une ligne de transmission TEM (Transversal Électrique Magnétique : les champs **E** et **H** sont perpendiculaires à la direction de propagation) qui permet de transmettre l'énergie électromagnétique pour des fréquences allant du courant continu jusqu'aux ondes millimétriques (60 GHz). Calculer l'inductance par unité de longueur du câble coaxial illustré ci-contre (fig. 4.4) où le conducteur intérieur est un tuyau de paroi mince qui transporte un courant I vers la droite. Ce courant retourne vers la gauche dans le conducteur extérieur.

Solution

Le champ magnétique **H** entre les deux conducteurs peut facilement être calculé en utilisant la loi d'Ampère (équat. 4.4). Pour un élément de courant différentiel situé à ($\rho = a$, ϕ, z), on peut trouver un élément de courant symétrique situé à ($\rho = a$, $-\phi$, z) qui annule à $\phi = 0$ la composante radiale du champ magnétique. À cause de la symétrie, le champ magnétique est indépendant de ϕ et z et la seule composante possible du champ magnétique est une composante tangentielle qui est constante pour un rayon constant. Nous choisissons donc un parcours d'intégration correspondant à un cercle de rayon ρ :

$$\oint \mathbf{H} \cdot d\mathbf{l} = I_{\text{total}} \quad \Rightarrow \quad H_\phi \, 2\pi\rho = I_{\text{total}}$$

et nous obtenons :

$$\text{pour} \quad a < \rho < b, \quad B_\phi = \frac{\mu_0 I}{2\pi\rho}$$

$$\text{pour} \quad \rho \le a \quad \text{ou} \quad \rho \ge b, \quad \mathbf{B} = 0$$

Les lignes de flux magnétique interceptent à angle droit la surface montrée à la figure 4.5, le flux magnétique à travers cette surface est :

$$\psi_m = \int_0^1 \int_a^b \frac{\mu_0 I}{2\pi\rho} \, dz \, d\rho = \frac{\mu_0 I}{2\pi} \ln\left(\frac{b}{a}\right)$$

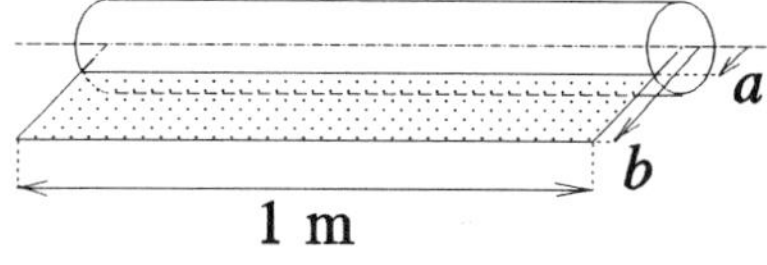

Figure 4.5

Ce qui nous permet de calculer l'inductance par unité de longueur (équat. 4.24) :

$$L = \frac{N\psi_m}{I} = \frac{\mu_0}{2\pi} \ln\left(\frac{b}{a}\right)$$

On note que N est égal à 1.

4.3 TOROÏDE (Ampère, inductance)

Énoncé

Les toroïdes sont souvent utilisés comme inductances ou transformateurs dans les circuits électroniques, car le champ magnétique qu'ils produisent est nul à l'extérieur. Soit un toroïde dont une moitié est représentée à la figure 4.6. Ce toroïde comporte un enroulement de N tours. Si on considère que la perméabilité du milieu est celle du vide, quelle est la valeur de l'inductance?

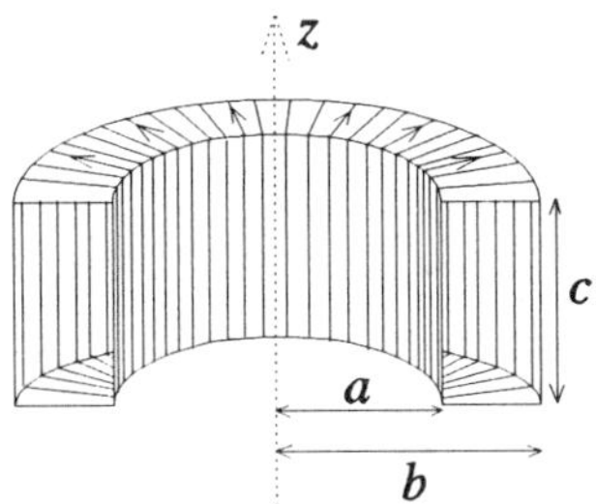

Figure 4.6

Solution

La loi d'Ampère (équat. 4.4) permet de calculer de façon simple le champ magnétique à l'intérieur du toroïde. On retrouve dans ce problème, une distribution de courant similaire à celle du problème précédent avec un courant total NI dirigé selon l'axe z et réparti sur la surface cylindrique intérieure ($\rho = a$) et revenant sur la surface extérieure ($\rho = b$) du solénoïde. Pour un long solénoïde ($c \gg b$), le même raisonnement que celui utilisé dans le problème précédent s'applique et on déduit que le champ magnétique ne possède qu'une composante tangentielle qui est constante pour un rayon constant. Dans un solénoïde plus court, le champ magnétique possède les mêmes caractéristiques car le courant radial aux deux extrémités produit également un champ tangentiel H_ϕ. Nous choisissons le même parcours que dans le problème précédent : un cercle de rayon ρ :

$$\oint \mathbf{H} \cdot d\mathbf{l} = I_{\text{total}} \quad \Rightarrow \quad H_\phi \, 2\pi\rho = I_{\text{total}}$$

afin d'obtenir :

à l'intérieur $B_\phi = \dfrac{NI\mu_0}{2\pi\rho}$

à l'extérieur $\mathbf{B} = 0$

Le flux qui traverse la section du toroïde est :

$$\psi_m = \int_S \mathbf{B} \cdot ds = \int_0^c \int_a^b \frac{NI\mu_0}{2\pi\rho} \, dz \, d\rho = \frac{cN\mu_0 I}{2\pi} \ln\left(\frac{b}{a}\right)$$

ce qui nous permet de trouver l'expression de l'inductance du toroïde (équat. 4.24) :

$$L = \frac{N\psi_m}{I} = \frac{\mu_0 N^2 c}{2\pi} \ln\left(\frac{b}{a}\right)$$

4.4 LIGNE DE TRANSMISSION À CONDUCTEURS PLATS (Ampère, inductance)

Énoncé

Sur un circuit imprimé, une ligne de transmission est formée de deux conducteurs plats de 4 mm de largeur déposés de chaque côté d'une plaque isolante de 1 mm d'épaisseur et de perméabilité relative unitaire. Les deux conducteurs sont parallèles, se font face, et transportent un courant I dans des directions opposées. Calculer l'inductance de cette ligne de transmission pour une longueur de 10 cm. Considérer que le champ magnétique est uniforme entre les conducteurs et négliger le champ à l'extérieur.

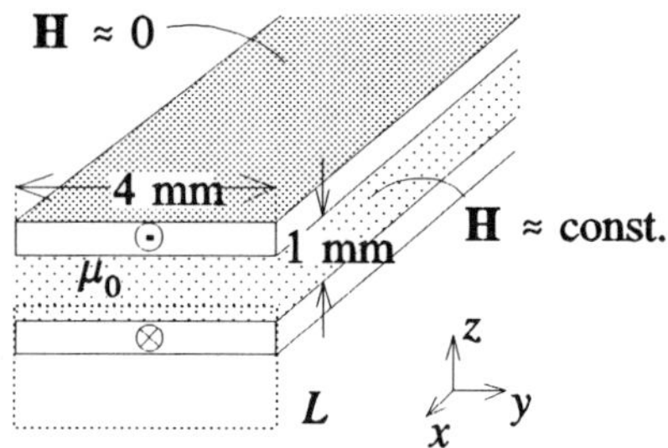

Figure 4.7

Solution

Démontrons tout d'abord l'hypothèse de l'uniformité du champ magnétique. Cette hypothèse est juste lorsque deux conducteurs plats sont des plans conducteurs infinis. En effet, considérons un seul plan à $z = 0$, où la densité de courant surfacique est $K_x\,\hat{\mathbf{x}}$. Pour un élément de courant situé à $(0, y, 0)$, on peut trouver un élément de courant symétrique situé à $(0, -y, 0)$ qui annule à $y = 0$ la composante en z du champ magnétique. À cause de la symétrie, le champ magnétique est indépendant de x et de y. Tout ceci permet de déduire que la seule composante possible est orientée selon $-y$ pour $z > 0$, et selon $+y$ pour $z < 0$. L'application de la loi d'Ampère avec un parcours d'intégration comme celui qui est illustré ici (fig. 4.7) permet de trouver que le champ magnétique est uniforme de part et d'autre du plan ($H_y = -K_x/2$ pour $z > 0$ et $H_y = +K_x/2$ pour $z < 0$). En superposant le champ magnétique produit par un second plan conducteur portant un courant de signe opposé, on obtient un champ magnétique uniforme double entre les plans et nul à l'extérieur. Pour des conducteurs plats plutôt que des plans, le même raisonnement est valide si la distance entre les conducteurs est faible par rapport à leur largeur. Reprenons maintenant la solution de notre problème en appliquant l'équation d'Ampère et en utilisant le parcours L illustré et les hypothèses démontrées afin de trouver l'expression du champ magnétique $\mathbf{B}$ entre les conducteurs.

$$\oint \mathbf{H} \cdot d\mathbf{l} = H_y \times 4 \text{ mm} = I \quad \rightarrow \quad B_y = \frac{\mu_0 I}{4 \text{ mm}}$$

Ensuite, nous calculons le flux magnétique total produit par les courants :

$$\psi_m = \int_s \mathbf{B} \cdot d\mathbf{s}$$

Toutes les lignes de flux magnétique croisent à angle droit une surface verticale orientée selon la longueur de la ligne. Cette surface peut donc servir de surface d'intégration dans l'équation précédente :

$$\psi_m = \frac{\mu_0 I}{4\ \text{mm}} \int_s ds = \frac{\mu_0 I}{4\ \text{mm}} \times 1\ \text{mm} \times 100\ \text{mm} = 25 \cdot 10^{-3} \mu_0 I$$

Comme l'inductance est donnée par :

$$L = \frac{N\psi_m}{I}$$

et que $N = 1$, nous obtenons $L = 3{,}14 \times 10^{-8} H$.

4.5 BOBINE (Ampère, champ solénoïdal, inductance)

Énoncé

Soit un solénoïde de rayon R, de longueur l ($l \gg R$), comportant N spires rapprochées et où circule un courant I. Calculer le champ magnétique **H** dans le solénoïde en utilisant la loi d'Ampère et trouver l'inductance pour une perméabilité relative unitaire.

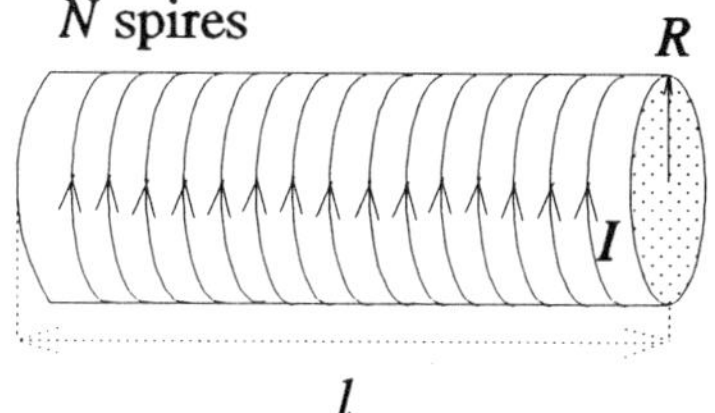

Figure 4.8

Solution

Puisque $l \gg R$, considérons que le solénoïde est infiniment long. En utilisant un système de coordonnées cylindriques, on note que le courant est toujours orienté selon la direction tangentielle ϕ, et qu'il ne peut donc pas y avoir de composantes H_ϕ du champ magnétique. On note également que pour un élément de courant situé à ($\rho = R$, ϕ, z), il y a un élément de courant symétrique à ($\rho = R$, ϕ, $-z$) qui annule à $z = 0$ la composante radiale du champ produit par le premier élément. Ceci est également vrai pour n'importe quelle valeur de z à cause de la symétrie et de la longueur du solénoïde. On déduit que la seule composante du champ magnétique est orientée selon l'axe z et qu'elle est indépendante de ϕ et de z. Appliquons la loi d'Ampère en utilisant un parcours d'intégration qui traverse de part en part le solénoïde le long du diamètre comme sur la figure 4.9 :

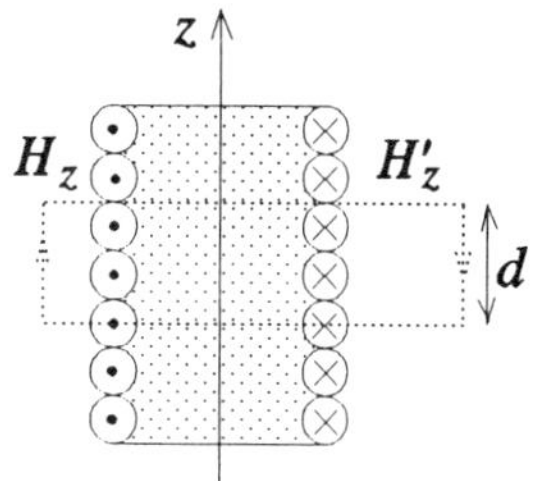

Figure 4.9

$$\oint \mathbf{H} \cdot d\mathbf{l} = H_z d + 0 - H_z' d + 0 = I_{\text{total}} = 0$$

Ce qui permet de constater que $H_z = H_z'$, c'est-à-dire que le champ magnétique est constant à l'extérieur car H_z et H_z' sont mesurés sur des rayons arbitraires. Parce que le champ magnétique est solénoïdal (équat. 4.7), toutes les lignes de flux qui se dirigent selon l'axe z positif à l'intérieur de la bobine, doivent revenir dans le sens négatif à l'extérieur de la bobine. Puisque le champ magnétique est uniforme à l'extérieur, ceci implique que les lignes de flux magnétiques se répartissent uniformément sur une section (z = cte) de surface infinie. La densité de flux magnétique est donc nulle à l'extérieur. Appliquons alors la loi d'Ampère pour le parcours de la figure 3 :

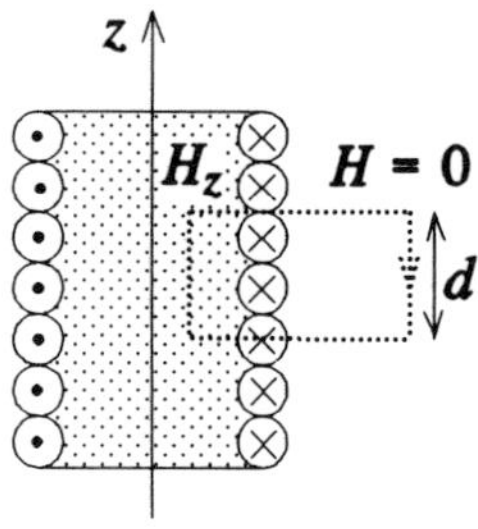

Figure 4.10

$$\oint \mathbf{H} \cdot d\mathbf{l} = H_z d = \frac{NId}{l} \quad \Rightarrow \quad H_z = \frac{NI}{l}$$

On constate que le champ magnétique est constant partout à l'intérieur de la bobine et qu'il correspond à la valeur trouvée par la loi de Biot-Savart (probl. 4.1). Il suffit de multiplier cette valeur par la surface de la section de la bobine et par la perméabilité pour trouver le flux magnétique. L'inductance est (équat. 4.24) :

$$L = \frac{N\psi_m}{I} = \frac{\mu_0 N^2 \pi R^2}{l}$$

4.6 LIGNE BIFILAIRE (Ampère, superposition, force magnétique, inductance)

Énoncé

La transmission de l'énergie électrique avec la ligne bifilaire (fig. 4.11) est limité à environ 500 MHz. Cette limitation en fréquence est due au fait que cette ligne de transmission tend à irradier de l'énergie à des fréquences élevées. Cette ligne de transmission est très souvent utilisée dans la connexion des antennes VHF et UHF aux postes de télévision.

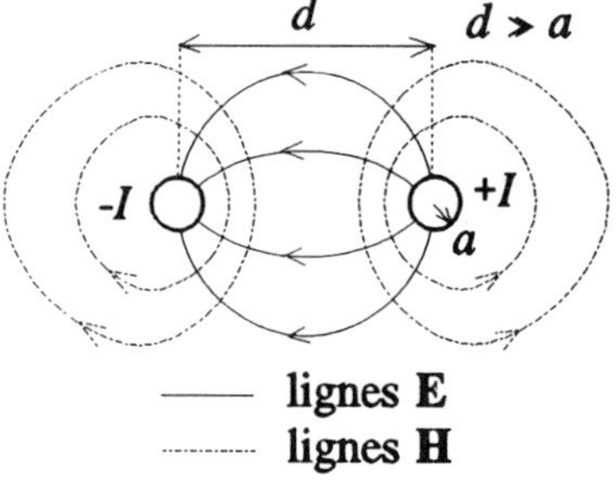

Figure 4.11

Soit une ligne bifilaire infiniment longue parcourue par deux courants égaux et opposés :

a) Calculer le champ magnétique **H** à n'importe quel point de l'espace.
b) Calculer l'inductance de cette ligne de transmission par unité de longueur.
c) Calculer la force magnétique qui agit sur chaque conducteur par unité de longueur.

Solution

a) Étant donné que la ligne est infiniment longue, le champ magnétique au point $P(x, y, z_1)$ devrait être le même qu'au point $P'(x, y, z_2)$. Calculons donc le champ magnétique au point $P(x, y, 0)$. Pour calculer le champ magnétique total, on peut utiliser la loi d'Ampère pour calculer le champ magnétique produit par chaque ligne, et par la suite, utiliser le principe de superposition. Soit le système de coordonnées cylindriques $C_1(0_1, \rho_1, \mathbf{z}_1)$ associé à la ligne 1 : l'application de la loi d'Ampère pour le calcul du champ magnétique $\mathbf{H}_1$ produit par la ligne 1 est immédiate (probl. 4.2) :

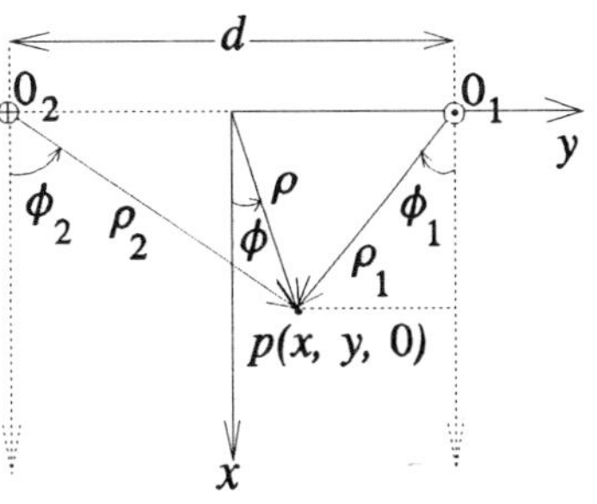

Figure 4.12

$$2\pi\rho_1 \, H_{1\phi} = I \quad \Rightarrow \quad \mathbf{H}_1 = \frac{I}{2\pi\rho_1} \, \hat{\boldsymbol{\phi}}_1$$

L'expression du vecteur $\mathbf{H}_1$ dans le système de coordonnées cartésiennes $\mathbf{R}(0, \mathbf{x}, \mathbf{y}, \mathbf{z})$ est :

$$\mathbf{H}_1 = \frac{I}{2\pi\rho_1} \left(\sin\phi_1 \, \hat{\mathbf{x}} + \cos\phi_1 \, \hat{\mathbf{y}}\right)$$

avec

$$\sin\phi_1 = \frac{\dfrac{d}{2} - y}{\rho_1}, \qquad \cos\phi_1 = \frac{x}{\rho_1}, \qquad \text{et} \quad \rho_1^2 = x^2 + \left(y - \frac{d}{2}\right)^2$$

ce qui donne :

$$\mathbf{H}_1 = \frac{I}{2\pi} \left(\frac{-\left(y - \dfrac{d}{2}\right)}{x^2 + \left(y - \dfrac{d}{2}\right)^2} \, \hat{\mathbf{x}} + \frac{x}{x^2 + \left(y - \dfrac{d}{2}\right)^2} \, \hat{\mathbf{y}} \right)$$

Le même raisonnement s'applique pour le champ magnétique $\mathbf{H}_2$ produit par la ligne 2 :

$$\mathbf{H}_2 = \frac{-I}{2\pi\rho_2} \left(-\sin\phi_2 \, \hat{\mathbf{x}} + \cos\phi_2 \, \hat{\mathbf{y}}\right)$$

En utilisant les relations de passage entre les deux systèmes de coordonnées $C_2(0_2, \boldsymbol{\rho}_2, \mathbf{z}_2)$ et $R(0, \mathbf{x}, \mathbf{y}, \mathbf{z})$ (fig. 2), on obtient :

$$\mathbf{H}_2 = \frac{I}{2\pi} \left(\frac{\left(y + \dfrac{d}{2}\right)}{x^2 + \left(y + \dfrac{d}{2}\right)^2} \, \hat{\mathbf{x}} - \frac{x}{x^2 + \left(y + \dfrac{d}{2}\right)^2} \, \hat{\mathbf{y}} \right)$$

En utilisant le théorème de superposition, on peut trouver le champ magnétique résultant :

$$\mathbf{H} = \mathbf{H}_1 + \mathbf{H}_2 = \frac{I}{2\pi}\left(-\frac{y - \frac{d}{2}}{x^2 + \left(y - \frac{d}{2}\right)^2} + \frac{y + \frac{d}{2}}{x^2 + \left(y + \frac{d}{2}\right)^2}\right)\hat{\mathbf{x}}$$

$$+ \frac{I}{2\pi}\left(\frac{x}{x^2 + \left(y - \frac{d}{2}\right)^2} - \frac{x}{x^2 + \left(y + \frac{d}{2}\right)^2}\right)\hat{\mathbf{y}}$$

b) Le champ magnétique entre les conducteurs (plan $x = 0$) est :

$$H_x = \frac{I}{2\pi}\left(\frac{1}{y + \frac{d}{2}} - \frac{1}{y - \frac{d}{2}}\right)$$

$$H_y = 0$$

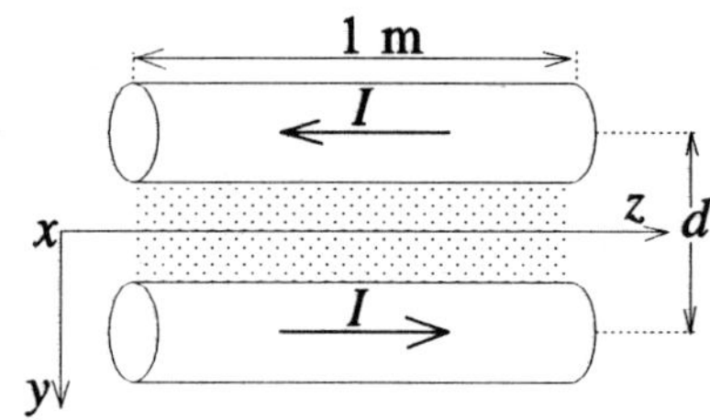

Figure 4.13

Les lignes du flux magnétique interceptent la surface entre deux conducteurs montrés à la figure 4.13. Le flux à travers cette surface pour une longueur d'un mètre du câble est :

$$\psi_m = \int_0^1 \int_{-\left(\frac{d}{2} - a\right)}^{\left(\frac{d}{2} - a\right)} \mu_0 H_x \, dy \, dz = \frac{\mu_0 I}{2\pi}\left[\ln\left(y + \frac{d}{2}\right) - \ln\left(y - \frac{d}{2}\right)\right]_{-\left(\frac{d}{2} - a\right)}^{\left(\frac{d}{2} - a\right)}$$

$$\psi_m = \frac{\mu_0 I}{2\pi}\left(2 \ln \frac{d - a}{a}\right) = \frac{\mu_0 I}{\pi} \ln \frac{d - a}{a}$$

L'inductance de la ligne bifilaire est :

$$L = \frac{\psi_m}{I} = \frac{\mu_0}{\pi} \ln \frac{d - a}{a}$$

En pratique $a \ll d$, dans ce cas L peut être approximé par :

$$L \approx \frac{\mu_0}{\pi} \ln \frac{d}{a}$$

c) La force magnétique qui agit sur les deux conducteurs de longueur l = 1m peut être calculée avec l'équation 4.15 :

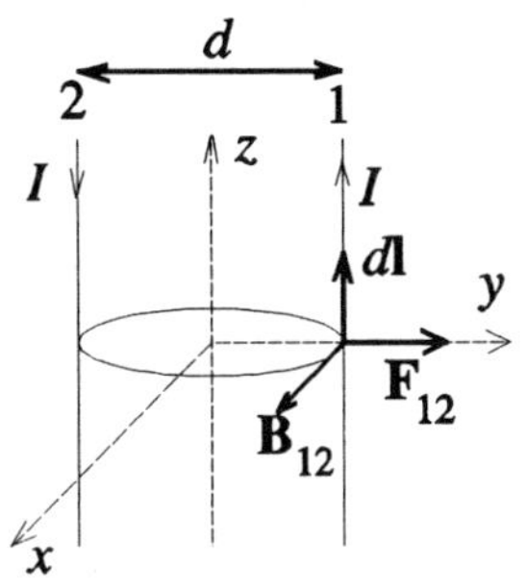

Figure 4.14

$$\mathbf{F}_{12} = \int_0^1 I \, d\mathbf{l} \times \mathbf{B}_{12}$$

où $\mathbf{F}_{12}$ est la force qui s'exerce sur le conducteur 1 produite par le courant du conducteur 2 et $\mathbf{B}_{12}$ est la densité du champ magnétique à l'endroit du conducteur 1 produite par le courant du conducteur 2. D'après (a), on a :

$$\mathbf{B}_{12} = \frac{\mu_0 I}{2\pi d} \hat{\boldsymbol{\phi}}$$

d'où

$$\mathbf{F}_{12} = I^2 \left(\frac{\mu_0}{2\pi d} \right) \hat{\boldsymbol{\rho}} = I^2 \frac{\mu_0}{2\pi d} \hat{\mathbf{y}}$$

La force magnétique qui agit sur le conducteur 2 est :

$$\mathbf{F}_{21} = -\mathbf{F}_{12} = -I^2 \frac{\mu_0}{2\pi d} \hat{\mathbf{y}}$$

4.7 INDUCTANCE INTERNE D'UN FIL CONDUCTEUR (inductance)

Énoncé

Soit un fil électrique cylindrique ayant une perméabilité μ_0 et un rayon a. Calculer l'inductance interne du fil par unité de longueur en considérant que la densité de courant $\mathbf{J}$ est uniforme.

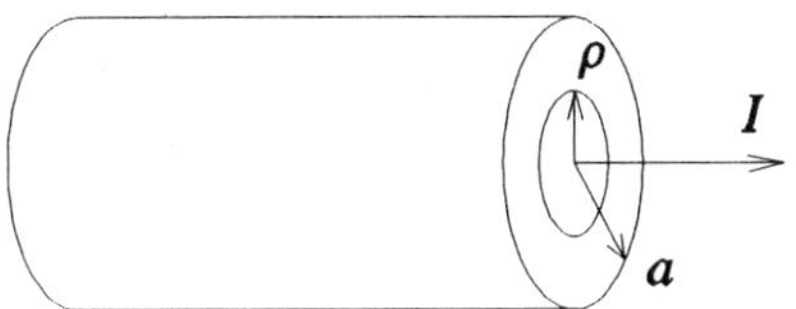

Figure 4.15

Solution

À l'intérieur du conducteur, on peut obtenir l'expression du champ magnétique en utilisant la loi d'Ampère (équat. 4.4) ainsi que les caractéristiques du champ magnétique déduites au problème 4.2 :

$$\oint \mathbf{H} \cdot d\mathbf{l} = H_\phi \, 2\pi\rho = I \frac{\pi\rho^2}{\pi a^2}$$

on obtient :

$$H_\phi = \frac{I\rho}{2\pi a^2} \qquad \text{pour} \quad \rho < a$$

Ici, on doit utiliser l'équation 4.23 pour trouver l'inductance. L'énergie magnétique emmagasinée dans un fil de longueur z et de rayon a est :

$$W_m = \frac{1}{2}\int_V \mu_0 H^2 dv = \frac{1}{2}\int_0^z \int_0^{2\pi} \int_0^a \mu_0 \left(\frac{I\rho}{2\pi a^2}\right)^2 \rho\, d\rho\, d\phi\, dz$$

Nous obtenons :

$$W_m = \frac{z\,\mu_0 I^2}{16\pi}$$

L'inductance interne du fil par unité de longueur peut être calculée à l'aide de l'équation 4.25 :

$$L = \frac{2W_m}{I^2} \quad \Rightarrow \quad \frac{L}{z} = \frac{\mu_0}{8\pi}$$

4.8 HAUT-PARLEUR (force magnétique)

Énoncé

Un haut-parleur est constitué d'un aimant permanent (entrefer à deux pôles) dans lequel s'insère un cylindre de rayon R ayant à sa surface une bobine où circule un courant I. Ce cylindre est attaché à un cône mobile (fig. 4.16). La force variable exercée sur ce cône le fait vibrer, ce qui émet des ondes sonores.

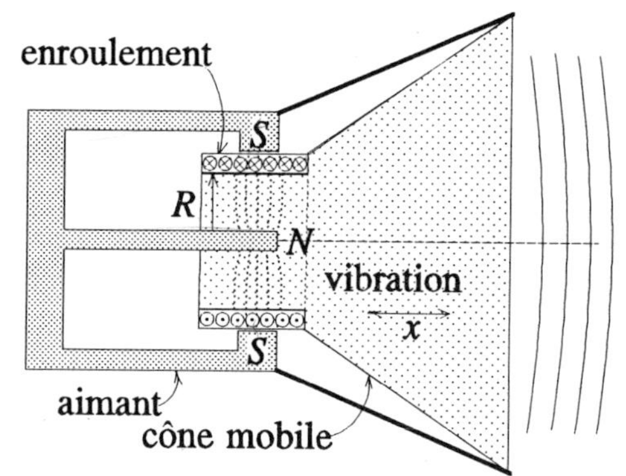

Figure 4.16

a) Quelle est l'expression de la force **F** qui agit sur le cône si on considère que la densité **B** du champ magnétique est constante dans l'entrefer et nulle à l'extérieur de l'entrefer, et que N tours de la bobine sont toujours présents dans l'entrefer?
b) Si on suppose que le déplacement x est proportionnel à la force ($\mathbf{F} = k\mathbf{x}$ où k est une constante qui caractérise l'élasticité du cône), que le courant est $I = I_0 \cos(\omega t)$ et que l'on néglige les forces d'accélération et de viscosité, quel est l'expression du déplacement?

Solution

a) La force qui agit sur le cône est d'origine magnétique. Le vecteur champ magnétique est orienté du pôle nord au pôle sud de l'aimant. Selon le sens de l'enroulement illustré ci-dessus (fig. 4.16), on peut déduire que la force tend à éjecter le cône. À l'aide de l'équation 4.15, nous obtenons :

$$\mathbf{F} = \int I_{\text{total}}\, d\mathbf{l} \times \mathbf{B} = \int_{\phi=0}^{2\pi} NIB\ (Rd\phi)\ \hat{\mathbf{z}} = NIB\ 2\pi R\ \hat{\mathbf{z}}$$

b) Le déplacement est proportionnel à la force :

$$x(t) = \frac{|\mathbf{F}|}{\mathbf{k}} = \frac{2\pi RNBI_0}{k} \cos\omega t$$

4.9 CANON MAGNÉTIQUE (force magnétique)

Énoncé

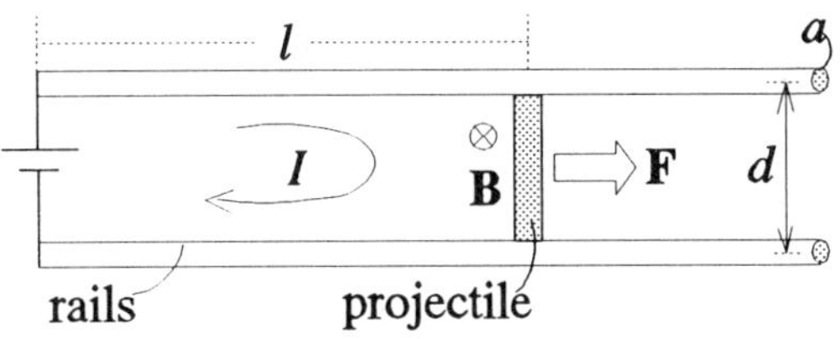

Figure 4.17

Des chercheurs du Massachusetts Institute of Technology ont mis au point différents prototypes de canons magnétiques destinés à projeter sur orbite lunaire des minerais extraits de la surface de la lune! Un de ces prototypes est constitué de deux rails cylindriques de rayon a dont les centres sont séparés d'une distance d et entre lesquels une différence de potentiel est appliquée. Le projectile qui peut glisser entre les rails produit un court-circuit entre ceux-ci. Le courant I qui circule dans les rails et le projectile génère un champ magnétique **B** qui produit une force **F** sur le projectile. Donner l'expression de la force **F** produite par le courant I ainsi que sa valeur numérique si $a = 2$ mm, $d = 10$ cm et $I = 1\ 000$ A? Considérer que $l \gg d$.

Solution

Déterminons tout d'abord quelle est la densité de flux magnétique tout au long du projectile. Pour un fil infini transportant un courant I, l'application de la loi d'Ampère sur un parcours d'intégration à rayon ρ constant permet d'obtenir :

$$B_\phi = \frac{\mu_0 I}{2\pi\rho}$$

La contribution au champ magnétique du courant circulant dans la partie du rail s'étendant du projectile à l'infini (puisque $l \gg d$) est moitié moindre. Finalement, la densité du flux magnétique produit par le courant circulant sur les deux rails est obtenue par superposition des champs B_0 et B_d produits par les courants circulant à $x = 0$ et $x = d$ respectivement :

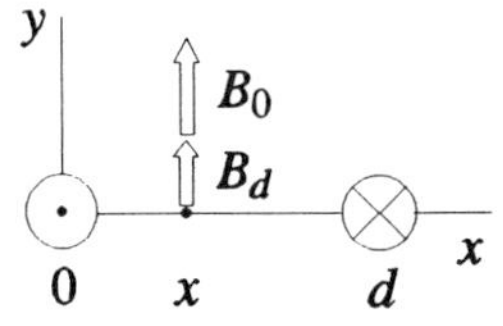

Figure 4.18

$$B_y = \frac{\mu_0 I}{4\pi}\left(\frac{1}{x} + \frac{1}{d-x}\right)$$

La force **F** sur le projectile est obtenue en intégrant :

$$\mathbf{F} = \int_{x=a}^{d-a} I\, d\mathbf{x} \times \mathbf{B} = \int_{x=a}^{d-a} I\, dx\, B_y\, \hat{\mathbf{z}} = \frac{\mu_0 I^2}{4\pi} \int_{x=a}^{d-a} \left(\frac{1}{x} + \frac{1}{d-x}\right) dx\, \hat{\mathbf{z}}$$

D'où nous obtenons :

$$F_z = \frac{\mu_0 I^2}{4\pi} \left[\ln\left(\frac{x}{d-x}\right)\right]_a^{d-a} = \frac{\mu_0 I^2}{2\pi} \ln\left(\frac{d-a}{a}\right) = 0{,}78 \text{ N}$$

4.10 TOROÏDE À DEUX MILIEUX (Ampère, inductance, matériaux)

Énoncé

Quelle est l'inductance d'une bobine toroïdale dont une moitié est illustrée ci-contre (fig. 4.19)? Cette bobine est formée de 500 tours de fil enroulés autour de deux rondelles concentriques de ferrite ayant une conductivité négligeable et des perméabilités relatives $\mu_{r1} = 100$ et $\mu_{r2} = 200$. Les dimensions sont les suivantes : rayon intérieur de la première rondelle $a = 5$ mm, rayon extérieur de la première rondelle $b = 10$ mm, rayon extérieur de la seconde rondelle $c = 15$ mm, hauteur $h = 10$ mm.

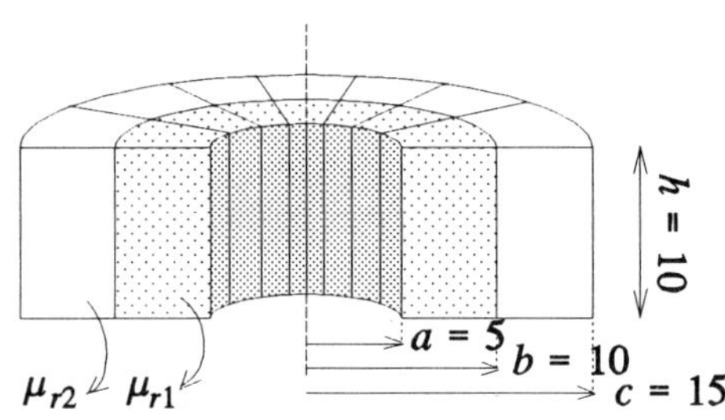

Figure 4.19

Solution

En utilisant la loi d'Ampère (équat. 4.4) sur un parcours circulaire passant dans la bobine, on peut déterminer la densité de flux magnétique. Sachant que le champ magnétique est tangent à ce parcours, la résolution est simple (probl. 4.3) :

$$\oint \mathbf{H} \cdot d\mathbf{l} = NI \quad \Rightarrow \quad H_\phi 2\pi\rho = NI \quad \Rightarrow \quad B_\phi = \frac{\mu NI}{2\pi\rho}$$

Selon l'équation 4.24, l'inductance se définit comme suit :

$$L = \frac{N\,\psi_m}{I} = \frac{N}{I} \int_S \mathbf{B} \cdot ds$$

Ici, on doit tenir compte des flux ψ_1 et ψ_2 qui traverse chacun des deux noyaux :

$$L = \frac{(\psi_1 + \psi_2)}{I} N = \frac{N}{I} \left[\int_0^h \int_a^b \frac{\mu_1 NI\, d\rho\, dz}{2\pi\rho} + \int_o^h \int_b^c \frac{\mu_2 NI\, d\rho\, dz}{2\pi\rho}\right]$$

donc,

$$L = \frac{N^2 h\, \mu_0}{2\pi} \left(\mu_{r1} \ln\frac{b}{a} + \mu_{r2} \ln\frac{c}{b}\right)$$

Application numérique :

$$L = 75{,}2 \text{ mH}$$

4.11 ÉLECTROAIMANT (réluctance, conditions aux frontières)

Énoncé

Un matériau ferromagnétique de perméabilité relative $\mu_r = 800$ a un rayon moyen $R = 95$ mm et une section de surface $S = 1\,000 \text{ mm}^2$. La densité du flux magnétique **B** dans l'entrefer de 2 mm est de 1 Tesla. Ce flux magnétique est dû à un courant I circulant dans un enroulement de N spires autour de l'anneau. On considère que tout le flux magnétique produit par la bobine est concentré dans l'anneau et l'entrefer (pas de fuite) et que la densité de flux magnétique est uniforme dans l'anneau et dans l'entrefer (on néglige les effets de bords).

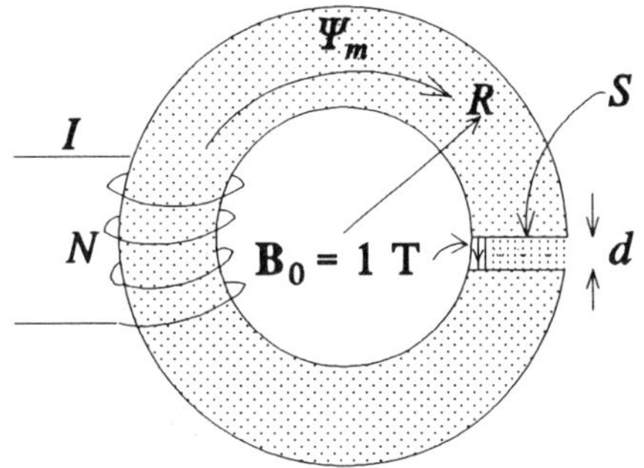

Figure 4.20

a) Calculer la force magnétomotrice (potentiel magnétique) $V_m = NI$ associée à ce circuit magnétique en utilisant la notion de réluctance.
b) Retrouver le même résultat en utilisant la loi d'Ampère et les conditions aux frontières.

Solution

a) Le schéma électrique associé à ce circuit magnétique est représenté ci-contre (fig. 4.21) où $\Re_0$ et $\Re_1$ sont respectivement les réluctances de l'entrefer et de l'anneau magnétique. Le calcul de ces deux réluctances se fait en utilisant l'équation 4.21 :

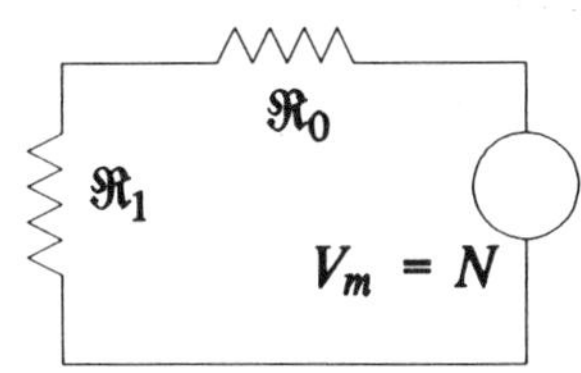

Figure 4.21

$$\Re_1 = \frac{l}{\mu S} = \frac{2\pi R - 2 \text{ mm}}{800 \times 4\pi 10^{-7} \times 1\,000 \text{ mm}^2} \approx 0{,}6 \times 10^6 \cdot \text{H}^{-1}$$

et

$$\Re_0 = \frac{l}{\mu_0 S} = \frac{2 \text{ mm}}{4\pi 10^{-7} \times 1\,000 \text{ mm}^2} \approx 1{,}6 \times 10^6 \cdot \text{H}^{-1}$$

Sachant que le flux est concentré dans l'anneau, que l'on néglige les effets de bords et que **B** est uniforme dans l'entrefer, le calcul du flux est immédiat.

$$\psi_m = \int_S \mathbf{B} \cdot d\mathbf{s} = BS = 1 \text{ Wb/m}^2 \times 10^{-3}\text{m}^2 = 10^{-3} \text{ Wb}$$

La loi d'Ohm, appliquée au circuit électrique associé au circuit magnétique, permet de calculer la force magnétomotrice $V_m = NI$:

$$V_m = NI = (\Re_0 + \Re_1)\psi_m = (0{,}6 + 1{,}6)10^6 \times 10^{-3} = 2\,200 \text{ A} \cdot \text{tours}$$

b) La loi d'Ampère appliquée à ce circuit magnétique permet d'obtenir (**H** a seulement une composante en H_ϕ, problème 4.3) :

$$\oint \mathbf{H} \cdot d\mathbf{l} = H_{1\phi}(2\pi R - 2 \text{ mm}) + H_{0\phi}(2 \text{ mm}) = NI = V_m$$

H_0 dans l'entrefer peut être calculé facilement :

$$H_0 = \frac{B_0}{\mu_0} = \frac{1T}{\mu_0}$$

La valeur de H_l dans le matériau peut être trouvée en utilisant la continuité de la composante normale du vecteur densité du flux magnétique $\boldsymbol{B}$ (équat. 4.17) :

$$B_{1\phi} = B_{0\phi} \quad \Rightarrow \quad H_{1\phi} = \frac{\mu_0 H_{0\phi}}{\mu_1} = \frac{B_{0\phi}}{\mu_1}$$

Ce qui permet de calculer V_m :

$$V_m = NI = \frac{B_0}{\mu_1}(2\pi R - 2 \text{ mm}) + \frac{B_0}{\mu_0}(2 \text{ mm})$$

$$V_m = NI = \frac{1T}{800 \times 4\pi\ 10^{-7}}(0{,}6) + \frac{1T}{4\pi\ 10^{-7}}(2 \text{ mm}) = 2\,200 \text{ A} \cdot \text{tours}$$

4.12 NOYAU DE TRANSFORMATEUR (réluctance, circuit magnétique)

Énoncé

Le circuit magnétique illustré ci-contre (fig. 4.22) possède un seul enroulement ($N = 100$, $I = 10$ A). Le matériau ferromagnétique a une perméabilité relative $\mu_r = 1\ 000$. Les dimensions sont indiquées sur la figure. Calculer le flux magnétique à travers la partie centrale du système (entre a et b). On considère que le flux est concentré dans le système (pas de fuite), que la densité de flux magnétique est uniforme dans chacune des sections et on néglige les effets de bords autour de l'entrefer.

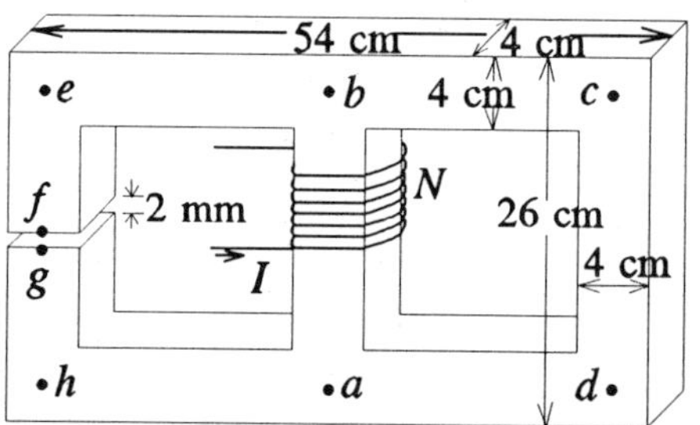

Figure 4.22

Solution

Le schéma du circuit électrique associé au circuit magnétique est :

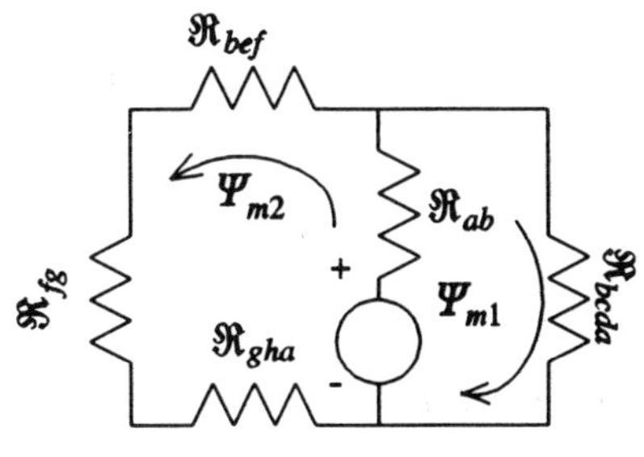

Figure 4.23

Calcul des réluctances : les longueurs moyennes sont considérées lors du calcul des réluctances (équat. 4.21) :

$$\Re_{ab} = \frac{l_{ab}}{\mu S} = \frac{0{,}22}{1\,000 \times 4\pi\ 10^{-7} \times 0{,}04^2} = 109\ 419\ \text{H}^{-1}$$

$$\Re_{bcda} = \frac{0{,}25 + 0{,}22 + 0{,}25}{1\,000 \times 4\pi 10^{-7} \times 0{,}04^2} = 358\ 099\ \text{H}^{-1}$$

$$\Re_{bef} = \Re_{gha} = \frac{1}{2}\Re_{bcda} = 179\ 049\ \text{H}^{-1}$$

et

$$\Re_{fg} = \frac{0{,}002}{4\pi\ 10^{-7} \times 0{,}04^2} = 994\ 718\ \text{H}^{-1}$$

Le schéma du circuit électrique associé au circuit magnétique peut être représenté de la façon suivante :

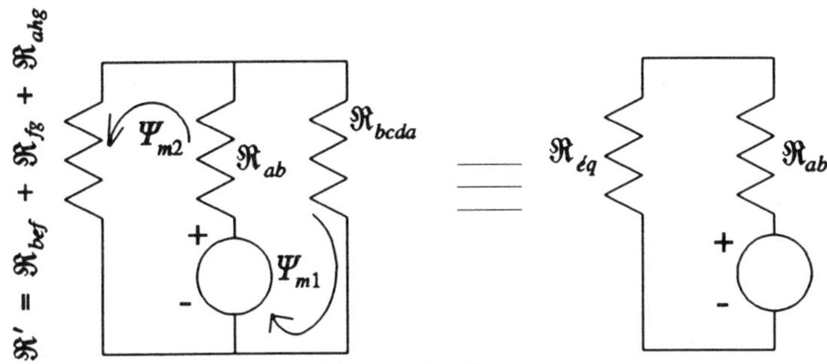

Figure 4.24

La réluctance $\Re_{éq}$ peut être calculée de la façon suivante :

$$\Re_{éq} = \Re' \| \Re_{bcda} = \frac{\Re' \times \Re_{bcda}}{\Re' + \Re_{bcda}} = \frac{\Re_{bcda}\left(\Re_{bef} + \Re_{fg} + \Re_{gha}\right)}{\Re_{bcda} + \Re_{bef} + \Re_{fg} + \Re_{gha}}$$

$$\Re_{éq} = 283\ 148\ \text{H}^{-1}$$

À partir du circuit électrique final, il est facile de calculer le flux total qui circule dans la partie centrale (a, b) du circuit (fig. 4.24).

$$\psi_m = \psi_{m1} + \psi_{m2} = \frac{NI}{\Re_{ab} + \Re_{éq}} = \frac{100 \times 10}{109\ 419 + 283\ 148} \approx 2{,}54 \times 10^{-3}\ \text{Wb}$$

La loi des mailles aurait pu aussi être utilisée pour déterminer les deux flux ψ_{m1} et ψ_{m2} et par conséquent le flux ψ_m qui passe dans la partie centrale du circuit.

4.13 ENTREFER (réluctance, technique graphique)

Énoncé

Un électroaimant est constitué d'une bobine enroulée autour d'une armature ayant une perméabilité très élevée. Cette armature possède un entrefer à cavité cylindrique (fig. 4.24). Appliquer la technique graphique énoncée au chapitre 2 pour trouver la réluctance de l'entrefer. La profondeur de l'armature est de 5 mm et il y a de l'air dans l'entrefer.

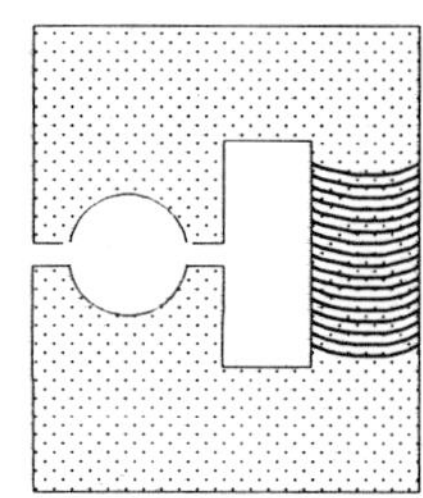

Figure 4.24

Solution

En absence de courant, les problèmes de détermination de champs magnétostatiques sont analogues aux problèmes de détermination de champs électrostatiques. Les lignes de flux magnétique remplacent les lignes de flux électrique et les lignes de potentiel magnétique remplacent les lignes équipotentielles électriques. Ces lignes s'interceptent à angle droit. À l'interface entre un milieu très perméable comme l'acier et un milieu très peu perméable comme l'air, les lignes de flux magnétique sont presque perpendiculaires à cette surface. Finalement, la réluctance $\Re$ est calculée d'une manière semblable à la résistance :

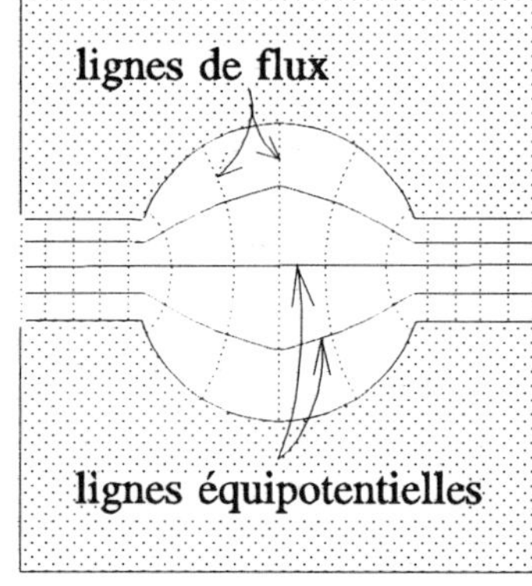

Figure 4.25

$$\Re = \frac{N_s}{N_p \mu d}$$

où N_s est le nombre de carrés curvilinéaires en série entre les lignes équipotentielles extérieures, N_p est le nombre de carrés en parallèle, μ est la perméabilité et d est la profondeur.

Ici, on débute l'esquisse en traçant des lignes équipotentielles équidistantes dans les parties les plus rapprochées de l'entrefer. La réluctance est :

$$\Re = \frac{4}{14 \times 4\pi \cdot 10^{-7} \times 5 \cdot 10^{-3}} = 45 \cdot 10^6\ \text{H}^{-1}$$

4.14 DENSITÉ DE COURANT NON UNIFORME

Énoncé

Dans un milieu qui a la même perméabilité que le vide et où la densité de charges n'est pas fonction du temps, il existe une densité de courant **J** telle qu'en coordonnées cylindriques on ait $J_\phi = 0$ et :

$$J_z = \frac{6}{\left[\pi\left(1+\rho^2\right)\left(1+z^2\right)\right]} \text{ A/m}^2$$

a) Trouver l'expression de la composante $\mathbf{J}_\rho$.
b) Trouver l'expression de l'induction magnétique $\mathbf{B}_\phi$.

4.15 DENSITÉ COAXIALE À DEUX MILIEUX

Énoncé

Soit deux cylindres métalliques coaxiaux de longueur l et ayant respectivement des rayons a et b. L'espace entre ces deux cylindres est rempli par deux matériaux ferromagnétiques ayant des perméabilités μ_a $(a < \rho < R)$ et μ_b $(R < \rho < b)$. Des courants de signes opposés circulent dans le conducteur interne et le conducteur externe.

a) Calculer le champ magnétique dans chaque milieu.
b) Calculer la force qui s'exerce sur chacune des deux moitiés du conducteur externe.
c) Calculer l'inductance de ce système.

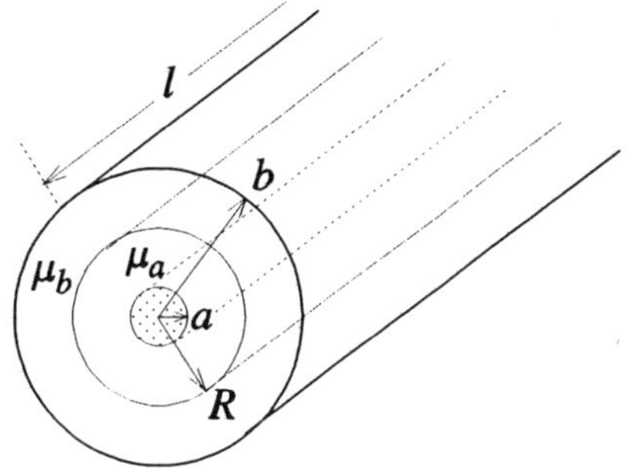

Figure 4.26

4.16 POTENTIEL MAGNÉTIQUE VECTORIEL

Énoncé

Dans un milieu ayant la perméabilité du vide, une densité de courant **J** circule. Cette densité s'exprime en coordonnées sphériques par :

$$J_\phi = \frac{(30r\ \sin\theta)}{\mu_0}, \quad J_\theta = 0 \quad \text{et} \quad J_r = 0$$

pour l'espace $0 \leq r \leq 5$. La perméabilité est partout celle du vide. Trouver l'expression du potentiel magnétique vectoriel **A** pour $r \leq 5$, sous condition $\mathbf{A} = 0$ à $r = 0$ et $r = 5$. Trouver aussi les expressions des composantes du champ magnétique **B** pour $r < 5$. (Suggestion : essayer une fonction de la forme $(Cr^n + Kr)\sin\theta$, où C, n et K sont des constantes.)

4.17 ORIENTATION D'UN SATELLITE DE COMMUNICATION (couple)

Énoncé

Les satellites de communication en orbite autour de la terre nécessitent parfois une correction de leur position pour couvrir de façon optimale la surface de la terre à desservir. Ceci peut peut-être effectué en faisant circuler un courant dans un enroulement embobiné autour du corps du satellite. Soit un satellite tel qu'illustré ci-contre (fig. 4.27), ayant un rayon de 1,14 m et un enroulement de 1 000 tours à sa surface. Sachant que la densité du flux magnétique terrestre **B** est de $4 \times 10^{-5} T$ et fait un angle de 5° par rapport à l'axe du satellite, calculer le courant nécessaire pour produire un couple $\tau = 10^{-3}$ Nm pour repositionner le satellite.

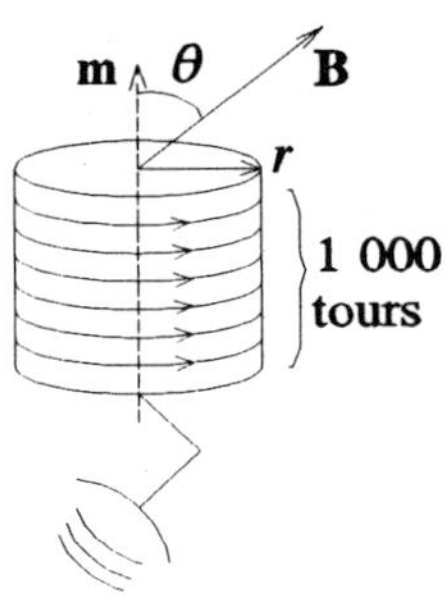

Figure 4.27

4.18 RELAIS

Énoncé

Lorsqu'un courant est appliqué à la bobine d'un relais, le champ magnétique produit par ce courant attire la lame du relais et celle-ci actionne alors un interrupteur. Pour le relais illustré ci-contre (fig. 4.28), l'armature en «C» du relais a une perméabilité relative de 500, la lame du relais a une perméabilité relative de 200, la bobine comporte 2 000 tours et les dimensions sont les suivantes : $a = 1$ cm, $b = 5$ mm et $x = 4$ mm.

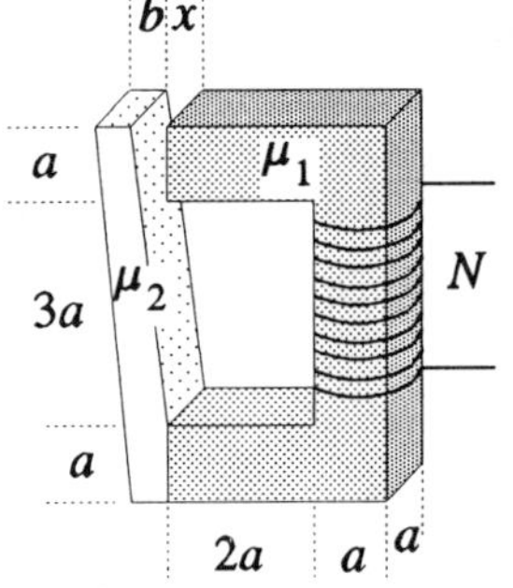

Figure 4.28

a) Quelle est la valeur de la réluctance $\mathfrak{R}$ du circuit magnétique du relais? On considère que les fuites de flux et les effets de bords sont négligeables.
b) Quelle est la valeur de l'inductance L de la bobine?
c) Quelle est l'intensité de la force **F** qui attire la lame lorsqu'un courant $I = 2$ A circule dans la bobine? (Utiliser le concept de travail virtuel en calculant la différence d'énergie magnétique contenue dans le système lorsque la lame se rapproche de l'armature d'une distance δx, on suppose que le flux magnétique circulant dans le relais demeure constant au cours de ce déplacement δx.)

4.19 GALVANOMÈTRE

Énoncé

L'aiguille d'un galvanomètre est reliée à une bobine comportant 50 tours enroulés autour d'un cadre carré ayant des côtés de 5 mm × 5 mm. Ce cadre peut pivoter à l'intérieur de l'entrefer d'une armature de perméabilité relative $\mu_r = 500$ dont les dimensions sont indiquées sur la figure 4.29a. Un aimant ayant une longueur de 2 cm et produisant un potentiel magnétique scalaire de 100 A·tour est inséré dans la partie inférieure de l'armature tandis qu'un noyau cylindrique de perméabilité relative $\mu_r = 500$ est placé dans l'entrefer. À cause de ce noyau, le champ magnétique est orienté dans une direction radiale par rapport à l'axe du cadre et il a une densité de flux qui est constante dans une section de 90° à gauche ou à droite du noyau et qui est nulle dans une section de 90° en haut ou en bas du noyau (fig. 4.29b). L'espace dans l'entrefer où peut pivoter le cadre a une largeur de 0,5 mm. Les fuites de flux magnétique sont négligeables.

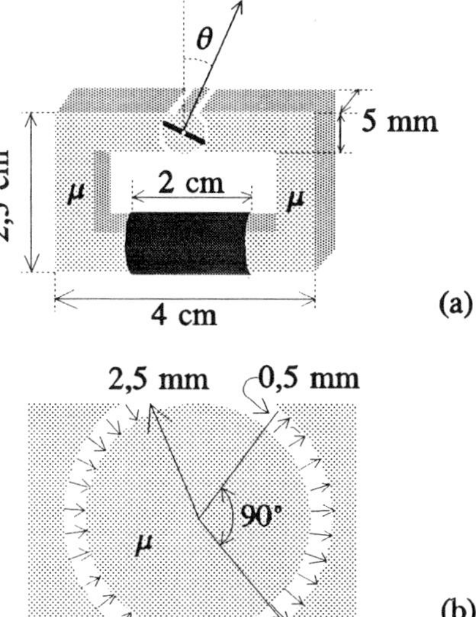

Figure 4.29

a) Quelle est la valeur du flux magnétique ψ_m dans l'armature?
b) Quelle est la valeur de la densité de flux magnétique dans l'entrefer?
c) Un ressort en spirale ayant une constante de rappel de couple $k = 2 \times 10^{-8}$ N·m/ degré est relié au cadre. De quel angle θ le cadre pivote-t-il lorsqu'un courant de 5 mA circule dans la bobine?

4.20 CONDUCTEUR À CAVITÉ (Ampère, superposition)

Énoncé

Une densité de courant uniforme $\mathbf{J} = J_0\,\hat{\mathbf{z}}$ circule le long d'un conducteur cylindrique de rayon b qui comporte toutefois une cavité cylindrique de rayon a dont le centre est situé à une distance s de l'axe du cylindre principal. Calculer le champ magnétique $\mathbf{H}$ à l'intérieur de la cavité cylindrique et montrer qu'il est uniforme.

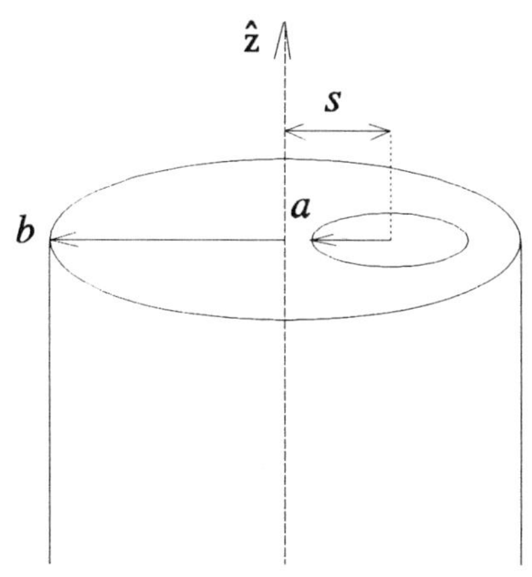

Figure 4.30

4.21 MOTEUR

Énoncé

Un moteur qui est constitué d'un stator et d'un rotor ayant la même perméabilité relative $\mu_r = 500$, possède les dimensions indiquées sur la figure ci-contre (fig. 4.31). Les profondeurs du stator et du rotor sont égales à $2a$ ($a = 3$ cm), le rayon du rotor est égal à a et un entrefer ayant une épaisseur $b = 2$ mm sépare la surface du rotor de celle du stator. Deux bobines comportant chacune $N = 200$ tours et traversées par le même courant $I = 5$ A entourent les deux côtés de la branche centrale du stator. Dans l'entrefer, le champ magnétique est orienté dans une direction radiale et il a une densité de flux qui est constante dans les sections de 90° à gauche ou à droite du rotor et qui est nulle dans les sections de 90° en haut ou en bas. Les fuites de flux magnétique sont négligeables.

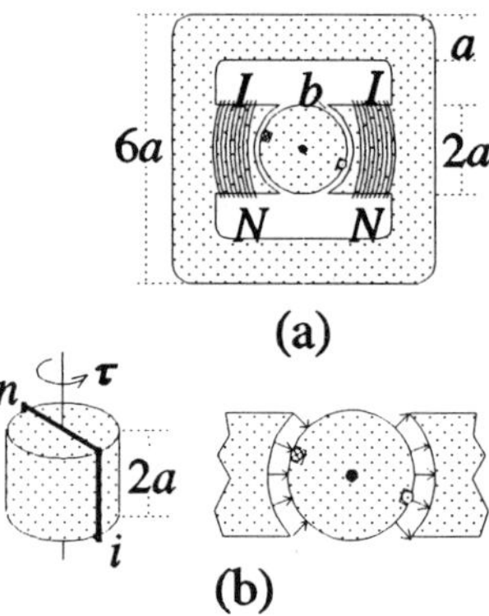

Figure 4.31

a) Quelle est la réluctance totale telle que vue par les bobines du stator?
b) Quelle est la valeur de la densité de flux magnétique dans l'entrefer?
c) Lorsqu'un courant $i = 1$ A circule dans une bobine comportant $n = 50$ tours enroulée autour du rotor qui a l'orientation illustrée sur la figure, quel est le couple qui s'exerce sur le rotor?

4.22 TRANSFORMATEUR POUR SOUDURE À L'ARC

Énoncé

Un transformateur pour la soudure à l'arc doit avoir une impédance de sortie élevée. On l'obtient en créant une fuite de flux magnétique entre le primaire et le secondaire. Le transformateur illustré ci-contre (fig. 4.32) est constitué d'un alliage ayant une perméabilité relative égale à 600. Le nombre de tours du primaire est $N_1 = 200$, celui du secondaire est $N_2 = 100$ et $a = 4$ cm. Un courant ayant une amplitude $I_1 = 20$ A circule dans le primaire.

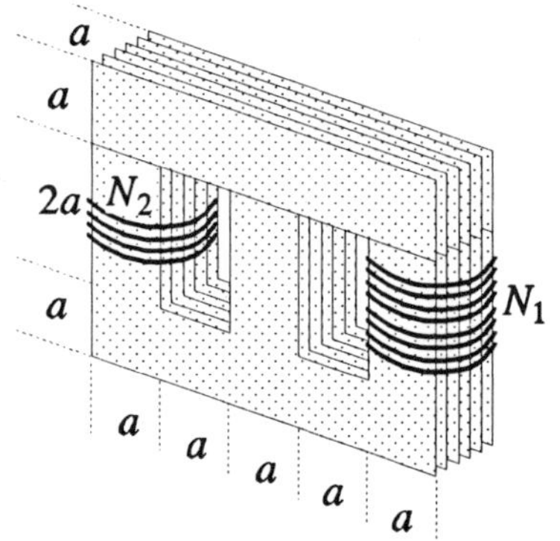

Figure 4.32

a) Quelles sont les valeurs des amplitudes des flux magnétiques ψ_{m1} et ψ_{m2} qui traversent les bobines du primaire et du secondaire respectivement?
b) Calculer l'inductance L_1 de la bobine du primaire et l'inductance mutuelle M_{12} entre le secondaire et le primaire.

4.23 TRANSFORMATEUR DE BLOC D'ALIMENTATION

Énoncé

L'armature d'un transformateur est constituée de plaques d'acier laminé. Les bobines du primaire et du secondaire comportent N_1 et N_2 tours respectivement et sont enroulées autour de la branche centrale de plaques ayant la forme d'un «E» (fig. 4.33a). Ces plaques sont séparées d'autres plaques ayant la forme d'un «I» par l'épaisseur d d'une couche de vernis. La perméabilité de l'acier se comporte d'une manière linéaire jusqu'à une intensité du champ magnétique H_m pour laquelle la densité de flux magnétique est B_m (fig. 4.34b). Pour les valeurs : a = 1 cm, d = 0,2 mm, N_1 = 1 000 tours, N_2 = 100 tours, H_m = 1 000 A/m, B_m = 1,256 T :

a) Quelle est la valeur de la réluctance totale $\Re$ de l'armature telle que vue par les bobines?
b) Quelles sont les valeurs des inductances L_1 et L_2 du primaire et du secondaire ainsi que celle de l'inductance mutuelle M_{12}?

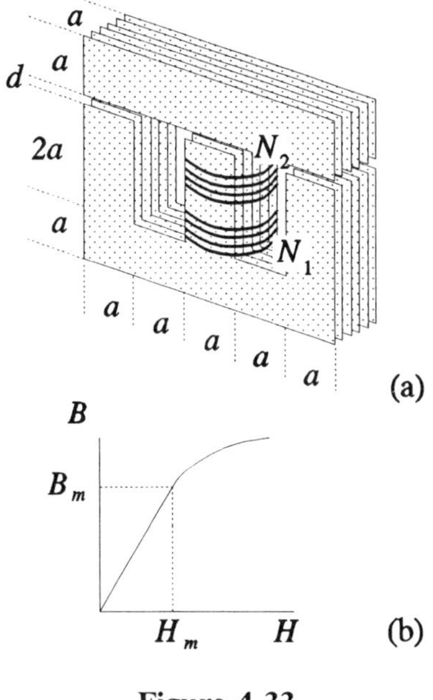

Figure 4.33

4.24 TOROÏDE

Énoncé

Un toroïde de rayon moyen R et de section circulaire de rayon a ($a \ll R$) est formé de deux moitiés de ferrite de perméabilité μ et de faible conductivité σ. Ces deux moitiés sont réunies par une couche de colle d'épaisseur d ($d \ll R$) et de perméabilité μ_0. Le toroïde est entouré de N tours de fil réparti uniformément et parcouru par un courant I. Comme $a \ll R$, la densité de flux magnétique est uniforme à l'intérieur du toroïde.

a) Quelle est la réluctance totale $\Re$ du toroïde? Quel est le flux magnétique ψ_m circulant dans le toroïde?
b) Quelle est la densité du flux magnétique **B** dans le toroïde?

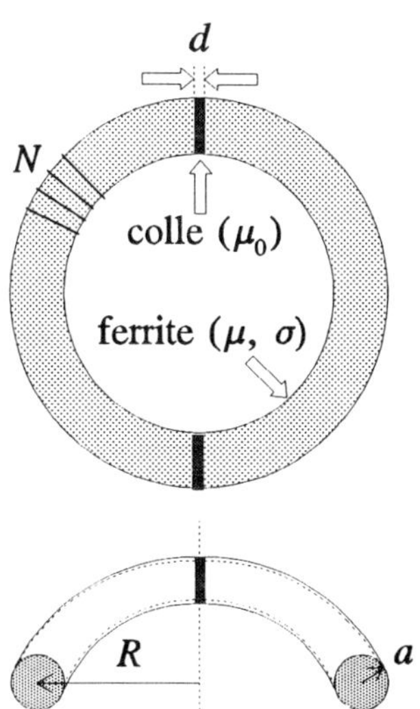

Figure 4.34

CHAPITRE 5

Champs électromagnétiques dynamiques

Dans les chapitres précédents, nous avons travaillé avec des champs électriques et magnétiques statiques, c'est à dire qu'il n'y avait pas de variation dans le temps. Dans ce chapitre, nous présenterons les lois et les relations importantes qui régissent les champs électromagnétiques dynamiques. Ceci nous amènera à énoncer les quatre équations de Maxwell sous leur forme la plus générale. Ces équations régissent les ondes électromagnétiques des rayons X (longueur d'onde $\lambda \simeq 10^{-12}$m) jusqu'aux ondes longues ($\lambda \simeq 10^{4}$m) en passant par la lumière visible ($\lambda \simeq 0{,}4$ - $0{,}8 \times 10^{-6}$m). Il est intéressant de noter que presque toutes les technologies modernes telles que l'optoélectronique (laser, fibres optiques), l'électronique (transistors, diodes), les communications (antennes, propagation), l'informatique (réseaux, interférences), l'électrotechnique (machines électromécaniques, transport d'énergie électrique) reposent sur les équations de Maxwell.

Les ingénieurs qui développent des dispositifs avec une technologie donnée utilisent des hypothèses appropriées à cette technologie. Par exemple, les ingénieurs qui développent des dispositifs optiques considèrent que les dimensions physiques de ces dispositifs sont infiniment grandes par rapport à la longueur d'onde des signaux optiques; les ingénieurs qui développent des dispositifs pour les communications spatiales (coupleurs, filtres) considèrent que les dimensions physiques des circuits sont comparables à la longueur d'onde. À de telles fréquences (3-30 GHz) les éléments constituant les circuits électriques (R, L, C) ne sont plus des éléments localisés, mais plutôt des éléments distribués. Par contre, les ingénieurs qui développent des machines électromécaniques (moteurs, transformateurs) considèrent généralement que les dimensions physiques des circuits sont négligeables devant la longueur d'onde associée à la fréquence du secteur (f = 60 Hz).

Rappel théorique

Loi de Faraday. Un circuit électrique placé dans un champ magnétique aura une force électromotrice (*fem*, V) à ses bornes donnée par :

$$fem = \oint_C \mathbf{E} \cdot d\mathbf{l} = -\frac{d\psi_m}{dt} = -\frac{d}{dt}\int_s \mathbf{B} \cdot d\mathbf{s} \tag{5.1}$$

où ψ_m est le flux magnétique qui traverse la surface délimitée par le circuit électrique. **E** est le champ électrique associé à cette *fem*. La variation du flux dans le temps peut être due à la variation de la densité du flux magnétique (comme dans un transformateur par exemple), ou à la variation de la surface traversée par le flux magnétique (comme dans un générateur), ou bien à une combinaison des deux effets :

$$fem = \oint_C \mathbf{E} \cdot d\mathbf{l} = \oint_C (\mathbf{v} \times \mathbf{B})\, d\mathbf{l} - \int_s \frac{\partial \mathbf{B}}{\partial t} \cdot ds \tag{5.2}$$

où **v** est la vitesse d'un élément d'une boucle conductrice C entourant une surface S dont la valeur change avec le temps. On note que la valeur de la force électromotrice induite est multipliée par le nombre de spires du circuit (N).

Troisième équation de Maxwell. Dans le cas où le circuit électrique est stationnaire ($\mathbf{v} = 0$), l'application du théorème de Stokes (4.6) à la formule (5.2) permet de déduire la troisième équation de Maxwell sous forme différentielle.

$$\nabla \times \mathbf{E} = -\frac{\partial \mathbf{B}}{\partial t} \tag{5.3}$$

Courant de déplacement. La densité du courant de déplacement résultant de la variation dans le temps du champ électrique en un point donné de l'espace est :

$$\mathbf{J}_\mathbf{D} = \frac{\partial \mathbf{D}}{\partial t} \tag{5.4}$$

Quatrième équation de Maxwell et théorème d'Ampère généralisé. L'application du théorème de Stokes (4.6) à la loi d'Ampère énoncée au chapitre 4 (4.4) en tenant compte du courant de déplacement (5.4) permet d'énoncer la quatrième équation de Maxwell sous forme différentielle :

$$\nabla \times \mathbf{H} = \mathbf{J} + \frac{\partial \mathbf{D}}{\partial t} \tag{5.5}$$

où **J** est le courant de conduction défini à la formule (1.16). La forme intégrale de la quatrième équation de Maxwell permet d'énoncer la loi d'Ampère généralisée comme suit :

$$\oint_L \mathbf{H} \cdot d\mathbf{l} = \int_S \left(\mathbf{J} + \frac{\partial \mathbf{D}}{\partial t} \right) \cdot ds \tag{5.6}$$

où le parcours d'intégration L entoure la surface S.

Milieu linéaire, homogène et isotrope. Rappelons que dans un milieu linéaire, homogène et isotrope ayant une permittivité ϵ, une perméabilité μ et une conductivité σ, les grandeurs vectorielles électriques et magnétiques dues à certaines distributions de charges et de courants sont reliées par les relations suivantes :

$$\mathbf{J} = \sigma \mathbf{E}, \qquad \mathbf{B} = \mu \mathbf{H}, \qquad \mathbf{D} = \epsilon \mathbf{E}$$

Équations de Maxwell. La 3e et la 4e équation de Maxwell sont deux équations couplées : un champ électrique variable dans le temps crée un champ magnétique variable dans le temps et vice-versa.

	sous forme différentielle	sous forme intégrale
1re équation de Maxwell (Gauss)	$\nabla \cdot \mathbf{D} = \rho_v$ (1.7)	$\oint_S \mathbf{D} \cdot d\mathbf{s} = Q$ (1.5)
2e équation de Maxwell (flux magnétique solénoïdal)	$\nabla \cdot \mathbf{B} = 0$ (4.8)	$\oint_S \mathbf{B} \cdot d\mathbf{s} = 0$ (4.7)
3e équation de Maxwell (Faraday)	$\nabla \times \mathbf{E} = -\dfrac{\partial \mathbf{B}}{\partial t}$ (5.3)	$\oint \mathbf{E} \cdot d\mathbf{l} = -\dfrac{\partial}{\partial t} \int_s \mathbf{B} \cdot d\mathbf{s}$ (5.1)
4e équation de Maxwell (Ampère généralisé)	$\nabla \times \mathbf{H} = \mathbf{J} + \dfrac{\partial \mathbf{D}}{\partial t}$ (5.5)	$\oint_L \mathbf{H} \cdot d\mathbf{l} = \int_s \left(\mathbf{J} + \dfrac{\partial \mathbf{D}}{\partial t}\right) \cdot d\mathbf{s}$ (5.6)

Approximation quasi statique. Les équations de Maxwell montrent qu'une variation temporelle de champ magnétique (équat. 5.1, terme de droite) produit un champ électrique (équat. 5.1, terme de gauche) et qu'une variation temporelle de champ électrique (équat. 5.6, terme de droite) produit un champ magnétique (équat. 5.6, terme de gauche). L'approximation quasi statique consiste à négliger les courants de déplacement. Ces interactions donnent lieu à des phénomènes de propagation d'ondes électromagnétiques que l'on étudiera au chapitre suivant. L'approximation quasi statique est généralement valide lorsque les dimensions physiques du système à étudier sont faibles par rapport à la longueur d'onde dans ce système.

Potentiels retardés. Des distributions de charges $\rho_V(t)$ et de courants $\mathbf{J}(t)$ évaluées au point fixe $\mathbf{r}'$ et occupant un volume V', produisent à un instant donné t et à une position fixe $\mathbf{r}$ un potentiel électrique $V(t, r)$ et un potentiel vecteur magnétique $\mathbf{A}(t, r)$, tels que :

$$V(t,r) = \int_{V'} \frac{[\rho_v(t)]\, dv'}{4\pi\epsilon\, |\mathbf{r} - \mathbf{r}'|} \tag{5.7}$$

$$\mathbf{A}(t,r) = \int_{V'} \frac{\mu[\mathbf{J}(t)]\, dv'}{4\pi\, |\mathbf{r} - \mathbf{r}'|} \tag{5.8}$$

avec

$$[\rho_v(t)] = \rho_v(t') = \rho_v\left(t - \frac{|\mathbf{r} - \mathbf{r}'|}{v}\right) \tag{5.9}$$

et

$$[\mathbf{J}(t)] = \mathbf{J}(t') = \mathbf{J}\left(t - \frac{|\mathbf{r} - \mathbf{r}'|}{v}\right) \tag{5.10}$$

où **v** est la vitesse de l'onde électromagnétique ($\mathbf{v} = (\epsilon)^{-1/2}$ dans un milieu diélectrique) et t' est le temps retardé, c'est-à-dire le temps où les modifications de ρ_v et **J** perçues au point **r** et au temps t, sont effectivement réalisées au point $\mathbf{r}'$. Si le point d'observation **r** est très loin par rapport à $\mathbf{r}'$, alors $|\mathbf{r} - \mathbf{r}'|$ peut être remplacé par $|\mathbf{r}|$ dans les équations. C'est souvent le cas lorsqu'on veut calculer les champs électriques et magnétiques très loin des sources (champs lointains). Les potentiels retardés sont utilisés pour calculer les propriétés des structures rayonnantes (diagrammes de rayonnement des antennes).

Condition de Lorentz. Le potentiel électrique V et le potentiel vecteur magnétique **A** sont reliés par la condition de Lorentz comme suit :

$$\nabla \cdot \mathbf{A} + \mu\epsilon \frac{\partial V}{\partial t} = 0 \tag{5.11}$$

Champ électrique dynamique. Le champ électrique peut être calculé en utilisant le potentiel électrique V et le potentiel vecteur magnétique **A** comme suit :

$$\mathbf{E} = -\nabla V - \frac{\partial \mathbf{A}}{\partial t} \tag{5.12}$$

Dans le cas statique, cette équation se réduit à l'équation (1.11).

Équations de Laplace et de Poisson dynamiques. Les équations de Laplace et de Poisson sous leur forme la plus générale et ayant comme solutions respectives le potentiel électrique V et le potentiel vecteur magnétique **A** sont :

$$\nabla^2 V = -\frac{\rho_v}{\epsilon} = \mu\epsilon \frac{d^2 V}{dt^2} \tag{5.13}$$

$$\nabla^2 \mathbf{A} = -\rho\mathbf{J} + \mu\epsilon \frac{d^2 \mathbf{A}}{dt^2} \tag{5.14}$$

dans le cas statique, ces deux équations se ramènent aux équations de Poisson, (3.1) et (4.13).

5.1 ANTENNE DE COUPLAGE (champ et flux magnétiques, fem induite)

Énoncé

La figure 5.1 illustre un coupleur. Ce dispositif est constitué d'une petite boucle qui est insérée entre le conducteur central et le conducteur extérieur d'un câble coaxial. Cette boucle rectangulaire a une longueur $5a$ alignée dans l'axe du câble, une largeur a alignée radialement, elle s'étend entre les distances $2a$ et $3a$ du centre. La boucle comporte un seul tour. Le conducteur central du câble possède un rayon a et le conducteur extérieur, un rayon $4a$. Le diélectrique séparant les conducteurs possède une permittivité relative $\epsilon_r = 5$, une perméabilité relative $\mu_r = 1$ et une conductivité nulle.

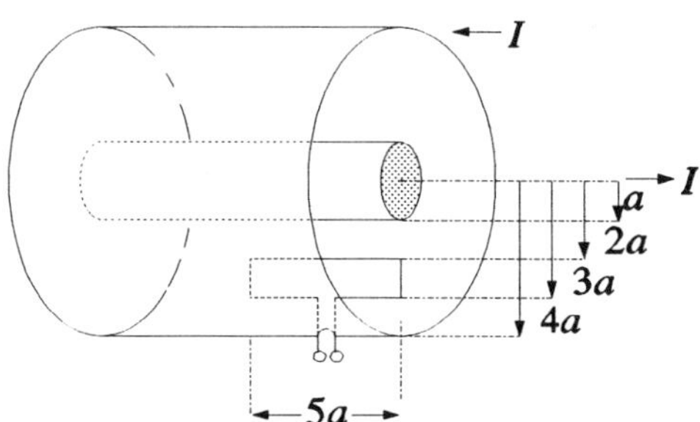

Figure 5.1

a) Quel est le champ magnétique **B** dans le diélectrique lorsque qu'un courant I circule dans le conducteur central?
b) Quel est le flux magnétique traversant la boucle lorsque qu'un courant I circule dans le conducteur central?
c) Quelle est l'amplitude maximale de la force électromotrice apparaissant aux bornes de la boucle lorsque le courant est égal à $I_0 \sin \omega t$, pour $I_0 = 0{,}2$ A, $\omega = 1{,}5 \times 10^7$ rad/s et $a = 2$ mm?

Solution

a) Nous allons utiliser l'équation d'Ampère pour déterminer le champ magnétique car la géométrie du problème est simple.

$$\oint \mathbf{H} \cdot d\mathbf{l} = I$$

Choisissons un parcours où ρ et z sont fixes; ainsi la direction du champ magnétique est tangente au parcours d'intégration et sa norme est constante. On obtient donc :

$$2\pi\rho\, H = I \quad \text{alors} \quad \mathbf{B} = \frac{\mu_0 I}{2\pi\rho}\,\hat{\boldsymbol{\phi}}$$

b) Le flux magnétique traversant la boucle se calcule avec l'équation suivante :

$$\psi_m = \int_S \mathbf{B} \cdot d\mathbf{s}$$

Dans notre cas, on obtient :

$$\psi_m = \int_0^{5a}\int_{2a}^{3a} \frac{\mu_0 I}{2\pi\rho}\, dz\, d\rho = \frac{5a\mu_0 I \ln(3/2)}{2\pi}$$

c) Trouvons d'abord l'expression de la force électromotrice dans la boucle :

$$fem = -\frac{d\psi_m}{dt} = -\frac{5a\mu_0 \ln(3/2)}{2\pi}\frac{dI}{dt} \quad \text{où} \quad \frac{dI}{dt} = I_0\omega \cos\omega t$$

Comme on cherche la valeur maximale de la force électromotrice, on remplace le cosinus par 1 et on obtient :

$$fem = 2{,}4 \text{ mV}$$

5.2 CAPTEUR DE DÉPLACEMENT (fem induite)

Énoncé

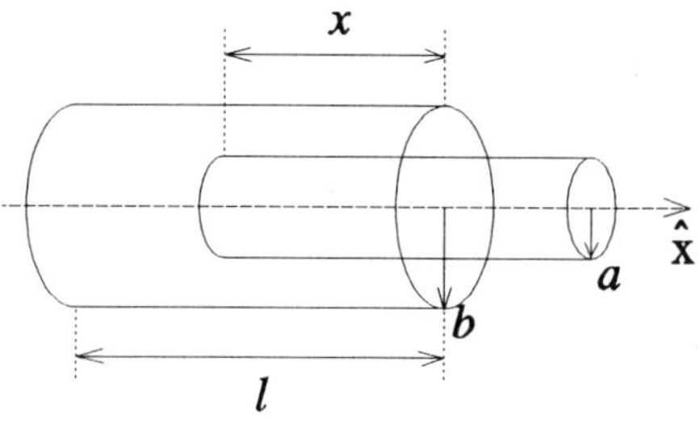

Figure 5.2

Dans certains asservissements, il est important de pouvoir mesurer un déplacement sans que le capteur n'oppose des forces de frottement à ce déplacement. Le capteur illustré ci-contre (fig. 5.2) est formé de deux bobines de longueur l et comportant chacune N tours. Ces bobines sont coaxiales et ont des rayons a et b. Un courant $I = I_0 \sin\omega t$ circule dans la bobine extérieure. Quelle est la force électromotrice aux bornes de la bobine intérieure qui est mobile lorsque le chevauchement entre les deux bobines est égal à x? Le rayon b est beaucoup plus petit que la longueur l, ce qui permet de considérer que le champ magnétique est constant à l'intérieur de la bobine et nul à l'extérieur.

Solution

Le champ magnétique à l'intérieur de la bobine extérieure est obtenu en appliquant la loi d'Ampère (probl. 4.5) :

$$\mathbf{B} = \frac{\mu_0 N I_0 \sin\omega t}{l}\,\hat{\mathbf{x}}$$

Le flux magnétique qui traverse la bobine intérieure est donc :

$$\psi_m = \int_s \mathbf{B}\cdot d\mathbf{s} = \left(\frac{\mu_0 N I_0 \sin\omega t}{l}\right)\pi a^2\left(\frac{Nx}{l}\right)$$

où l'expression (Nx/l) indique le nombre de tours de la bobine intérieure chevauchés par la bobine extérieure et qui entourent les lignes de flux magnétique. Finalement, la force électromotrice aux bornes de la bobine intérieure est :

$$fem = -\frac{d\psi_m}{dt} = -\left(\frac{\mu_0 \pi a^2 N^2 I_0\,\omega\,\cos\omega t}{l^2}\right)x$$

où l'on note que le potentiel est proportionnel au déplacement x.

5.3 TRANSFORMATEUR IDÉAL (Faraday, effet transformateur)

Énoncé

Un transformateur est un circuit qui permet de transformer les tensions, les courants et les impédances. Soit un transformateur (fig. 5.3) comprenant deux enroulements ayant respectivement N_1 et N_2 spires autour d'un anneau ferromagnétique de perméabilité μ.

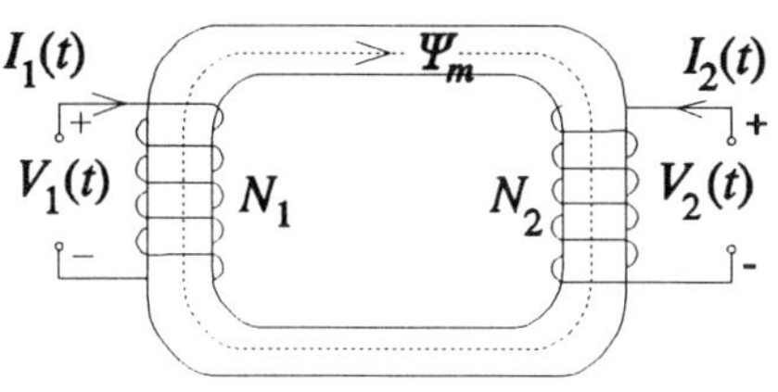

Figure 5.3

a) Calculer le rapport des courants en utilisant la loi d'Ohm appliquée au circuits magnétiques et en considérant que le matériau magnétique a une perméabilité infiniment grande.
b) Déterminer le rapport des tensions en utilisant la loi de Faraday et en considérant que c'est le même flux ψ_m qui circule dans le primaire que dans le secondaire.
c) Déduire la valeur de l'impédance fictive vue par la source aux bornes du primaire en fonction de la charge Z_L branchée au secondaire.
d) Dans le cas d'un transformateur non idéal (μ est fini), trouver les expressions de V_1 et V_2 en fonction de I_1 et I_2.

Solution

a) En utilisant l'analogie entre les circuits électriques et magnétiques, on peut écrire d'après la loi d'Ohm que :

$$V_{m1} - V_{m2} = \Re\psi_m \qquad (1)$$

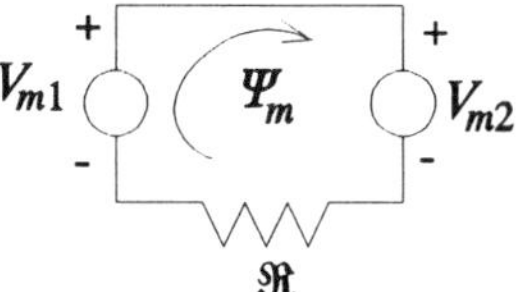

Figure 5.4

où les potentiels magnétiques V_{m1} et V_{m2} sont :

$$V_{m1} = N_1 I_1 \quad \text{et} \quad V_{m2} = N_2 I_2$$

il s'ensuit que :

$$N_1 I_1 - N_2 I_2 = \Re\psi_m \qquad (2)$$

où $\Re$ est la réluctance de l'anneau magnétique; en utilisant le contour moyen de l'anneau l et sa surface S, on peut écrire que :

$$\Re = \frac{l}{\mu S}$$

L'équation (2) devient :

$$N_1 I_1 - N_2 I_2 = \frac{l}{\mu S}\psi_m$$

Pour un transformateur idéal, la perméabilité magnétique μ tend vers l'infini ($\mu \rightarrow \infty$) ce qui permet de déduire :

$$\frac{I_1}{I_2} = \frac{N_2}{N_1}$$

b) Les deux tensions V_1 et V_2 induites aux bornes du primaire et du secondaire qui sont dues à la variation du flux dans le temps sont :

$$V_1 = N_1 \frac{d\psi_m}{dt}$$

$$V_2 = N_2 \frac{d\psi_m}{dt}$$

Les signes moins dans la formulation originale de la loi de Faraday ont été compensés en utilisant les polarités des tensions indiquées à la figure 5.3. Le même flux circule dans le primaire et le secondaire donc :

$$\frac{V_1}{V_2} = \frac{N_1}{N_2}$$

c) Dans le cas où le secondaire est terminé par une charge Z_L, l'impédance fictive vue par la source aux bornes du primaire est :

$$Z_1 = \frac{V_1}{I_1} = \frac{(N_1/N_2)V_2}{(N_2/N_1)I_2} = \left(\frac{N_1}{N_2}\right)^2 Z_L$$

d) D'après la loi de Faraday et en utilisant l'équation (2), les tensions induites aux bornes du primaire et du secondaire sont :

$$V_1 = N_1 \frac{d\psi_m}{dt} = \frac{\mu S}{l} N_1^2 \frac{dI_1}{dt} - \frac{\mu S}{l} N_1 N_2 \frac{dI_2}{dt}$$

$$V_2 = N_2 \frac{d\psi_m}{dt} = \frac{\mu S}{l} N_1 N_2 \frac{dI_1}{dt} - \frac{\mu S}{l} N_2^2 \frac{dI_2}{dt}$$

sous forme matricielle, on a :

$$\begin{pmatrix} V_1 \\ V_2 \end{pmatrix} = \begin{pmatrix} L_1 & -L_{12} \\ L_{12} & -L_2 \end{pmatrix} \begin{pmatrix} \frac{dI_1}{dt} \\ \frac{dI_2}{dt} \end{pmatrix}$$

avec :

$$L_1 = \frac{\mu S}{l} N_1^2 \quad \text{inductance du primaire}$$

$$L_2 = \frac{\mu S}{l} N_2^2 \quad \text{inductance du secondaire}$$

et $$M_{12} = \frac{\mu S}{l} N_1 N_2 \quad \text{inductance mutuelle}$$

5.4 BOUCLE DE COURANT DANS UN CHAMP MAGNÉTIQUE (force magnétique, Faraday)

Énoncé

a) Quelle est la force magnétique nette agissant sur une boucle circulaire de rayon a et dont le centre est situé à une distance b d'un fil très long ($b > a$) qui conduit, comme la boucle, un courant I? La boucle est dans le plan yz et le fil correspond à l'axe z.

b) Plutôt que de faire circuler un courant constant I dans le fil et la boucle, on fait circuler un courant $I = I_0 \sin(2\pi ft)$ dans le fil. La boucle a une résistance R. Quel est le courant induit dans la boucle et quelle est la force agissant sur celle-ci? (Considérer que le champ magnétique produit par le courant induit est négligeable par rapport à celui produit par le courant circulant dans le fil.)

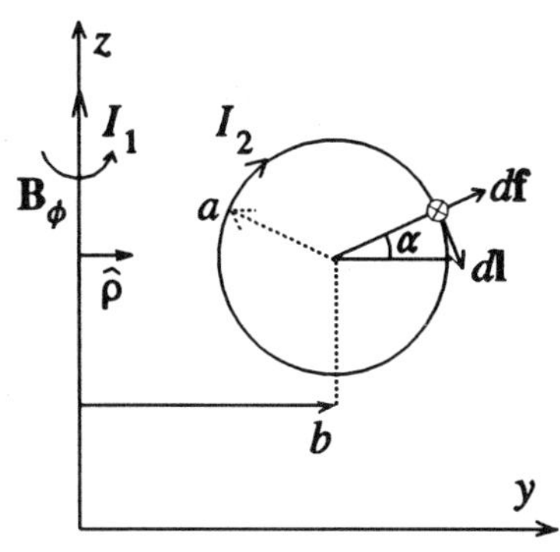

Figure 5.5

Solution

a) La force produite par un champ **B** sur un fil traversé par un courant I est :

$$\mathbf{F} = \int I d\mathbf{l} \times \mathbf{B}$$

Nous allons d'abord trouver le champ produit par le fil très long en utilisant la loi d'Ampère et en choisissant un parcours d'intégration où ρ et z sont constants.

$$\oint \mathbf{H} \cdot d\mathbf{l} = \mathbf{H}_\phi 2\pi\rho = I_1 \quad \text{donc} \quad \mathbf{B}_\phi = \frac{\mu_0 I_1}{2\pi\rho}$$

Pour faciliter le calcul de la force, changeons de référentiel en plaçant le point zéro au centre de la boucle et parcourons-là en faisant varier un angle α. Le module de l'élément de force agissant sur une longueur $dl = a\, d\alpha$ est :

$$|d\mathbf{f}| = (I_2\, a\, d\alpha)\left(\frac{\mu_0 I_1}{2\pi(b + a\cos\alpha)}\right)$$

Nous observons par la symétrie du problème que la force résultante n'a qu'une composante selon l'axe y. La composante selon l'axe y de l'élément de force **df** est alors obtenue en multipliant l'amplitude de celui-ci par $+\cos\alpha$. Comme $I_1 = I_2 = I$,

$$F_y = \frac{\mu_0 I^2}{2\pi}\int_0^{2\pi}\left(1 - \frac{b}{b + a\cos\alpha}\right) d\alpha$$

Nous pouvons trouver dans une table la valeur de l'intégrale définie :

$$\int_0^{2\pi} \frac{dx}{p + q \cos x} = \frac{2\pi}{\sqrt{p^2 - q^2}} \qquad (1)$$

Donc, nous obtenons :

$$F_y = -\mu_0 I^2 \left(\frac{b}{\sqrt{b^2 - a^2}} - 1 \right)$$

b) Pour trouver la force électromotrice, il faut d'abord déterminer l'expression du flux en fonction du temps :

$$\psi_m = \int_s \mathbf{B} \cdot ds = \frac{\mu_0 I}{2\pi} \int_0^a \int_0^{2\pi} \frac{r \, d\alpha \, dr}{b + r \cos\alpha}$$

L'intégration par rapport à α s'effectue en utilisant l'intégrale (1) décrite en (a). Nous obtenons alors :

$$\psi_m = \frac{\mu_0 I}{2\pi} \int_0^a \frac{2\pi r dr}{\sqrt{b^2 - r^2}} = -\mu_0 I \left[\sqrt{b^2 - r^2} \right]_0^a = \mu_0 I \left(b - \sqrt{b^2 - a^2} \right)$$

Ce qui nous permet de trouver le courant circulant dans la boucle :

$$I_2 = \frac{fem}{R} = \frac{1}{R} \left(\frac{-d\psi_m}{dt} \right) = \frac{-\mu_0 \left(b - \sqrt{b^2 - a^2} \right) I_0 \, 2\pi f \cos(2\pi f t)}{R}$$

Nous avons trouvé en (a) l'expression de la force agissant sur la boucle, il ne reste donc plus qu'à remplacer les valeurs des nouveaux courants; après simplifications, nous obtenons :

$$F_y = \frac{-\mu_0^2 I_0^2 \pi f \left(\sqrt{b^2 - a^2} - b \right)^2 \sin(4\pi f t)}{R \sqrt{b^2 - a^2}}$$

On note que la force exercée sur la boucle possède une fréquence double de la fréquence de I.

5.5 DÉBITMÈTRE MAGNÉTIQUE (Faraday, générateur)

Énoncé

Le débitmètre magnétique permet de mesurer le débit d'un fluide conducteur (eau, solutions aqueuses, sang, etc.) circulant dans un tuyau, et ce, sans aucune pièce mobile. Dans le débitmètre illustré ci-contre (fig. 5.6), deux bobines situées de part et d'autre du tuyau de section carrée (côté = a) produisent un champ magnétique que l'on suppose constant à l'intérieur du tuyau : $\mathbf{B} = B_0\hat{\mathbf{z}}$. Le liquide qui se déplace selon l'axe des y avec une vitesse $\mathbf{v}$ que l'on suppose constante sur toute la section du tuyau, entraîne des ions (e.g., Na^+, K^+, Cl^-, etc). À cause du champ magnétique et du déplacement, les ions positifs

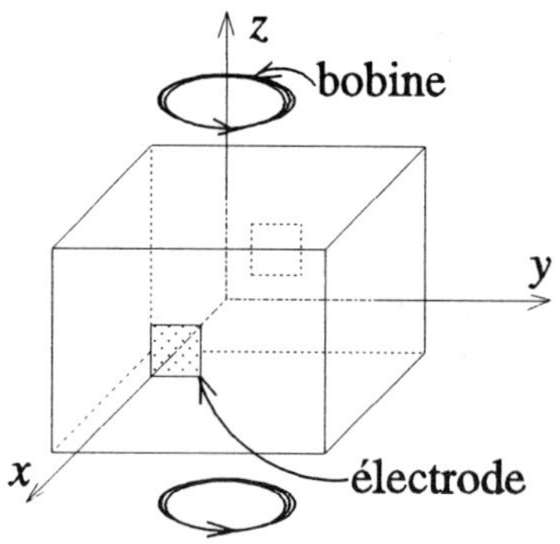

Figure 5.6

(e.g. Na^+) subissent une force orientée selon l'axe des x positifs, tandis que les ions négatifs (e.g. Cl^-) subissent une force dans la direction opposée. Les ions s'accumulent sur les deux côtés du tuyau et produisent une différence de potentiel entre deux électrodes situées à $x = a/2$ et à $x = -a/2$. Quelle est la différence de potentiel entre ces électrodes?

Solution

La force $\mathbf{F}_m$ d'origine magnétique qui s'exerce sur les ions positifs de charge $+q$ est (4,14) :

$$\mathbf{F}_m = q\mathbf{v} \times \mathbf{B} = qvB_0 \, \hat{\mathbf{x}}$$

Cette force est annulée par la force $\mathbf{F}_e$ d'origine électrique, produite par le champ électrique $\mathbf{E}_x$ en raison de l'accumulation des charges de signe opposé sur les deux côtés du tuyau :

$$\mathbf{F}_e = q\mathbf{E} = qE_x \, \hat{\mathbf{x}}$$

La somme des deux équations précédentes est nulle, d'où :

$$E_x = -vB_0$$

La différence de potentiel entre les électrodes est :

$$V = -\int_{-a/2}^{a/2} \mathbf{E} \cdot d\mathbf{l} = avB_0$$

Le débit Q (m^3/s) est proportionnel à cette différence de potentiel :

$$Q = a^2 v = \frac{aV}{B_0}$$

En pratique, ni le champ magnétique, ni la vitesse du fluide ne sont constants sur toute la section du tuyau, et l'on doit procéder à une calibration. On utilise également un champ magnétique alternatif qui produit un potentiel alternatif qui est plus facile à mesurer.

5.6 COURANTS DANS UN CÂBLE COAXIAL (courant de déplacement, courant de conduction)

Énoncé

Dans un câble coaxial ayant un rayon intérieur de 5 mm et un rayon extérieur de 20 mm, le diélectrique séparant les conducteurs a une permittivité relative de 8 et une conductivité de 10^{-6} S/m. Une différence de potentiel égale à 10 $\cos(10^6 t)$ V est appliquée entre les conducteurs. Quelles sont les expressions décrivant en fonction du temps et du rayon, la densité du courant de conduction et la densité du courant de déplacement pour tout le câble. On suppose que le potentiel est uniforme sur le conducteur intérieur, de même que sur le conducteur extérieur.

Solution

Dans un câble coaxial infiniment long de rayon intérieur a, de rayon extérieur b et portant une différence de potentiel V_0 entre a et b (conducteur extérieur à la masse). La solution de l'équation de Laplace permet de trouver le potentiel pour n'importe quel point entre les deux conducteurs (équat. 3.5) :

$$V = A \ln \rho + B$$

En appliquant les conditions aux frontières :

$$V_0 = A \ln a + B$$
$$0 = A \ln b + B$$

nous obtenons :

$$V(\rho) = 10 \cos(10^6 t) \frac{\ln (b/\rho)}{\ln (b/a)}$$

Le champ électrique est :

$$\mathbf{E} = -\nabla V = \frac{10(\cos 10^6 t)}{\rho \ln \frac{b}{a}} \hat{\boldsymbol{\rho}} = \frac{7{,}2 \cos 10^6 t}{\rho} \hat{\boldsymbol{\rho}}$$

La densité du courant de conduction est :

$$\mathbf{J} = \sigma \mathbf{E} = \frac{7{,}2 \cdot 10^{-6}}{\rho} \cos 10^6 t \ \hat{\boldsymbol{\rho}}$$

La densité du courant de déplacement est :

$$\frac{\partial \mathbf{D}}{\partial t} = \epsilon \frac{\partial \mathbf{E}}{\partial t} = \frac{-8 \times 8{,}85 \cdot 10^{-12} \times 10^6 \times 7{,}2 \sin 10^6 t}{\rho} = \frac{-5{,}11 \times 10^{-4} \sin 10^6 t}{\rho}$$

Il est à noter que le courant de déplacement a un retard de phase de $\pi/2$ par rapport au courant de conduction.

5.7 CIRCUIT RLC (Maxwell)

Énoncé

Soit un circuit RLC en parallèle ayant des spécifications telles qu'indiquées sur la figure 5.7 :

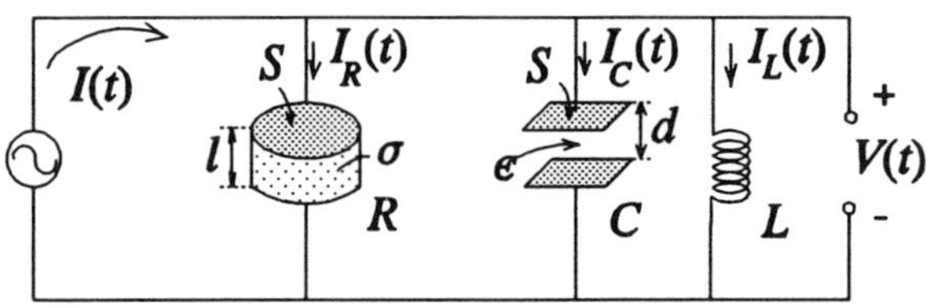

Figure 5.7

Utiliser les équations de l'électromagnétisme pour retrouver l'expression du courant $I(t)$, bien connue en théorie de circuit :

$$I(t) = \frac{V(t)}{R} + C\frac{dV(t)}{dt} + \frac{1}{L}\int V(t)dt$$

Négliger l'influence entre les éléments du circuit. On suppose que le champ électrique est uniforme dans le condensateur, la densité du courant est uniforme dans la résistance et la densité du champ magnétique est uniforme dans la bobine.

Solution

Le flux magnétique total à travers la bobine est :

$$\psi_m = L\, I_L(t)$$

La variation dans le temps du flux magnétique, produit une tension $V_L(t)$, telle que :

$$V_L(t) = -\frac{d\psi_m}{dt} = -L\frac{d\big(I_L(t)\big)}{dt}$$

Cette tension $V_L(t)$ est de polarité inverse par rapport à la polarité indiquée de $V(t)$. L'intégrale suivante permet d'obtenir le courant :

$$I_L(t) = \frac{1}{L}\int V_L(t)\, dt$$

Dans la résistance, on a :

$$I_R = \int \mathbf{J} \cdot d\mathbf{s} = \sigma E S = \left(\frac{\sigma S}{d}\right)V = \frac{V}{R}$$

Dans le condensateur, on a :

$$I_C = \int \frac{\partial \mathbf{D}}{\partial t} \cdot d\mathbf{s} = \epsilon S\frac{\partial E}{\partial t} = \left(\frac{\epsilon S}{d}\right)\frac{dV}{dt} = C\frac{dV}{dt}$$

Donc, le courant total est :

$$I(t) = I_R(t) + I_C(t) + I_L(t),$$

$$I(t) = \frac{V(t)}{R} + C\frac{dV}{dt} + \frac{1}{L}\int V(t)\, dt$$

5.8 INDUCTANCE PARASITE D'UN CONDENSATEUR (courant de déplacement, énergie magnétique)

Énoncé

À haute fréquence, les condensateurs se comportent comme si on plaçait en série avec la capacité C, une inductance L. Cette inductance parasite provient du champ magnétique produit par les courants de déplacement qui circulent dans le condensateur. On propose le modèle suivant pour étudier ce phénomène.

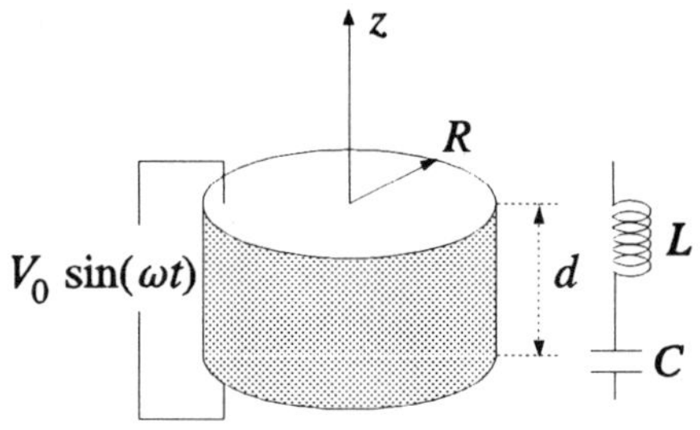

Figure 5.8

Un condensateur est formé de deux plaques parallèles et circulaires de rayon $\rho = R$, qui sont séparées d'une distance d par un diélectrique non conducteur de permittivité ϵ et de perméabilité μ. On applique une tension $V = V_0 \sin(\omega t)$ aux bornes du condensateur, ce qui produit un champ électrique uniforme entre les plaques. On considère que le champ électrique entre les plaques est dû seulement à cette tension (hypothèse quasi statique).

a) Quel est le champ électrique entre les plaques?
b) Quelle est la densité du courant de déplacement entre les plaques?
c) Appliquer la loi d'Ampère pour trouver l'expression du champ magnétique **B** produit par le courant de déplacement.
d) Quelle est l'énergie magnétique W_m contenue entre les plaques?
e) Quelle est l'inductance L associée à cette énergie W_m? (On considère ici que l'impédance de l'inductance parasite est négligeable par rapport à celle du condensateur.)

Solution

a) Nous supposons que la distance séparant les plaques du condensateur est très petite par rapport à leur surface, alors le champ électrique est constant dans cet espace. On peut appliquer la formule :

$$\mathbf{E} = \frac{V}{d}\,\hat{\mathbf{z}}$$

Dans notre cas, nous obtenons :

$$\mathbf{E} = \frac{V_0}{d}\sin(\omega t)\,\hat{\mathbf{z}}$$

b)

$$\frac{\partial \mathbf{D}}{\partial t} = \frac{\partial}{\partial t}(\epsilon \mathbf{E}) = \frac{\partial}{\partial t}\left(\frac{\epsilon V}{d}\right)\hat{\mathbf{z}} = \frac{\epsilon}{d}V_0\omega\cos(\omega t)\,\hat{\mathbf{z}}$$

c) Parce que la densité de courant est uniforme selon l'axe z, le champ magnétique est dans la direction $\hat{\boldsymbol{\phi}}$. Nous appliquerons donc la loi d'Ampère en utilisant un parcours d'intégration circulaire, parallèle aux plaques du condensateur.

$$\oint \mathbf{H} \cdot d\mathbf{l} = I_{\text{inclus}} \quad \rightarrow \quad \int_0^{2\pi} \mathbf{H} \cdot d\mathbf{l} = \int_0^{2\pi} \int_0^{\rho} \frac{\partial \mathbf{D}}{\partial t} \cdot \rho \, d\rho \, d\phi$$

$$H_\phi 2\pi\rho = \frac{\pi \rho^2 \omega \epsilon V_0}{d} \cos(\omega t) \quad \rightarrow \quad H_\phi = \rho \left(\frac{\omega \epsilon V_0}{2d} \cos(\omega t) \right)$$

d) La relation entre l'énergie et le champ magnétique est la suivante (4,23) :

$$W_m = \frac{1}{2} \int_V \mathbf{B} \cdot \mathbf{H} dv$$

Nous obtenons :

$$W_m = \int_V \frac{\mu H^2}{2} dv = \frac{\mu \omega^2 \epsilon^2 V_0^2}{8d^2} \cos^2(\omega t) \int_0^d \int_0^{2\pi} \int_0^R \rho^2 \, (\rho \, d\rho \, dz \, d\phi)$$

$$W_m = \frac{\mu \omega^2 \epsilon^2 V_0^2 \pi R^4}{16 d} \cos^2(\omega t)$$

e) L'inductance est également reliée à l'énergie par la relation suivante (4.25) :

$$L = \frac{2W_m}{I^2}$$

Le courant dont il est question ici, est le courant de déplacement total, soit :

$$I = \int \frac{\partial \mathbf{D}}{\partial t} \cdot d\mathbf{s} = (\pi R^2) \frac{\omega \epsilon V_0}{d} \cos(\omega t)$$

Ce courant est le même que celui qui traverse le condensateur, c'est pourquoi l'inductance parasite est placée en série avec le condensateur dans le modèle suggéré. Puisque l'on considère que l'impédance de l'inductance parasite est négligeable par rapport à celle du condensateur, elle ne produit pas de diminution de potentiel aux bornes du condensateur. Finalement, en remplaçant I, nous trouvons que :

$$L = \frac{\mu d}{8\pi}$$

Pour pouvoir négliger l'effet de l'inductance parasite, la fréquence de fonctionnement doit être très inférieure à la fréquence de résonance du circuit LC qui est généralement supérieure à plusieurs centaines de MHz.

5.9 CAPACITÉ PARASITE D'UNE BOBINE (Faraday, énergie électrique)

Énoncé

À fréquence élevée, les bobines se comportent comme si on plaçait en parallèle avec l'inductance L, une capacité parasite C. Cette capacité parasite est due au champ électrique produit par la variation dans le temps du champ magnétique. On propose le modèle suivant pour déterminer cette capacité parasite : un solénoïde de longueur l et de rayon R ($R \ll l$) formé de N tours rapprochés où circule un courant alternatif $I = I_0 \sin\omega t$. On néglige les effets de bords et on considère que le champ magnétique à l'intérieur de la bobine est dû seulement au courant I.

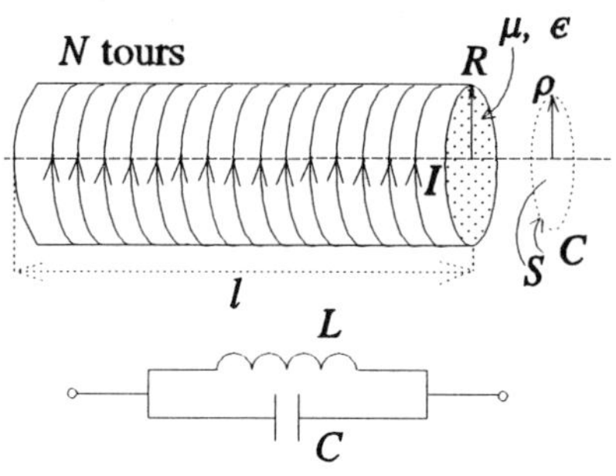

Figure 5.9

a) Quel est le champ magnétique à l'intérieur du solénoïde?
b) Quelle est l'inductance L de la bobine?
c) Déterminer l'expression du champ électrique $\mathbf{E}$ à l'intérieur du solénoïde produit par la variation temporelle du champ magnétique.
d) Quelle est l'énergie emmagasinée dans le champ électrique induit?
e) Quelle est la capacité associée à cette énergie? (L'impédance de la capacité parasite est considérée très grande par rapport à celle de l'inductance.)

Solution

a) Le champ magnétique à l'intérieur du solénoïde est (voir problème 4.5) :

$$\mathbf{H} = K_s\,\hat{\mathbf{z}} = \frac{NI}{l}\,\hat{\mathbf{z}} = \frac{NI_0}{l}\sin\omega t\;\hat{\mathbf{z}}$$

b) Calculons tout d'abord le flux magnétique produit par la bobine :

$$\psi_m = \int_S \mathbf{B}\cdot ds = \frac{\mu N I \pi R^2}{l}$$

L'inductance est donc (4.24) :

$$L = \frac{N\psi_m}{I} = \frac{\mu N^2 \pi R^2}{l}$$

c) Ce champ magnétique variable dans le temps va induire un champ électrique, tel que (5.2) :

$$\oint \mathbf{E}\cdot d\mathbf{l} = -\frac{d}{dt}\int \mathbf{B}\cdot ds$$

Soit le contour fermé montré sur la figure de la page précédente, tous les points sur le contour C ont le même champ électrique induit à cause de la symétrie, et l'équation précédente devient :

$$2\pi\rho E_\phi = -\mu \frac{NI_0}{l} \omega \cos\omega t \,(\pi\rho^2)$$

ce qui donne :

$$\mathbf{E} = -\frac{\omega\mu NI_0}{2l} \rho \cos\omega t \,\hat{\boldsymbol{\phi}}$$

d) L'énergie emmagasinée dans le champ électrique induit est :

$$W_e = \frac{1}{2}\int \epsilon E^2 \, dv = \frac{1}{2}\epsilon\left(\frac{\omega\mu NI_0 \cos\omega t}{2\,l}\right)^2 \int_0^R\int_0^{2\pi}\int_0^l \rho^2(\rho \, d\rho \, d\phi \, dz)$$

$$W_e = \frac{1}{2}\epsilon\left(\frac{\omega\mu NI_0 \cos\omega t}{2l}\right)^2 (2\pi l)\frac{R^4}{4}$$

$$W_e = \frac{\pi\epsilon\omega^2\mu^2N^2I_0^2R^4 \cos^2\omega t}{16l}$$

e) La capacité associée à cette énergie est :

$$C = \frac{2W_e}{V^2}$$

où V est le potentiel qui a généré l'énergie W_e, c'est-à-dire le potentiel aux bornes de la bobine. Ceci implique que la capacité est en parallèle avec la bobine. Puisque l'on considère que l'impédance de la capacité parasite est très grande par rapport à celle de l'inductance, la capacité parasite ne produit pas de diminution du courant circulant dans l'inductance. Nous empruntons alors à la théorie des circuits l'expression du potentiel V produit aux bornes d'une inductance L par un courant I (probl. 5.7) :

$$V = L\frac{dI}{dt} = \frac{\mu N^2 \pi R^2 \omega I_0 \cos\omega t}{l}$$

La capacité C est donc :

$$C = \frac{2\left(\dfrac{\pi\epsilon\omega^2\mu^2N^2I_0^2R^4 \cos^2\omega t}{16l}\right)}{\dfrac{\mu^2N^4\pi^2R^4\omega^2I_0^2 \cos^2\omega t}{l^2}} = \frac{\epsilon l}{8N^2\pi}$$

Pour pouvoir négliger l'effet de la capacité parasite, la fréquence de fonctionnement doit être très inférieure à la fréquence de résonance du circuit LC qui est généralement supérieure à plusieurs centaines de MHz.

5.10 RÉSISTANCE PARASITE D'UNE BOBINE (Faraday, courants de Foucault)

Énoncé

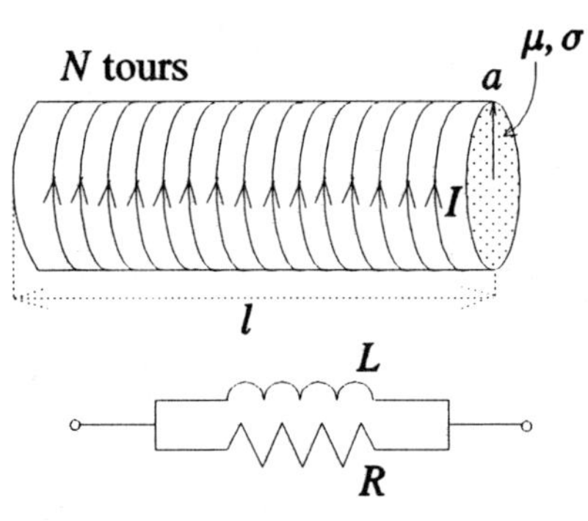

Figure 5.10

À fréquence élevée, les bobines qui possèdent un noyau ferromagnétique conducteur se comportent comme si on plaçait en parallèle avec l'inductance L, une résistance parasite R. Cette résistance est due aux pertes ohmiques produites par les courants de Foucault (*eddy currents*) circulant dans le noyau et induits par les fluctuations du champ magnétique. On propose le modèle suivant pour déterminer cette résistance parasite. Soit un solénoïde de longueur l et de rayon a ($a \ll l$) formé de N tours rapprochés où circule un courant alternatif $I = I_0 \sin\omega t$. Un noyau de perméabilité μ et de conductivité σ remplit l'intérieur du solénoïde. On néglige les effets de bords et on considère que le champ magnétique à l'intérieur de la bobine est produit seulement par le courant I.

a) Quel est le champ magnétique à l'intérieur du noyau?
b) Quel est le champ électrique résultant de la variation du champ magnétique à l'intérieur du noyau?
c) Quelle est la puissance dissipée par les courants de Foucault circulant dans le noyau? (Note : la densité de puissance dissipée dans un milieu conducteur est égale à σE^2.)
d) Quelle est la résistance associée à cette puissance dissipée? (On considère que l'impédance de la résistance parasite est très grande par rapport à celle de l'inductance.)

Solution

a) Le champ magnétique à l'intérieur du noyau est (voir problème 4.5) :

$$\mathbf{H} = \frac{NI}{l}\,\hat{\mathbf{z}} = \frac{NI_0 \sin\omega t}{l}\,\hat{\mathbf{z}}$$

b) Les fluctuations du champ magnétique produisent le champ électrique suivant (voir problème précédent) :

$$\mathbf{E} = \frac{-\omega\mu N I_0}{2\,l}\,\rho\,\cos\omega t\;\hat{\boldsymbol{\phi}}$$

c) Ce champ électrique va générer un courant σE dans le noyau, qui dissipe une puissance P :

$$P = \int \sigma \mathbf{E}^2\,dv = \sigma\left(\frac{\omega\mu N I_0\,\cos\omega t}{2\,l}\right)^2 \int_0^a\int_0^{2\pi}\int_0^l \rho^3\,d\rho\,d\phi\,dz$$

$$P = \frac{\pi \sigma \omega^2 \mu^2 N^2 I_0^2 a^4 \cos^2 \omega t}{8\, l}$$

d) Selon la théorie des circuits, la puissance dissipée dans une résistance ayant une différence de potentiel V est la suivante :

$$P = \frac{V^2}{R}$$

Dans notre modèle, la résistance parasite est en parallèle avec l'inductance. On considère aussi que l'impédance de la résistance parasite est très grande par rapport à celle de l'inductance et qu'elle ne produit pas de diminution du courant qui y circule. Le potentiel V apparaissant dans l'équation ci-dessus est donc égal au potentiel apparaissant aux bornes de la bobine (voir problème précédent) :

$$V = L\frac{dI}{dt} = \left(\frac{\mu N^2 \pi a^2}{l}\right) \omega I_0 \cos \omega t$$

d'où l'on obtient la valeur de la résistance parasite :

$$R = \frac{V^2}{P} = \frac{8 \pi N^2}{\sigma l}$$

On note qu'il faut utiliser des noyaux de très faible conductivité comme le ferrite, pour augmenter la résistance parasite. L'effet de cette résistance est négligeable à basse fréquence lorsque l'impédance de l'inductance est très faible. Par contre, son effet est beaucoup plus important à haute fréquence lorsque l'impédance de l'inductance devient plus grande que celle de la résistance. Aux fréquences VHF et supérieures ($>$ 30 MHz), on évite d'utiliser des noyaux ferromagnétiques dans les circuits résonants car les pertes sont trop élevées.

5.11 NOYAU DE BOBINE FRACTIONNÉ (Faraday, courant de Foucault, inductance)

Énonce

a) Soit un solénoïde de longueur l = 10 cm, de rayon R = 1 cm, ayant 1 000 tours et où circule un courant $I = I_0 \sin\omega t$. L'intérieur du solénoïde est complètement rempli par un noyau qui est fait d'un acier ayant une perméabilité relative μ_R = 1 000 et une conductivité $\sigma = 2 \times 10^6$ S/m (fig. 5.11). Quelle est la puissance moyenne dissipée par les courants de Foucault circulant dans ce noyau si I_0 = 1 A et f = 60 Hz?

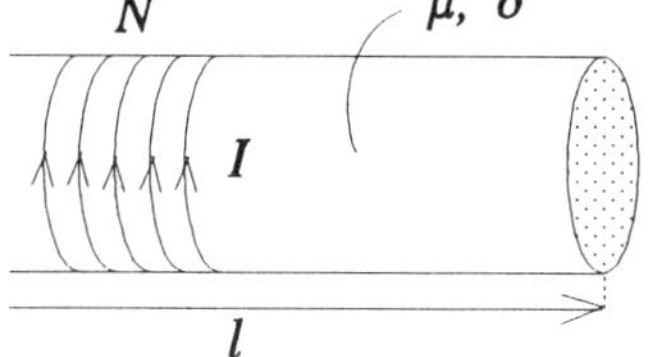

Figure 5.11

b) On remplace le noyau cylindrique par un faisceau de fils faits du même acier et qui ont chacun un rayon de 0,5 mm. À cause des espaces vides entre les fils, la section totale est de $6\pi / (2\sqrt{3})$ fois la section du solénoïde et il y a environ 363 fils (fig. 5.12). Quel est le rapport entre les puissances moyennes dissipées dans les cas précédents?

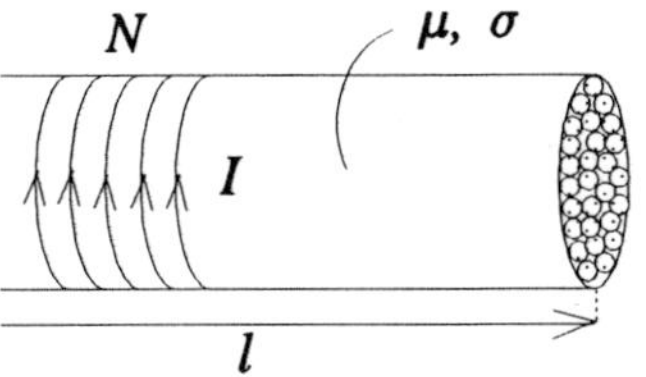

Figure 5.12

c) Quelle est l'inductance du solénoïde dans les cas précédents?

(Considérer que le champ magnétique dans le solénoïde n'est produit que par le courant circulant dans celui-ci et négliger les effets de bords.)

Solution

a) La puissance dissipée est (voir problème précédent) :

$$P = \frac{\pi \sigma \omega^2 \mu^2 N^2 I_0^2 R^4}{8l} \cos^2 \omega t$$

La valeur moyenne dans le temps est :

$$\langle P \rangle = \int_0^T \frac{W_e \, dt}{T} = \frac{\pi \sigma \omega^2 \mu^2 N^2 R^4 I_0^2}{16 \; l}$$

$$\langle P \rangle = 8{,}8 \text{ kW}$$

b) Dans le cas d'un faisceau de fils fait du même acier et qui remplace l'acier plein à l'intérieur du solénoïde, le même raisonnement pourrait être utilisé pour trouver la puissance dissipée par les courants de Foucault dans un fil (car le champ magnétique est constant à l'intérieur du solénoïde). Ceci permet d'écrire :

$$\langle P_F \rangle = \frac{\pi \sigma \omega^2 \mu^2 N^2 R_F^4 I_0^2}{16L}$$

or,

$$R_F = \frac{0{,}5}{10} R = \frac{1}{20} R$$

on obtient donc :

$$\langle P_F \rangle = \frac{\pi \sigma \omega^2 \mu^2 N^2 I_0^2}{16L} \left(\frac{R}{20} \right)^4$$

Pour les 363 fils, la puissance dissipée est :

$$\langle P' \rangle = 363 \langle P_F \rangle = \frac{363}{(20)^4} \langle P \rangle$$

Le rapport entre les deux puissances dissipées associées au noyau plein et au noyau fractionné est :

$$\frac{\langle P \rangle}{\langle P' \rangle} = \frac{(20)^4}{363} \approx 440$$

c) Dans le cas du noyau plein, l'inductance est :

$$L = \frac{N\psi_m}{I} = \frac{N}{I}\int \mathbf{B} \cdot d\mathbf{s} = \frac{N^2 \mu \pi R^2}{l} = 3{,}9 \text{ mH}$$

Dans le cas du noyau fractionné, on peut supposer que le flux ne circule que dans l'acier, et on peut écrire que :

$$\psi_m' = \psi_m \times \frac{\pi}{2\sqrt{3}}$$

ce qui donne :

$$L' = \frac{\pi}{2\sqrt{3}} L = 3{,}5 \text{ mH}$$

5.12 FREIN MAGNÉTIQUE

Énoncé

Une tige conductrice de longueur d forme un court-circuit mobile entre deux rails conducteurs dont les extrémités sont reliées par une résistance R. Un champ magnétique ayant une densité de flux **B** uniforme est appliqué perpendiculairement au plan dans lequel se situent ces rails. Une force externe F_1 est appliquée à la tige mobile mais le courant induit dans la tige produit une force de freinage F_2 qui est égale et opposée à F_1. Puisque la force nette est nulle, il n'y a pas d'accélération et la tige se déplace avec une vitesse constante v. Pour les valeurs : $\mathbf{B} = 1$ T, $R = 0{,}1\ \Omega$, $d = 20$ cm, $F_1 = 1$ N, quelle est la valeur de la vitesse **v**? Les forces de frottement sont négligeables et le champ magnétique produit par le courant induit est négligeable par rapport au champ magnétique appliqué.

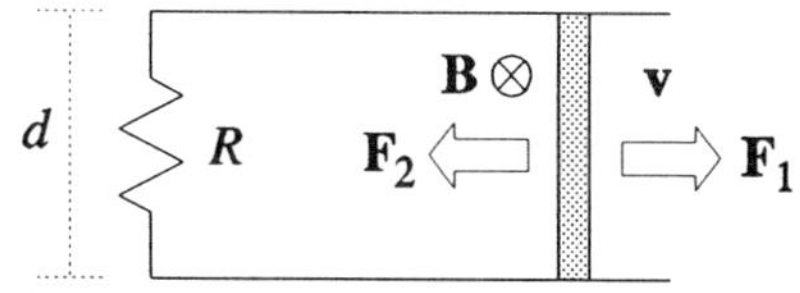

Figure 5.13

5.13 AMORTISSEUR POUR BALANCE

Énoncé

La figure 5.14 illustre une balance qui est munie d'un amortisseur à induction magnétique afin d'arrêter rapidement les oscillations. L'amortisseur est constitué d'une boucle de fil conducteur reliée à une résistance R : un segment de la boucle qui est orienté dans le prolongement du fléau de la balance est entouré d'un champ magnétique ayant une densité de flux **B** sur une distance allant d'un rayon a jusqu'à un rayon b à partir du pivot de la balance. Le champ magnétique est perpendiculaire au plan d'oscillation et le fléau forme un angle ϕ avec l'horizontale.

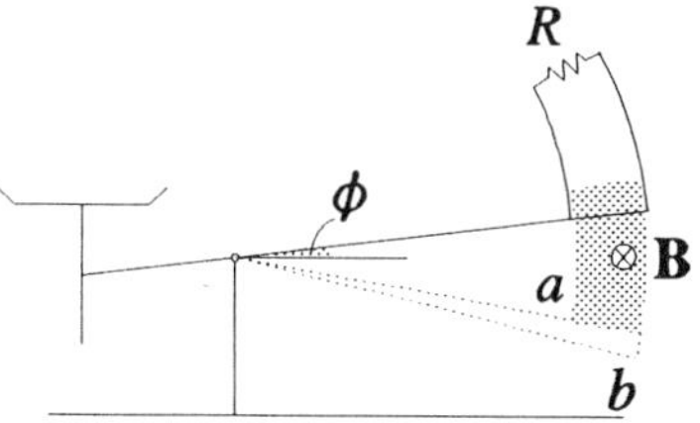

Figure 5.14

a) Quel est le courant circulant dans la boucle lorsque le fléau a une vitesse angulaire $d\phi/dt$?
b) Quel est le couple τ qui s'exerce sur le fléau lorsque celui-ci a une vitesse angulaire $d\phi/dt$? (Note : L'élément de couple produit par un élément de force $d\mathbf{F}$ est : $d\tau = \mathbf{r} \times d\mathbf{F}$ où $\mathbf{r}$ est le rayon reliant le pivot au point d'application de la force.)

5.14 CARTE D'ACCÈS

Énoncé

Une compagnie fabrique des cartes qui permettent de commander à distance la barrière d'accès d'un terrain de stationnement. Un train d'ondes est d'abord émis par l'antenne de la barrière. La force électromotrice qui est alors induite dans une boucle de fil entourant la carte est utilisée pour alimenter un circuit qui réémet une onde modulée selon un code qui est spécifique à chaque carte.

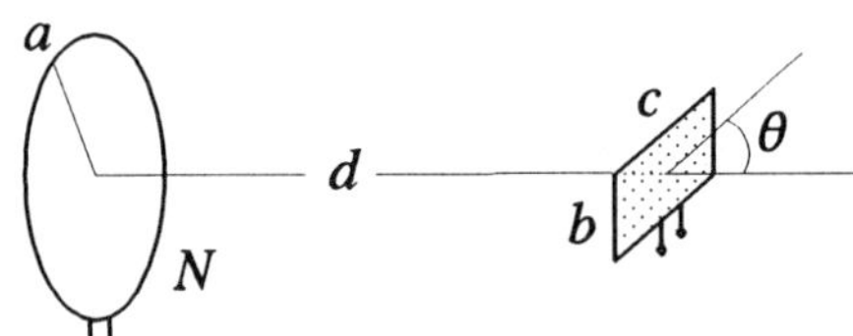

Figure 5.15

Dans la figure 5.15, l'antenne de la barrière est une boucle de rayon $a = 5$ cm qui comporte $N = 200$ tours et qui est alimentée par un courant alternatif d'amplitude $I = 2\ 500$ mA et de fréquence de 400 kHz. La boucle de la carte d'accès comporte 200 tours de fil, elle a les dimensions d'une carte de crédit ($b = 5$ cm, $c = 8$ cm) et elle est située à une distance $d = 80$ cm de l'antenne, dans l'axe de celle-ci. Quelle est la force électromotrice induite dans la boucle en fonction de l'angle θ formé par l'axe de l'antenne et la surface de la carte? (En pratique, la carte doit être plus près et les boucles ont moins de tours.)

5.15 PINCE AMPÈREMÉTRIQUE

Énoncé

Les électriciens utilisent souvent une pince ampèremétrique pour mesurer le courant alternatif circulant dans un fil sans avoir à le couper pour insérer un ampèremètre. Les deux mâchoires de cette pince sont formées de deux sections d'un toroïde d'acier à haute perméabilité qui peuvent s'ouvrir et se refermer autour du fil. Le courant est mesuré à partir de la force électromotrice induite aux bornes d'une bobine enroulée autour du toroïde. Quelle est la valeur maximale de la force électromotrice pour un courant de 10 A à 60 Hz, et une pince ayant les caractéristiques : $a = 2$ cm, $b = 4$ cm, $c = 2$ cm, $N = 200$ tours, $\mu_r = 600$?

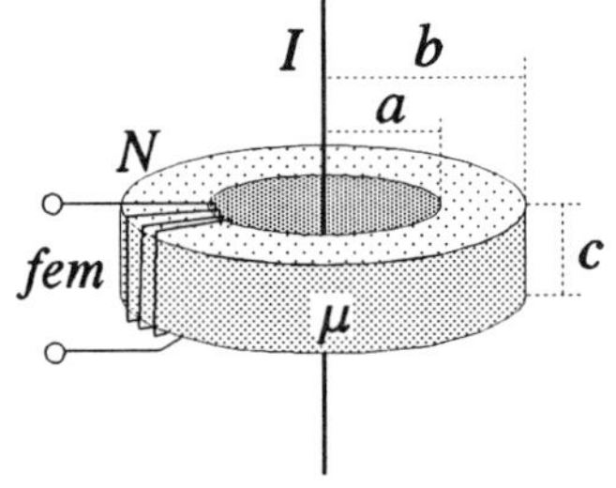

Figure 5.16

5.16 DÉTECTEUR DE COURANT DE FUITE

Énoncé

Les prises murales installées dans les salles de bain devraient être munies de détecteurs de courant de fuite qui protègent les personnes contre les chocs électriques en interrompant l'alimentation si un courant de fuite est détecté. Normalement, tout le courant I qui alimente une charge Z_L par le conducteur à 120 V (60 Hz), revient par le conducteur neutre à 0 V, toutefois, si une personne touche le conducteur à 120 V, son corps permet le passage d'un courant de fuite I_f qui revient par le sol. Dans le détecteur illustré ci-contre (fig. 5.17), les deux fils qui alimentent la charge passent au centre d'un toroïde de rayon intérieur a = 5 mm, de rayon extérieur b = 10 mm, de longueur c = 20 mm et de perméabilité relative μ_r = 900. Une bobine comportant N tours de fil est enroulée autour du toroïde. Combien de tours sont nécessaires pour que la force électromotrice (fem) maximale aux bornes de la bobine soit de 1 mV lorsqu'un courant de fuite I_f = 10 mA est présent?

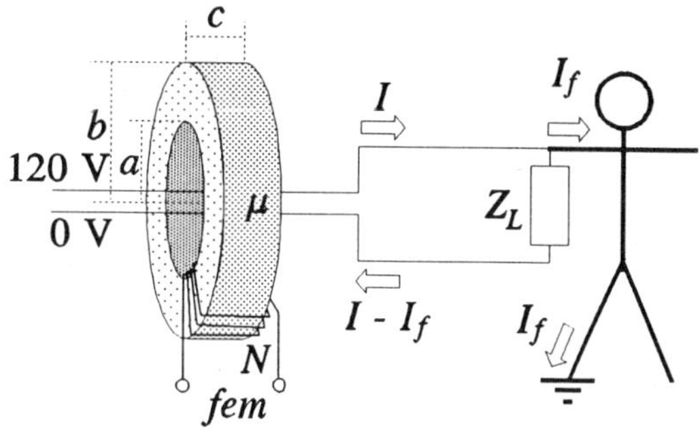

Figure 5.17

5.17 COURANT DE SURFACE ÉQUIVALENT

Énoncé

Un toroïde de ferrite est traversé par un câble transportant un courant alternatif d'amplitude I_0 à 60 Hz. Le toroïde a un rayon intérieur a, un rayon extérieur b, une longueur c et une perméabilité relative μ_r. Une boucle constituée d'un seul tour de fil entoure le toroïde.

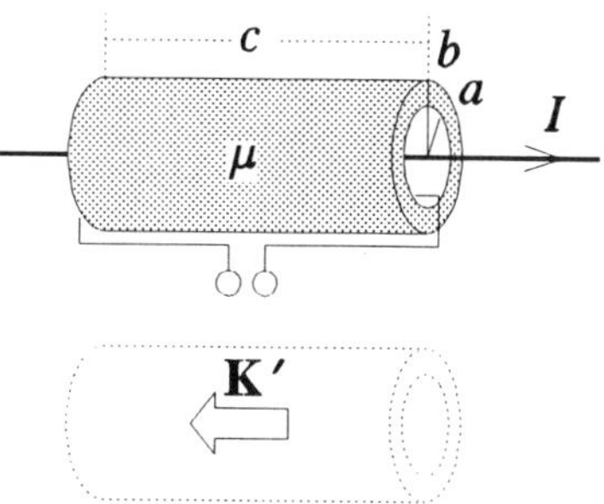

Figure 5.18

a) Quelle est l'expression de l'intensité du champ magnétique **H** produit par un courant I_0 ainsi que l'expression de la densité de flux magnétique **B** pour des points situés à l'intérieur et à l'extérieur du toroïde?

b) Quelle est l'expression de la densité de courant de surface **K**′ qui circule sur la partie extérieure ($\rho = b$) d'une surface toroïdale qui est équivalente au toroïde de ferrite lorsque $I = I_0$?

c) Quelle est la force électromotrice maximale qui est induite aux bornes de la boucle si a = 1 cm, b = 2 cm, c = 5 cm, μ_r = 300, I_0 = 50 A?

5.18 AUTOTRANSFORMATEUR

Énoncé

Un autotransformateur idéal permet de varier la tension à sa sortie sans aucune perte de puissance. L'autotransformateur illustré ci-contre (fig. 5.19) est constitué de plusieurs tours de fils enroulés autour d'un noyau toroïdal ayant un rayon intérieur a = 4 cm, un rayon extérieur b = 10 cm, une hauteur h = 10 cm, une perméabilité relative μ_r = 200 et une conductivité négligeable. Il y a N = 250 tours de fil entre la borne 1 et la borne 3, et m tours de fil entre la borne 3 et un contact mobile 2.

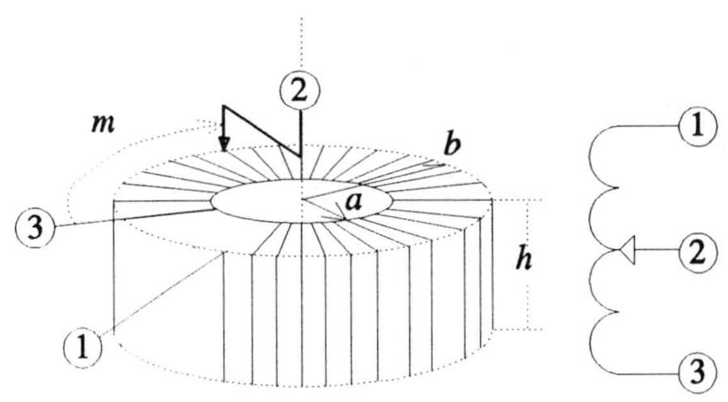

Figure 5.19

a) Quelle est la valeur numérique de l'inductance L entre les bornes 1 et 3?
b) Lorsque m = 100 tours, que la borne 3 est mise à la masse et qu'un courant d'amplitude 500 mA et de fréquence 60 Hz est injecté à la borne 1, quelle est la différence de potentiel maximale V_{23} qui apparaît entre le contact mobile et la masse?
c) Quel est le rapport (V_{23}/V_{13}) où V_{13} est la différence de potentiel entre les bornes 1 et 3?

5.19 CHAUFFAGE INDUCTIF

Énoncé

Certaines cuisinières électriques induisent des courants de Foucault dans les parois des chaudrons et la puissance dissipée par ces courants élève la température du chaudron. Puisque ces cuisinières ne comportent pas d'élément chauffant à très haute température, les risques de brûlures sont réduits. Pour simplifier le problème, nous considérons que le chaudron est situé au centre d'un long solénoïde sur lequel la densité de courant de surface est $K_\phi = K_0 \sin\omega t$ où K_0 = 100 A/m et $\omega = 10^5$ rad/s. Le chaudron a un rayon intérieur a = 10 cm, un rayon extérieur b = 11 cm, une hauteur extérieure h = 11 cm, une profondeur intérieure p = 10 cm, et il est constitué d'un alliage de conductivité $\sigma = 10^6$ S/m et de perméabilité relative unitaire. Quelle est la puissance moyenne dissipée dans les parois du chaudron?

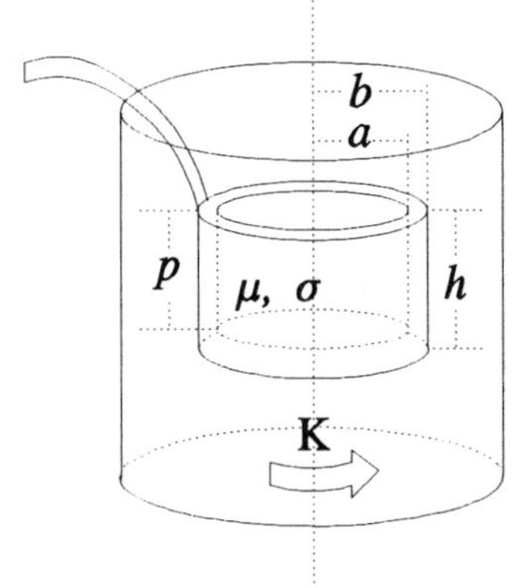

Figure 5.20

5.20 COURANTS INDUITS SOUS UNE LIGNE DE TRANSPORT

Énoncé

Une ligne biphasée de transport d'énergie passe juste au-dessus d'une piscine hors-terre cylindrique. Les deux fils transportent un courant I dans des directions opposées et la fréquence est de 60 Hz. La distance entre les deux fils est d et la hauteur de la ligne par rapport à la surface de la piscine est h. Le bassin a un rayon R, une profondeur a, il est constitué d'une toile isolante et la conductivité de l'eau est $\sigma = 10^{-3}$ S/m. La conductivité du sol est beaucoup plus faible et la surface du sol ne peut pas être considérée comme une surface de potentiel nul.

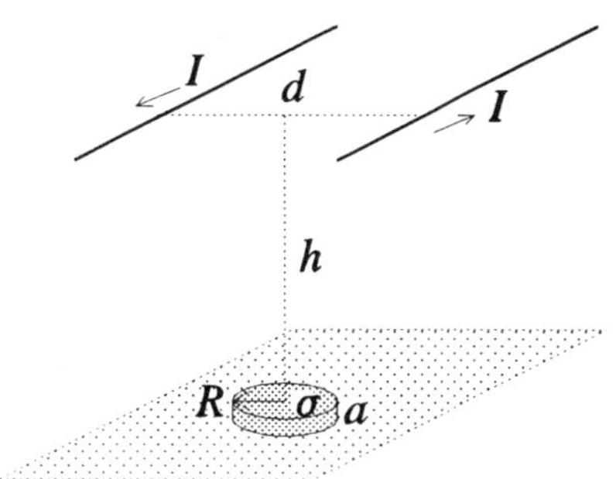

Figure 5.21

a) Quelle est la densité de flux magnétique **B** au centre de la surface du bassin?

b) Comme $R \ll h$ et $a \ll h$, on considère que la densité de flux magnétique est uniforme dans le bassin. Quelle est l'expression de la densité des courants de Foucault $\mathbf{J}_f$ dans le bassin?

c) Pour $I = 100$ A, $d = 3$ m, $h = 10$ m, $R = 2$ m et $a = 1$ m, quelle est la puissance moyenne dissipée par les courants de Foucault dans le bassin?

5.21 DÉGEL DE TUYAUX PAR INDUCTION

Énoncé

Vous étudiez un système de chauffage inductif pour prévenir le gel des tuyaux d'eau. Dans l'exemple illustré ci-contre (fig. 5.22), un transformateur à basse tension et fonctionnant à 60 Hz fournit un courant d'amplitude $I_0 = 5$A à une bobine comportant $N = 6\ 000$ tours enroulés sur une longueur $l = 3$ m autour d'un tuyau de cuivre ayant un rayon moyen $a = 2$ cm et une épaisseur $b = 2$ mm. Les perméabilités du cuivre, de la glace et de l'eau sont presque égales à celle du vide. Les conductivités de la glace et de l'eau sont négligeables par rapport à la conductivité du cuivre qui est de $5{,}8 \times 10^7$ S/m.

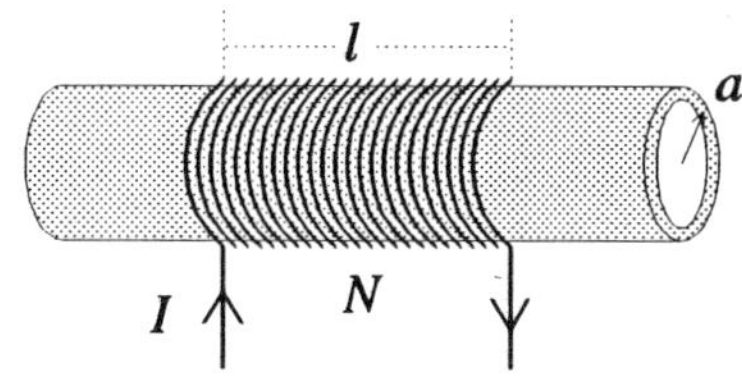

Figure 5.22

a) Quelle est l'expression de la densité des courants de Foucault $\mathbf{J}_f$ à l'intérieur des parois du tuyau? (Parce que $b \ll a$, la densité de courant est uniforme.)

b) Quelle est la valeur numérique de la puissance moyenne dissipée par les courants de Foucault dans ce segment de tuyau de longueur l?

c) Vérifier l'hypothèse quasi statique en calculant la valeur numérique du rapport (H'/H) entre l'intensité du champ magnétique H' produit par les courants de Foucault et le champ H produit par la bobine.

5.22 MESURE DE CONDUCTIVITÉ PAR INDUCTION

Énoncé

Il est intéressant de pouvoir mesurer la conductivité d'un liquide circulant dans un tuyau de plastique sans utiliser d'électrodes pouvant réagir chimiquement au contact du liquide. On peut utiliser à cette fin la force électromotrice (fem) induite par les courants de Foucault circulant dans le liquide. Soit un tuyau de plastique de rayon a, entouré d'un solénoïde de n tours/min où circule un courant $I = I_0 \sin\omega t$ et rempli d'un liquide de conductivité σ et de perméabilité μ_0.

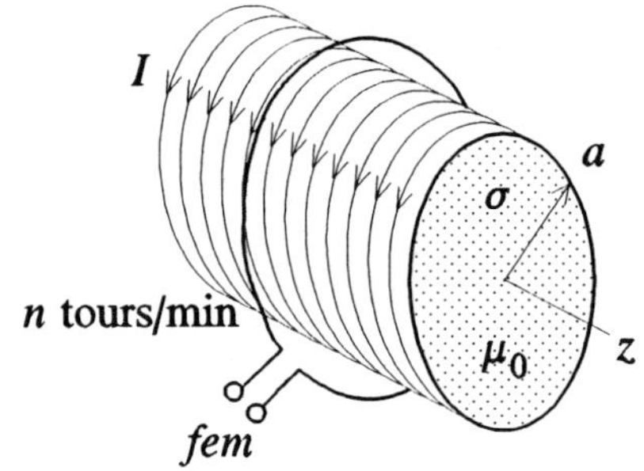

Figure 5.23

a) Quelle est la densité des courants de Foucault circulant dans le liquide? (Pour ce calcul seulement, on considère que le champ magnétique produit par les courants de Foucault est négligeable par rapport à celui produit par le courant I.)

b) Quelle est l'expression décrivant la densité de flux magnétique **B** produit par ces courants de Foucault?
Note : les courants de Foucault $\mathbf{J}_\phi(\rho)$ forment des solénoïdes coaxiaux d'épaisseur $d\rho$ dont la densité de courant surfacique est $\mathbf{K}_\phi(\rho) = \mathbf{J}_\phi(\rho)\, d\rho$.

c) Quelle est l'expression de la fem totale induite par le courant I et par les courants de Foucault dans une boucle de fil entourant le tuyau? Pour les valeurs : $a = 10$ cm, $n = 1\,000$ tours/m, $I_0 = 0{,}2$ A, $\omega = 10^6$ rad/s, $\sigma = 2$ S/m, quelle est la valeur maximale de la fem induite par les courants de Foucault dans la boucle?

5.23 COURANTS DE DÉPLACEMENT DANS UN SOLÉNOÏDE

Énoncé

Un solénoïde rempli d'air, de rayon a et de longueur l ($l \gg a$) comporte N tours.

a) Quelle est l'inductance L du solénoïde?

b) Pour un courant $I = I_0 \sin\omega t$, quelle est la densité de courant de déplacement à l'intérieur du solénoïde?

c) Quel est le champ magnétique $\mathbf{H}'$ produit par le courant de déplacement? (suggestion, $H_z = K_\phi$ dans un solénoïde)

d) Quelle est l'énergie magnétique W'_m associée à $\mathbf{H}'$?

e) Quelle est l'inductance L' associée à l'énergie W'_m?

f) Pour $a = 1$ cm, $l = 10$ cm et $N = 100$ tours, trouver le rapport L'/L.

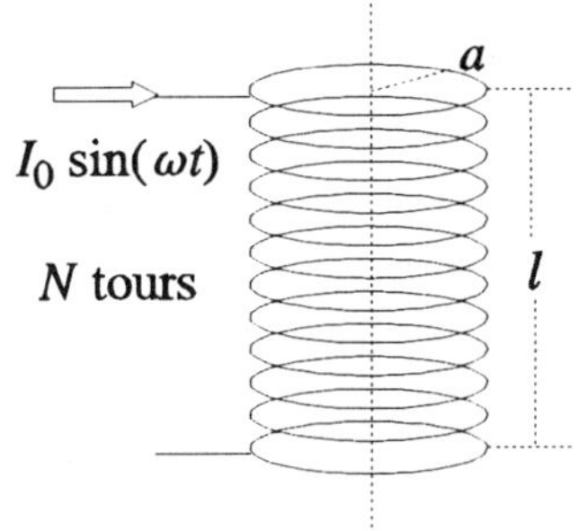

Figure 5.24

5.24 FILTRE MICRO-ONDES

Énoncé

Dans un circuit micro-ondes, un filtre peut être réalisé à l'aide d'une ligne de transmission à microruban dont la largeur varie selon la distance. Ce microruban est une surface conductrice déposée sur un côté d'un circuit imprimé d'épaisseur h, de permittivité ϵ et de perméabilité μ; l'autre côté du circuit imprimé est un plan conducteur mis à la masse. Dans l'exemple présenté à la figure 5.25, la ligne débute avec une largeur $2b_1$ sur une longueur a_1, suivie d'une largeur $2b_2$ sur une longueur a_2, et ainsi de suite pour un total de cinq segments. On considère que la longueur d'onde est beaucoup plus grande que les dimensions de ce circuit.

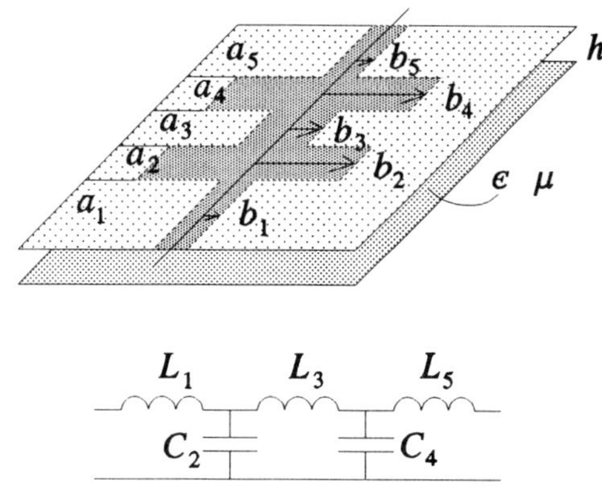

Figure 5.25

a) Trouver la capacité C du système formé d'une surface métallique rectangulaire de longueur a et de largeur $2b$ située à une distance h au-dessus d'un plan de masse ($h \ll a$ et b).

b) Trouver l'inductance L d'une ligne rectangulaire de largeur $2b$ et dans laquelle circule un courant I selon la longueur a, cette ligne est située à une distance h au-dessus d'un plan de masse ($h \ll a$ et b).

c) Choisir et justifier vos hypothèses, puis montrer que le circuit microruban illustré au haut de la figure, peut être représenté par le circuit LC illustré au bas, où les inductances L_1, L_3 et L_5 sont associées aux segments 1, 3 et 5, tandis que les capacités C_2 et C_4 sont associées aux segments 2 et 4.

d) Quelles sont les valeurs des inductances L_1, L_3 et L_5 et des capacités C_2 et C_4 lorsque $h = 0{,}1$ mm, $\epsilon = 2{,}33\ \epsilon_0$, $\mu = \mu_0$, $a_1 = 4$ mm, $b_1 = 0{,}4$ mm, $a_2 = 1$ mm, $b_2 = 6{,}4$ mm, $a_3 = 4$ mm, $b_3 = 0{,}8$ mm, $a_4 = 1$ mm, $b_4 = 6{,}4$ mm, $a_5 = 4$ mm, $b_5 = 0{,}4$ mm.

CHAPITRE 6

Propagation des ondes électromagnétiques

Dans le chapitre 5, nous avons vu que les variations dans l'espace des champs électriques et magnétiques sont reliées aux variations temporelles des champs électriques et magnétiques par l'intermédiaire des équations de Maxwell. Cette interdépendance est à l'origine des phénomènes de propagation d'ondes électromagnétiques. Dans ce chapitre, on présentera les relations importantes qui régissent la propagation des ondes électromagnétiques dans un milieu diélectrique infini, isotrope, linéaire et sans charge ayant comme caractéristiques ϵ et μ.

Rappel théorique

Équation d'onde. Dans un milieu diélectrique, les champs électrique et magnétique de l'onde électromagnétique solutionnent des équations d'ondes ci-dessous et vérifient les équations de Maxwell.

$$\nabla^2\mathbf{E} - \epsilon\mu \frac{\partial^2\mathbf{E}}{\partial t^2} = 0 \tag{6.1}$$

$$\nabla^2\mathbf{H} - \epsilon\mu \frac{\partial^2\mathbf{H}}{\partial t^2} = 0 \tag{6.2}$$

Onde plane uniforme en régime harmonique. Dans un régime harmonique (ondes sinusoïdales), une onde se propageant dans la direction $\hat{\mathbf{n}}$ dans un milieu diélectrique peut être décrite par :

$$\mathbf{E} = \mathbf{E}_0 \cos(\omega t - \beta(\hat{\mathbf{n}} \cdot \boldsymbol{r})) \tag{6.3}$$

$$\text{avec} \qquad \beta = \omega\sqrt{\mu\epsilon} \tag{6.4}$$

où β est la constante de phase (rad/m), ω est la fréquence angulaire de l'onde (rad/s), $\mathbf{E}_0$ est le vecteur champ électrique à $t = r = 0$ et $\mathbf{r}(x, y, z)$ est le vecteur au point d'observation. Dans cette situation, les équations suivantes relient les champs électrique et magnétique :

$$\mathbf{H} = \frac{1}{\eta}(\hat{\mathbf{n}} \times \mathbf{E}) \tag{6.5}$$

$$\mathbf{E} = \eta(\mathbf{H} \times \hat{\mathbf{n}}) \tag{6.6}$$

$$\text{avec} \qquad \eta = \sqrt{\frac{\mu}{\epsilon}}\ (\Omega) \tag{6.7}$$

où η est l'impédance caractéristique du milieu dans lequel l'onde se propage. On note que les vecteurs $\mathbf{E}_0$, $\mathbf{H}_0$ et $\hat{\mathbf{n}}$ sont tous perpendiculaires entre eux.

La vitesse de phase de cette onde est :

$$v = \frac{\omega}{\beta} = \frac{1}{\sqrt{\epsilon\mu}} \tag{6.8}$$

La longueur d'onde de cette onde est :

$$\lambda = \frac{2\pi}{\beta} = \frac{v}{f} \tag{6.9}$$

où f est la fréquence (s^{-1}). La période est la suivante :

$$T = \frac{1}{f} = \frac{2\pi}{\omega} \tag{6.10}$$

Pour le vide on a :

$$v = c = \frac{1}{\sqrt{\epsilon_0\mu_0}} = 3 \cdot 10^8 \text{ m}/s$$

$$\eta_0 = \sqrt{\frac{\mu_0}{\epsilon_0}} = 120\ \pi = 377\ \Omega$$

Une onde plane est une onde ayant un champ électrique **E** et un champ magnétique **H** qui sont perpendiculaires à la direction de propagation. Les plans de phase constante de cette onde sont des plans transversaux à la direction de propagation. En pratique, des ondes de formes plus complexes sont émises par les antennes mais lorsqu'elles sont observées très loin de leur source, elles peuvent être représentées par des ondes planes. Une onde plane uniforme est une onde plane dont le champ électrique **E** et le champ magnétique **H** sont uniformes dans le plan perpendiculaire à la direction de propagation.

Vecteur de Poynting et transport d'énergie. Une onde électromagnétique transporte de l'énergie. La densité de puissance instantanée transportée par l'onde électromagnétique est égale au vecteur de Poynting :

$$\boldsymbol{\wp} = \mathbf{E} \times \mathbf{H} \tag{6.11}$$

La valeur moyenne du vecteur de Poynting peut être obtenue par l'intégrale suivante :

$$\langle \boldsymbol{\wp} \rangle = \frac{1}{T} \int_0^T (\mathbf{E} \times \mathbf{H})\ dt \tag{6.12}$$

où T (s) est la période de l'onde électromagnétique (6.10). La puissance moyenne qui traverse une surface S est :

$$P = \int_S \langle \mathbf{\wp} \rangle \cdot d\mathbf{s} \tag{6.13}$$

Polarisation des ondes électromagnétiques. Dans le cas d'une onde plane uniforme, on a déjà mentionné que le champ électrique **E** et le champ magnétique **H** sont perpendiculaires à la direction de propagation $\hat{\mathbf{n}}$ mais on ne connaît pas leur orientation dans le plan transversal à la direction de propagation. Trois types de polarisation sont possibles.

Polarisation linéaire. Les formes canoniques des champs électrique **E** et magnétique **H** d'une onde plane se propageant dans la direction $\hat{\mathbf{n}}$ et polarisée linéairement sont :

$$\mathbf{E} = \mathbf{E}_0 \cos(\omega t - \beta(\hat{\mathbf{n}} \cdot \mathbf{r})) \tag{6.14}$$

$$\mathbf{H} = \mathbf{H}_0 \cos(\omega t - \beta(\hat{\mathbf{n}} \cdot \mathbf{r})) \tag{6.15}$$

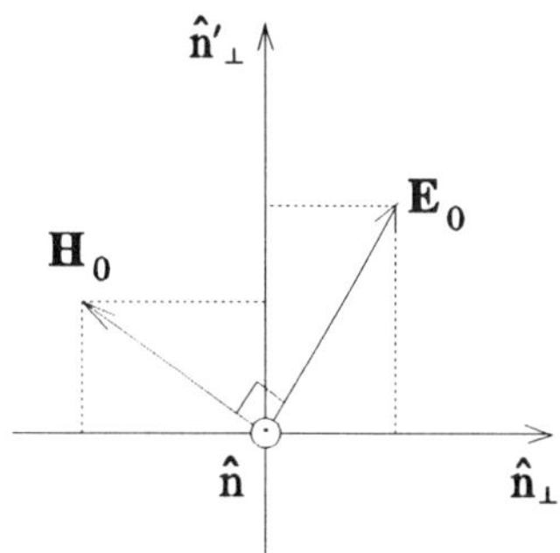

Figure 6.1

où $\mathbf{E}_0$ et $\mathbf{H}_0$ sont respectivement les vecteurs champ électrique et champ magnétique à $t = r = 0$. L'extrémité du vecteur champ électrique **E** se déplace suivant une droite dans un plan transversal à la direction de propagation, dans un mouvement d'oscillation. Le comportement du vecteur champ magnétique est similaire. Le vecteur de Poynting moyen est obtenu en combinant les équations 6.5, 6.6 et 6.12 :

$$\langle \mathbf{\wp} \rangle = \frac{1}{2} \frac{|\mathbf{E}_0|^2}{\eta} \hat{\mathbf{n}} = \frac{1}{2} \eta \, |\mathbf{H}_0|^2 \hat{\mathbf{n}} = \frac{1}{2} |\mathbf{E}_0| \, |\mathbf{H}_0| \, \hat{\mathbf{n}} \tag{6.16}$$

Polarisation elliptique. Les formes canoniques des champs électriques et magnétiques d'une onde plane se propageant dans une direction quelconque $\hat{\mathbf{n}}$ et ayant une polarisation elliptique sont :

$$\mathbf{E} = E_{0\perp} \cos(\omega t - \beta(\hat{\mathbf{n}} \cdot \mathbf{r})) \, \hat{\mathbf{n}}_\perp + E_{0\perp}' \cos(\omega t - \beta(\hat{\mathbf{n}} \cdot \mathbf{r}) - \phi) \, \hat{\mathbf{n}}_\perp' \tag{6.17}$$

$$\mathbf{H} = H_{0\perp} \cos(\omega t - \beta(\hat{\mathbf{n}} \cdot \mathbf{r}) + \phi) \, \hat{\mathbf{n}}_\perp + H_{0\perp}' \cos(\omega t - \beta(\hat{\mathbf{n}} \cdot \mathbf{r})) \, \hat{\mathbf{n}}_\perp' \tag{6.18}$$

$(E_{0\perp}, E_{0\perp}')$ et $(H_{0\perp}, H_{0\perp}')$ sont les composantes des vecteurs champ électrique et champ magnétique à $t = r = 0$ dans un repère orthonormé $(0, \hat{\mathbf{n}}, \hat{\mathbf{n}}_\perp, \hat{\mathbf{n}}_\perp')$. L'extrémité du vecteur champ électrique **E** a une trajectoire elliptique dans le plan transversal à la direction de propagation.

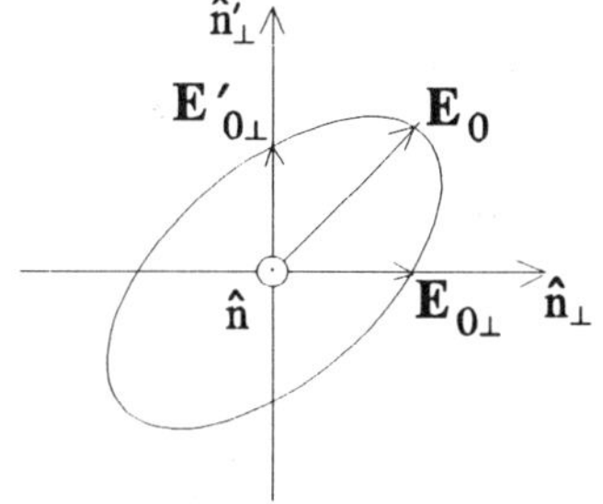

Figure 6.2

Polarisation circulaire. Dans le cas où $|E_{0\perp}| = |E_{0\perp}'| = |E_0|$ et que les deux composantes du champ électrique sont en quadrature de phase ($\phi = \pm\pi/2$) : la polarisation elliptique devient une polarisation circulaire. Les formes canoniques des champs électrique et magnétique d'une onde plane se propageant dans une direction quelconque $\hat{\mathbf{n}}$ et ayant une polarisation circulaire sont :

$$\mathbf{E} = E_0 \left[\cos(\omega t - \beta(\hat{\mathbf{n}} \cdot \mathbf{r}))\, \hat{\mathbf{n}}_\perp + \sin(\omega t - \beta(\hat{\mathbf{n}} \cdot \mathbf{r}))\, \hat{\mathbf{n}}_\perp'\right] \qquad (6.19)$$

$$\mathbf{H} = H_0 \left[-\sin(\omega t - \beta(\hat{\mathbf{n}} \cdot \mathbf{r}))\, \hat{\mathbf{n}}_\perp + \cos(\omega t - \beta(\hat{\mathbf{n}} \cdot \mathbf{r}))\, \hat{\mathbf{n}}_\perp'\right] \qquad (6.20)$$

où E_0 et H_0 sont respectivement les amplitudes des champs électrique et magnétique à $t = r = 0$, $\hat{\mathbf{n}}_\perp$ et $\hat{\mathbf{n}}_\perp'$ sont deux vecteurs unitaires et perpendiculaires entre eux dans le plan transversal à la direction de propagation $\hat{\mathbf{n}}$.

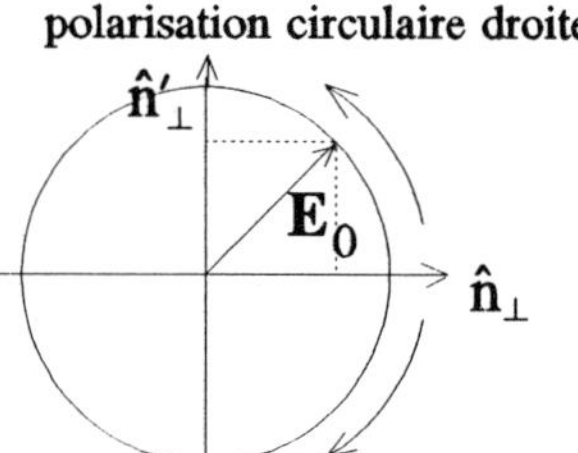

Figure 6.3

Le vecteur de Poynting moyen est :

$$\langle \mathcal{P} \rangle = E_0 H_0\, \hat{\mathbf{n}} \qquad (6.18)$$

L'extrémité du vecteur champ électrique **E** suit une trajectoire circulaire dans le plan transversal à la direction de propagation. On dit qu'on a une polarisation circulaire droite si le champ électrique tourne dans le sens antihoraire et une polarisation circulaire gauche si le champ électrique tourne dans le sens horaire pour un observateur vers lequel l'onde se dirige.

6.1 ONDE PLANE À POLARISATION CIRCULAIRE

Énoncé

Dans un milieu non conducteur de permittivité relative $\epsilon_r = 3$ et de perméabilité relative $\mu_r = 4$, l'intensité du champ électrique est la suivante :

$$\mathbf{E} = 10\, \hat{\mathbf{x}} \sin(10^7 t - \beta z) + 10\, \hat{\mathbf{y}} \cos(10^7 t - \beta z)$$

a) Quelle est le type de polarisation de cette onde?
b) Quelle est la direction de propagation de l'onde?
c) Quelle est la valeur de la constante de phase β?
d) Quelle est l'expression du champ magnétique **H**?
e) Quelle est l'expression du vecteur de Poynting $\mathcal{P}$?

Solution

a) La polarisation de cette onde est circulaire, car elle respecte les conditions suivantes :
   1- l'angle formé entre les deux composantes est de 90°;
   2- les composantes sont de forme sinusoïdale, de même amplitude et déphasées dans le temps de $\pi/2$.

b) La direction de propagation d'une onde plane est toujours perpendiculaire à la fois au champ électrique et au champ magnétique. Dans ce cas-ci, la direction de propagation est $+\hat{\mathbf{z}}$.

c) Dans un diélectrique parfait, $\beta = \omega\sqrt{\mu\epsilon}$ (équat. 6.4), nous avons donc $\beta = 0{,}116$ rad/m.

d) Pour les ondes planes, l'expression générale reliant le champ magnétique au champ électrique est la suivante (équat. 6.5) :

$$\mathbf{H} = \frac{\hat{\mathbf{n}} \times \mathbf{E}}{\eta} \quad \text{où} \quad \eta = \sqrt{\frac{\mu}{\epsilon}}$$

nous obtenons donc :

$$\mathbf{H} = 0{,}023\left[-\cos(10^7 t - \beta z)\,\hat{\mathbf{x}} + \sin(10^7 t - \beta z)\,\hat{\mathbf{y}}\right] \text{ (A/m)}$$

e) Le vecteur de Poynting se calcule comme suit (équat. 6.11) :

$$\boldsymbol{\wp} = \mathbf{E} \times \mathbf{H}$$

Ici,

$$\boldsymbol{\wp} = 0{,}23\left[\cos^2(10^7 t - \beta z) + \sin^2(10^7 t - \beta z)\right]\hat{\mathbf{z}} = 0{,}23\,\hat{\mathbf{z}} \text{ W/m}^2$$

6.2 BOUCLE RÉCEPTRICE (onde plane polarisée linéairement)

Énoncé

Une onde électromagnétique plane, uniforme, sinusoïdale, polarisée linéairement et de fréquence $f = 3$ MHz se propage dans le vide avec un champ électrique maximal de 0,1 V/m. Quelle est la force électromotrice maximale qu'elle induit dans une boucle réceptrice constituée de 1 tour de fil, ayant une surface de 1 m^2 et orientée de façon à ce que son plan soit parallèle à la direction de propagation de l'onde et que le vecteur du champ électrique fasse un angle de 30° avec le vecteur normal à la surface de la boucle?

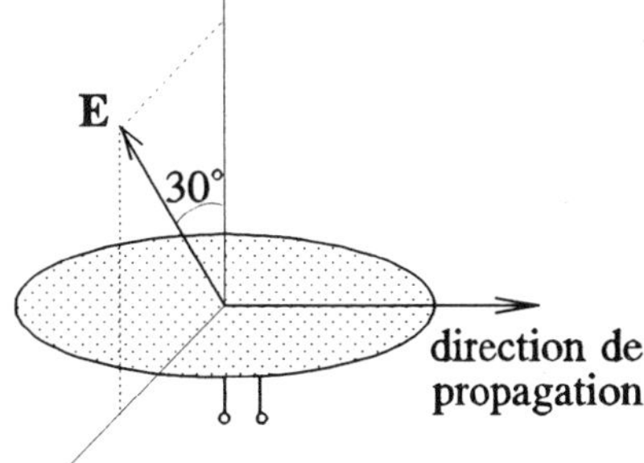

Figure 6.4

Solution

Afin de simplifier les calculs, nous pouvons poser l'hypothèse que la densité de flux magnétique est uniforme dans la boucle pour un instant donné. Cette opération est justifiée, car (équat. 6.9) :

$$\lambda = \frac{c}{f} = \frac{3 \times 10^8 \text{ m/s}}{3 \times 10^6 s^{-1}} = 100 \text{ m} \gg \text{diamètre}$$

Nous pouvons donc calculer la force électromotrice en fonction de la densité de flux magnétique (équat. 5.1) :

$$fem = -\frac{d}{dt}\int_s \mathbf{B} \cdot ds = -\frac{d\mathbf{B}}{dt} \cdot \mathbf{S} = -\frac{d\mathbf{B}}{dt}(1\ \mathrm{m}^2)\sin(30°)$$

Comme il s'agit d'une onde plane polarisée linéairement, il est facile de trouver l'expression du champ magnétique à partir de celle du champ électrique :

$$|\mathbf{B}| = \mu_0|\mathbf{H}| = \frac{\mu_0}{\eta_0}|\mathbf{E}| = \frac{\mu_0}{\eta_0}E_0\ \sin(\omega t)$$

La force électromotrice maximale sera donc :

$$fem_{\max} = \frac{\mu_0 \omega E_0\ \sin(30°)}{\eta_0}$$

Application numérique :

$$fem = 3{,}14\ \mathrm{mV}$$

6.3 RÉSEAU DE BOUCLES (onde plane polarisée linéairement)

Énoncé

Il est possible d'accroître l'amplitude du signal de sortie d'une antenne de réception en ajoutant à cette antenne de nouveaux éléments qui forment un réseau. La figure 6.5 illustre une antenne en réseau située dans l'air et qui est formée de deux boucles de fil métallique. Les surfaces des boucles sont perpendiculaires à l'axe des y et les centres des boucles sont situées à $y = -d$ et $y = +d$. Les boucles sont reliées en série de façon à ce que le signal à la sortie de l'antenne soit égal à la somme des forces électromotrices induites dans chacune des deux boucles. Les boucles ont un rayon a qui est très petit par rapport à la longueur d'onde λ, la densité de flux magnétique **B** est donc presque uniforme dans les boucles. Toutefois, d n'est pas négligeable par rapport à λ. Pour une onde électromagnétique dont le champ électrique est décrit par :

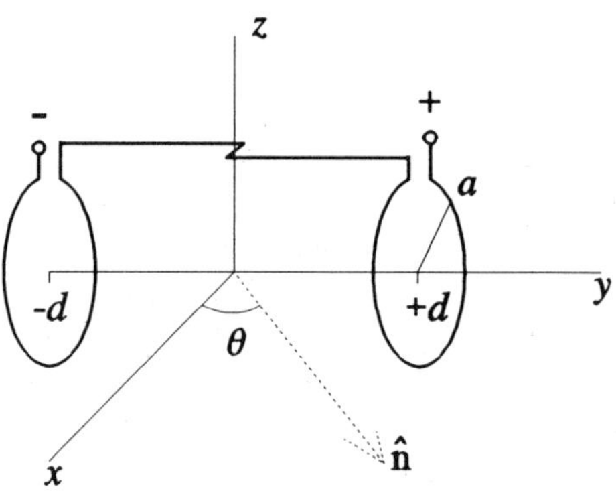

Figure 6.5

$$\mathbf{E} = (4\hat{\mathbf{x}} - 3\hat{\mathbf{y}} + 2\hat{\mathbf{z}})\cos(1{,}5 \times 10^8 t - 0{,}3x - 0{,}4y)\ \mathrm{mV/m}$$

a) Quelles sont les valeurs numériques de la direction de propagation **n**, de la constante de phase β, et de la longueur d'onde λ?

b) Quelle est l'expression du champ magnétique **H**?

c) Pour a = 10 cm et d = 1,96 m, quelle est la valeur maximale de la somme des forces électromotrices (fem) induites dans les boucles? (L'identité suivante peut être utilisée : sin(A) + sin(B) = 2 sin½(A + B) × cos½(A - B).)

d) Quelles sont les valeurs de distance d pour lesquelles la somme des fem induites dans les deux boucles est nulle?

Solution

a) Trouvons tout d'abord les constantes demandées. L'expression du champ électrique correspond à la forme générale d'une onde plane polarisée linéairement (6,3) et nous pouvons développer le terme selon la position :

$$-\beta(\hat{\mathbf{n}} \cdot \mathbf{r}) = -(0{,}3\hat{\mathbf{x}} + 0{,}4\hat{\mathbf{y}}) = -\sqrt{0{,}3^2 + 0{,}4^2 + 0}\;\frac{(0{,}3\hat{\mathbf{x}} + 0{,}4\hat{\mathbf{y}} + 0\hat{\mathbf{z}})}{\sqrt{0{,}3^2 + 0{,}4^2 + 0}}$$

d'où nous tirons :

$$\beta = \sqrt{0{,}3^2 + 0{,}4^2 + 0} = 0{,}5 \qquad \text{et} \qquad \hat{\mathbf{n}} = \left(\frac{3}{5}, \frac{4}{5}, 0\right)$$

La longueur d'onde est obtenue en appliquant l'équation (6.9) :

$$\lambda = \frac{2\pi}{\beta} = 12{,}56 \text{ m}$$

b) Pour une onde plane polarisée linéairement, nous pouvons trouver **H** en appliquant l'équation (6.5) :

$$\mathbf{H} = \frac{1}{\eta}(\hat{\mathbf{n}} \times \mathbf{E}) = \frac{1}{377}\left(\frac{8\hat{\mathbf{x}} - 6\hat{\mathbf{y}} - 25\hat{\mathbf{z}}}{5}\right)\cos(1{,}5 \times 10^8 t - 0{,}3x - 0{,}4y) \text{ mA/m}$$

c) La fem induite dans la boucle située à y = d est :

$$fem = \mathbf{S} \cdot -\frac{d\mathbf{B}}{dt} = -\pi a^2 \mu_0 \frac{dH_y}{dt} = -\pi a^2 \mu_0 H_{0y}\,\omega \sin(\omega t - 0{,}4d)$$

En ajoutant la fem induite dans la boucle située à y = $-d$, on obtient la fem totale :

$$fem = -\pi a^2 \mu_0 H_{0y}\,\omega\,[\sin(\omega t - 0{,}4d) + \sin(\omega t + 0{,}4d)]$$

En utilisant l'identité suggérée, il est possible de simplifier cette équation :

$$fem = -2\pi a^2 \mu_0 H_{0y}\,\omega \sin(\omega t) \cos(0{,}4d)$$

La valeur maximale de la fem est alors :

$$fem = 2\pi a^2 \mu_0 H_{0y}\,\omega \cos(0{,}4d) = 26{,}2\ \mu\text{V}$$

d) Dans l'équation précédente, on note que la fem est nulle lorsque $\cos(0{,}4d) = 0$, soit lorsque $d = n\pi/(0{,}8)$ où n est un entier impair. Avec ce type d'antenne en réseau, il est donc possible d'éliminer un signal d'interférence provenant d'une direction donnée en ajustant la distance entre les boucles.

6.4 CAVITÉ RÉSONANTE (onde non plane)

Énoncé

Dans une cavité résonante de section rectangulaire où la perméabilité et la permittivité sont celles du vide, le champ électrique possède les composantes :

$$E_x = 0, \qquad E_y = E_0 \sin\left(\frac{\pi x}{a}\right) \sin\left(\frac{\pi z}{c}\right) \sin(\omega t), \qquad E_z = 0$$

a) Donner l'expression de $\mathbf{H}(x, y, z, t)$?

b) On place à l'intérieur de la cavité une petite boucle constituée d'un seul tour de fil dont la présence ne modifie pas le champ électromagnétique. La surface de la boucle est égale à S et la normale à cette surface est orientée selon l'axe x. Le diamètre de la boucle est beaucoup plus petit que les dimensions de la cavité résonante. Trouver une position de la boucle (x, y, z) pour laquelle la force électromotrice induite aux bornes de la boucle est maximale. Quelle est la valeur de cette force électromotrice?

c) Quelle doit être la valeur de la fréquence angulaire ω pour que $\mathbf{E}$ soit une solution de l'équation d'onde?

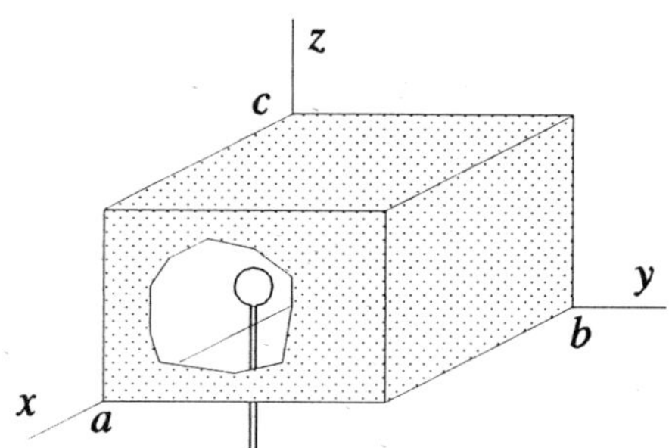

Figure 6.6

Solution

a) Puisqu'il s'agit d'une onde non plane, nous pouvons trouver $\mathbf{H}$ en intégrant la troisième équation de Maxwell (5.3) par rapport au temps :

$$\mathbf{H} = \frac{-1}{\mu_0} \int (\nabla \times \mathbf{E})\, dt$$

Il s'agit donc d'évaluer tout d'abord le rotationnel de $\mathbf{E}$:

$$\nabla \times \mathbf{E} = \begin{bmatrix} \hat{\mathbf{x}} & \hat{\mathbf{y}} & \hat{\mathbf{z}} \\ \dfrac{\partial}{\partial x} & \dfrac{\partial}{\partial y} & \dfrac{\partial}{\partial z} \\ 0 & E_y & 0 \end{bmatrix} = \frac{-\partial E_y}{\partial z}\, \hat{\mathbf{x}} + \frac{\partial E_y}{\partial x}\, \hat{\mathbf{z}}$$

$$\nabla \times \mathbf{E} = E_0 \sin(\omega t) \left[\frac{-\pi}{c} \sin\left(\frac{\pi x}{a}\right) \cos\left(\frac{\pi z}{c}\right) \hat{\mathbf{x}} + \frac{\pi}{a} \cos\left(\frac{\pi x}{a}\right) \sin\left(\frac{\pi z}{c}\right) \hat{\mathbf{z}} \right]$$

Nous pouvons maintenant intégrer ce rotationnel par rapport au temps pour obtenir :

$$\mathbf{H} = \frac{E_0}{\mu_0 \omega} \cos(\omega t) \left[\frac{-\pi}{c} \sin\left(\frac{\pi x}{a}\right) \cos\left(\frac{\pi z}{c}\right) \hat{\mathbf{x}} + \frac{\pi}{a} \cos\left(\frac{\pi x}{a}\right) \sin\left(\frac{\pi z}{c}\right) \hat{\mathbf{z}} \right]$$

b) Dans l'équation précédente, la valeur maximale de H_x peut être observée à la position $z = 0$ et $x = a/2$. La densité de flux selon l'axe x à cet endroit est :

$$B_x = \frac{-E_0 \pi}{c \omega} \cos(\omega t)$$

En plaçant la boucle à cet endroit, la force électromotrice induite dans celle-ci est :

$$fem = -S \frac{dB_x}{dt} = \frac{-S E_0 \pi \sin(\omega t)}{c}$$

c) Calculons d'abord le Laplacien vectoriel du champ électrique (formule 15 en annexe) :

$$\nabla^2 \mathbf{E} = \nabla^2 E_x \hat{\mathbf{x}} + \nabla^2 E_y \hat{\mathbf{y}} + \nabla^2 E_z \hat{\mathbf{z}} = \left(\frac{\partial^2 E_y}{\partial x^2} + \frac{\partial^2 E_y}{\partial y^2} + \frac{\partial^2 E_y}{\partial z^2} \right) \hat{\mathbf{y}}$$

$$\nabla^2 \mathbf{E} = -E_y \left(\frac{\pi^2}{a^2} + \frac{\pi^2}{c^2} \right)$$

Ensuite, évaluons la seconde partie de l'équation d'onde :

$$\mu_0 \epsilon_0 \frac{\partial^2 E_y}{\partial t^2} = \mu_0 \epsilon_0 (-\omega^2) E_y$$

Finalement, en réunissant les deux parties, nous isolons la fréquence angulaire de résonance ω :

$$\omega = \frac{1}{\sqrt{\mu_0 \epsilon_0}} \sqrt{\frac{\pi^2}{a^2} + \frac{\pi^2}{c^2}}$$

6.5 ANTENNE DOUBLET (potentiels retardés, Maxwell, Poynting)

Énoncé

Soit une antenne doublet de longueur infinitésimale l portant un courant $I = I_0 \cos \omega t$ et placée dans le vide à l'origine.

a) Calculer le potentiel vecteur magnétique $\mathbf{A}(r, t)$ instantané au point d'observation fixe $\mathbf{r}$. On considère que la distance $\mathbf{r}$ est très grande par rapport à la longueur l de l'antenne.
b) Calculer les vecteurs champs électrique et magnétique $\mathbf{E}(r, t)$ et $\mathbf{H}(r, t)$.
c) Trouver les champs éloignés $\mathbf{E}(r, t)$ et $\mathbf{H}(r, t)$ (c'est-à-dire pour $r \gg \lambda$).

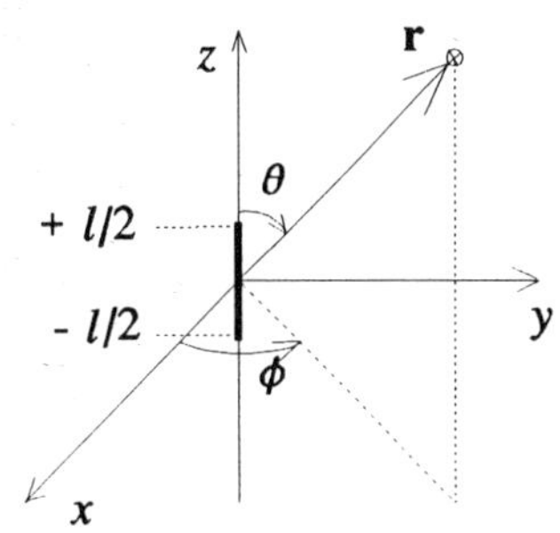

Figure 6.7

d) Calculer l'expression du vecteur de Poynting loin de l'antenne ($r \gg \lambda$). Montrer que la densité de puissance est maximale pour $\theta = \pi/2$ et qu'elle est nulle pour $\theta = 0$.
e) Calculer la puissance totale irradiée par l'antenne.

Solution

a) Sachant que la longueur de l'antenne est très petite par rapport à la distance r, l'équation 5.8 permet d'obtenir :

$$\mathbf{A}(t, r) = \int_L \frac{\mu_0[I(t)]\, d\mathbf{l}}{4\pi|\mathbf{r} - \mathbf{r}'|} = \int_{-\frac{l}{2}}^{\frac{l}{2}} \frac{\mu_0[I(t)]\, d\hat{\mathbf{z}}}{4\pi r} = \frac{\mu_0[I(t)]\, l}{4\pi r}\, \hat{\mathbf{z}}$$

avec

$$[I(t)] = I(t') = I\left(t - \frac{r}{v}\right) = I_0 \cos\left[\omega\left(t - \frac{r}{v}\right)\right] = I_0 \cos(\omega t - \beta r)$$

donc :

$$\mathbf{A}(t, r) = \frac{\mu_0 I_0 l \cos(\omega t - \beta r)}{4\pi r}\, \hat{\mathbf{z}}$$

Dans l'expression de $\mathbf{A}(t, \mathbf{r})$, $\mathbf{r}$ est la variable associée au système de coordonnées sphériques et $\hat{\mathbf{z}}$ est le vecteur unitaire du système de coordonnées cartésiennes. Pour exprimer $\mathbf{A}(t, \mathbf{r})$ dans le système de coordonnées sphériques, il faut exprimer $\hat{\mathbf{z}}$ en fonction des vecteurs $\hat{\mathbf{r}}$ et $\hat{\boldsymbol{\theta}}$:

$$\hat{\mathbf{z}} = \cos\theta\, \hat{\mathbf{r}} - \sin\theta\, \hat{\boldsymbol{\theta}}$$

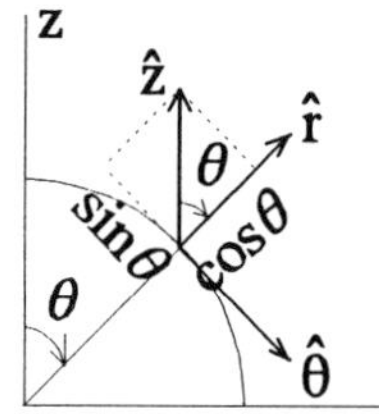

Figure 6.8

ce qui donne :

$$\mathbf{A}(t, r) = \frac{\mu_0 I_0 l \cos(\omega t - \beta r)}{4\pi r} (\cos\theta\, \hat{\mathbf{r}} - \sin\theta\, \hat{\boldsymbol{\theta}})$$

b) Le champ magnétique $\mathbf{H}(t, \mathbf{r})$ peut être déduit du vecteur $\mathbf{A}(t, \mathbf{r})$ de la façon suivante (équat. 4.9) :

$$\mathbf{H} = \frac{1}{\mu_0} \nabla \times \mathbf{A}$$

En se basant sur la symétrie axiale du problème, et en utilisant la formule pour calculer $\nabla \times \mathbf{A}$ dans le système de coordonnées sphériques, nous obtenons :

$$\mathbf{H} = \frac{1}{\mu_0} \frac{1}{r}\left[\frac{\partial(rA_\theta)}{\partial r} - \frac{\partial A_r}{\partial \theta}\right] \hat{\boldsymbol{\phi}}$$

car $\left(\dfrac{\partial}{\partial \phi} = 0\right)$, donc :

$$\mathbf{H} = -\frac{I_0\, l\, \beta \sin\theta}{4\pi r}\left[\sin(\omega t - \beta r) - \frac{\cos(\omega t - \beta r)}{\beta r}\right]\hat{\boldsymbol{\phi}}$$

En utilisant l'équation de Maxwell (5.5) et puisque $\mathbf{J} = 0$, on a :

$$\nabla \times \mathbf{H} = \epsilon_0 \frac{\partial \mathbf{E}}{\partial t}$$

ce qui implique,

$$\mathbf{E} = \frac{1}{\epsilon_0}\int (\nabla \times \mathbf{H})\, dt$$

En considérant la symétrie du problème $\left(\frac{\partial}{\partial \phi} = 0\right)$, on obtient :

$$E_r = -\frac{I_0\, l\, \beta \cos\theta}{2\pi\epsilon_0 \omega r^2}\left[-\cos(\omega t - \beta r) - \frac{\sin(\omega t - \beta r)}{\beta r}\right]$$

$$E_\theta = \frac{I_0\, l \sin\theta}{4\pi\omega\epsilon_0}\frac{\beta^2}{r}\left[-\sin(\omega t - \beta r) + \frac{\cos(\omega t - \beta r)}{\beta r} + \frac{\sin(\omega t - \beta r)}{\beta^2 r^2}\right]$$

c) Pour le champ lointain, on a : $r \gg \lambda$, ce qui permet d'écrire que :

$$\beta r = \frac{2\pi}{\lambda} r \gg 1$$

Dans ce cas, les champs électrique et magnétique peuvent être estimés par :

$$E_r = \frac{I_0\, l\, \beta \cos\theta}{2\pi\epsilon_0 \omega r^2}\cos(\omega t - \beta r)$$

$$E_\theta = -\frac{I_0\, l \sin\theta \beta^2}{4\pi\omega\epsilon_0 r}\sin(\omega t - \beta r)$$

Si r est très grand, la composante E_r devient négligeable par rapport à E_θ et le champ électrique résultant devient :

$$\mathbf{E} = -\frac{I_0\, l\, \beta \sin\theta}{4\pi\epsilon_0 c r}\sin(\omega t - \beta r)\,\hat{\boldsymbol{\theta}}$$

$$\mathbf{E} = -\frac{I_0\, l\, \beta \sin\theta}{4\pi r}\sqrt{\frac{\mu_0}{\epsilon_0}}\sin(\omega t - \beta r)\,\hat{\boldsymbol{\theta}}$$

Le vecteur champ magnétique peut être aussi estimé par sa première composante :

$$\mathbf{H} = -\frac{I_0\, l\, \beta \sin\theta}{4\pi r}\sin(\omega t - \beta r)\,\hat{\boldsymbol{\phi}}$$

On remarque que les champs électrique et magnétique lointains sont perpendiculaires l'un à l'autre et qu'ils sont aussi perpendiculaires à la direction de propagation $\hat{\mathbf{r}}$. Cette onde électromagnétique est presque une onde plane lorsqu'on l'observe loin de la source mais son amplitude décroît avec la distance. On remarque aussi que le rapport E/H est égal à l'impédance du milieu dans lequel l'onde se propage :

$$\eta_0 = \sqrt{\frac{\mu_0}{\epsilon_0}} \quad \text{(vide)}$$

d) Le calcul du vecteur de Poynting lointain est obtenu en utilisant l'équation 6.11 :

$$\mathbf{\wp} = \mathbf{E} \times \mathbf{H} = \eta_0 \left(\frac{I_0\, l\, \beta\, \sin\theta}{4\pi r} \right)^2 \sin^2(\omega t - \beta r)\, \hat{\mathbf{r}}$$

Le vecteur de Poynting moyen est (équat. 6.12) :

$$\langle \mathbf{\wp} \rangle = \frac{1}{T} \int_0^T \mathbf{\wp}\, dt = \frac{\eta_0}{2} \left(\frac{I_0\, l\, \beta\, \sin\theta}{4\pi r} \right)^2 \hat{\mathbf{r}}$$

La valeur maximale du vecteur de Poynting est observée pour $\theta = \pi/2$:

$$\langle \mathbf{\wp} \rangle = \frac{\eta_0}{2} \left(\frac{I_0\, l\, \beta}{4\pi r} \right)^2$$

Pour $\theta = 0$, le vecteur de Poynting est nul et aucune puissance n'est irradiée dans l'axe de l'antenne.

e) La puissance irradiée par l'antenne est égale à la puissance transportée par l'onde électromagnétique à travers une surface sphérique de rayon r.

$$P = \int_S \langle \mathbf{\wp} \rangle \cdot d\mathbf{s} = \int_0^{2\pi} \int_0^{\pi} \langle \mathbf{\wp} \rangle \cdot (r^2 \sin\theta\, d\theta\, d\phi)\, \hat{\mathbf{r}}$$

$$P = \frac{\eta_0}{2} \left(\frac{I_0\, l\, \beta}{4\pi} \right)^2 \int_0^{2\pi} \int_0^{\pi} \sin^3\theta\, d\theta\, d\phi$$

$$P = \frac{\eta_0}{2} \left(\frac{I_0\, l\, \beta}{4\pi} \right)^2 2\pi \times \frac{4}{3}$$

ce qui donne :

$$P = \frac{4\pi\eta_0}{3} \left(\frac{I_0\, l\, \beta}{4\pi} \right)^2 = \eta_0 \frac{\pi}{3} \left(\frac{I_0\, l}{\lambda} \right)^2$$

6.6 ONDE PLANE

Énoncé

Dans un milieu non conducteur de permittivité relative $\epsilon_r = 5$, et de perméabilité relative $\mu_r = 4$, la densité du courant de déplacement est obtenue par l'expression suivante :

$$\frac{\partial \mathbf{D}}{\partial t} = (3\,\hat{\mathbf{x}} + 4\,\hat{\mathbf{y}})\cos(2 \times 10^8 t - \beta z) \quad (\text{A/m}^2)$$

a) Quelle est l'expression de **E**? (négliger les constantes d'intégration)

b) Quelle est la valeur de la constante de phase ß pour que l'équation de propagation soit vérifiée?

c) Quelle est l'expression de **H**?

d) Quelle est l'expression du vecteur de Poynting $\mathcal{P}$?

e) Quelle est la puissance moyenne qui traverse une surface de 1 m^2 placée perpendiculairement à l'axe z?

f) Quelle est le type de polarisation de cette onde?

6.7 ONDE SPHÉRIQUE

Énoncé

Une onde électromagnétique se propageant dans le vide possède les composantes suivantes en coordonnées sphériques :

$$H_\phi = \frac{5}{\pi r}\sin\theta\cos\left(10^8 t - \frac{r}{3}\right), \quad H_r = 0, \quad \text{et} \quad H_\theta = 0$$

a) Quelles sont les expressions de $\nabla \cdot \mathbf{H}$, $\nabla \times \mathbf{H}$, et $\nabla^2\mathbf{H}$?

b) À l'aide de l'expression $\nabla \times \mathbf{H}$, trouver les composantes du champ électrique **E**.

c) Quelles sont les composantes du vecteur de Poynting $\mathcal{P}$?

d) Quelle est la puissance moyenne traversant une surface sphérique de rayon r?

e) Montrer que le champ **H** donné dans ce problème est une solution approximative de l'équation différentielle d'onde lorsque $r \gg 5$.

$$\nabla^2\mathbf{H} = \mu\epsilon\frac{\partial^2\mathbf{H}}{\partial t^2}$$

6.8 VECTEUR DE POYNTING DANS UN CONDENSATEUR

Énoncé

La figure 6.9 illustre un condensateur formé de deux plaques métalliques circulaires de rayon a et qui sont séparées d'une distance d. La plaque du haut possède un potentiel $V = V_0 \sin\omega t$, tandis que la plaque du bas a un potentiel nul. Le milieu séparant les plaques est le vide.

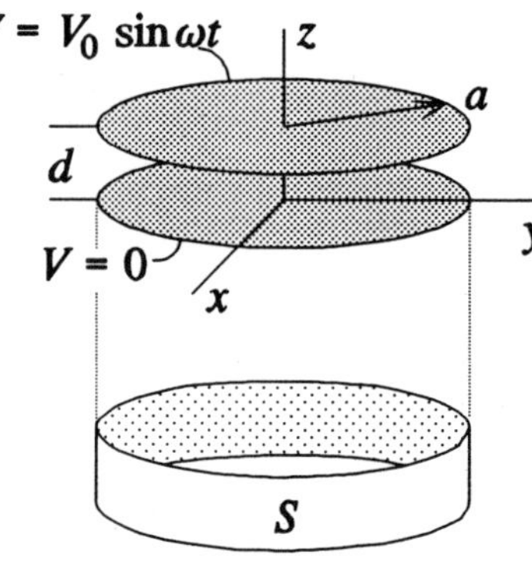

Figure 6.9

a) Quelle est l'intensité du champ électrique **E** et la densité du courant de déplacement entre les deux plaques? (Les effets de bords sont négligeables et l'hypothèse quasi statique est valide, c'est-à-dire que le champ électrique résulte seulement de la différence de potentiel entre les plaques.)
b) Quelle est l'expression de l'intensité du champ magnétique **H** qui est produit par le courant de déplacement entre les plaques?
c) Quelle est l'expression du vecteur de Poynting $\mathcal{P}$ entre les plaques?
d) Quelle est l'expression de la puissance instantanée qui traverse la surface S? Cette surface cylindrique possède un rayon légèrement inférieur au rayon a.

6.9 GUIDE D'ONDES

Énoncé

La figure 6.10 illustre un guide d'ondes qui est constitué d'un tuyau métallique ayant une section rectangulaire. Dans certaines conditions, une onde électromagnétique peut se propager à l'intérieur du guide d'ondes, où les valeurs de la perméabilité et de la permittivité sont celles du vide. Considérons l'expression suivante qui décrit l'intensité du champ magnétique **H** à l'intérieur du guide d'ondes :

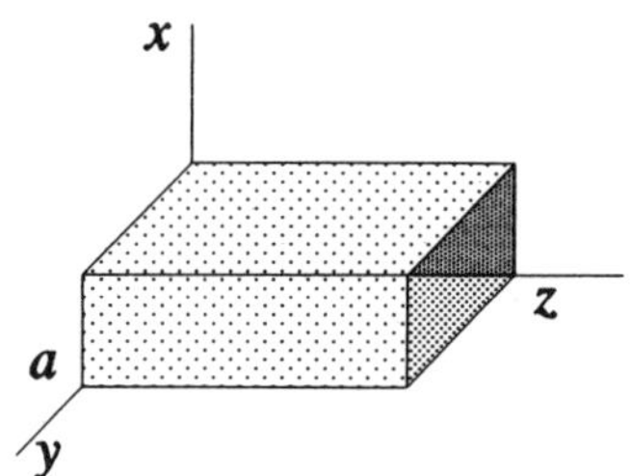

Figure 6.10

$$H_x = 0, \quad H_y = \beta H_0 \sin\left(\frac{\pi y}{a}\right)\cos(\omega t - \beta z), \quad H_z = \frac{\pi H_0}{a}\cos\left(\frac{\pi y}{a}\right)\sin(\omega t - \beta z)$$

a) Pour quelle valeur de ω, est-ce que l'expression de **H** satisfait l'équation d'onde?
b) Quelle est l'intensité du champ électrique **E** à l'intérieur du guide d'ondes?

6.10 ONDE PLANE

Énoncé

Le champ magnétique d'une onde plane dans un milieu non conducteur ayant une perméabilité relative $\mu_r = 1{,}5$ et une permittivité relative $\epsilon_r = 6$ est donné par :

$$\mathbf{H} = 0{,}5\ \hat{\mathbf{x}} \cos(0{,}57\ z - 120\ t) + 0{,}5\ \hat{\mathbf{y}} \sin(0{,}57\ z - 120\ t)$$

a) Calculer la vitesse, la longueur d'onde, la fréquence et l'impédance du milieu.
b) Quelle est l'expression du champ électrique **E**?
c) Quelle est la polarisation de cette onde?
d) Quelle est l'expression du vecteur de Poynting $\mathcal{P}$ ainsi que celle de sa valeur moyenne $<\mathcal{P}>$?

6.11 ONDE PLANE AVEC DIRECTION QUELCONQUE

Énoncé

Le champ électrique d'une onde plane dans un milieu non conducteur ayant une perméabilité relative $\mu_r = 2$ et une permittivité relative $\epsilon_r = 2$ est donné par :

$$\mathbf{E} = (a\hat{\mathbf{x}} + 2\hat{\mathbf{y}} + 4\hat{\mathbf{z}}) \cos(\omega t - 4x - 4y - 2z)$$

a) Calculer la direction de propagation **n**, la constante de phase β, la fréquence angulaire ω et l'amplitude a de la composante de **E** selon l'axe x.
b) Quelle est l'expression du champ magnétique **H**?
c) Quelle est l'expression du vecteur de Poynting $\mathcal{P}$ ainsi que celle de la puissance moyenne qui traverse une surface circulaire de 2 m^2 située à l'origine et dont la normale est orientée selon l'axe x?

6.12 BOUCLES D'ÉMISSION ET DE RÉCEPTION

Énoncé

L'antenne émettrice illustrée à la figure 6.11 est constituée d'une petite boucle comportant un seul tour de fil où circule un courant $I = I_0 \cos(\omega t)$. La boucle est située dans le vide et elle est centrée à l'origine dans le plan xoy. Elle a une surface S et son diamètre est négligeable par rapport à la longueur d'onde λ. Pour un point d'observation situé à une distance **r** qui est beaucoup plus grande que la longueur d'onde λ, le potentiel vecteur magnétique retardé **A** est donné par l'expression suivante :

$$\mathbf{A} = \frac{\mu_0\ m_0\ \sin(\theta)}{2\ r\ \lambda}\ \sin\left(\omega\left(t - \frac{r}{c}\right)\right)\ \hat{\boldsymbol{\phi}}$$

où $m_0 = I_0\ S$ et c est la vitesse de la lumière ($c = 3 \times 10^8$ m/s).

a) Calculer l'expression du champ magnétique **H**.
b) Calculer l'expression de la force électromotrice induite dans une boucle réceptrice de surface S et comportant également un seul tour. Cette seconde boucle est située dans le plan xoy à une distance $d \gg \lambda$ de la boucle émettrice.
c) Calculer l'expression du champ électrique **E**.

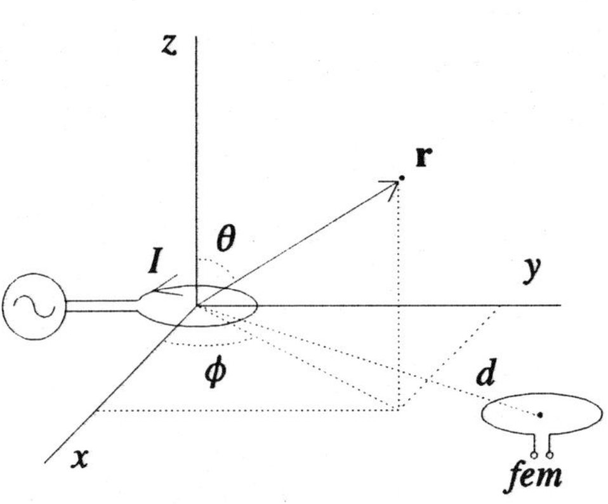

Figure 6.11

Note : Certaines composantes de **H** sont négligeables pour $r \gg \lambda$, c'est le cas du champ lointain.

6.13 RADIOGONIOMÈTRE

Énoncé

Les navires sont munis de radiogoniomètres pour déterminer la direction de propagation d'une onde électromagnétique émise par un autre navire ou par un radiophare. L'antenne du radiogoniomètre est formée de deux cerceaux métalliques : le premier est dans le plan yoz, le second est dans le plan xoz et les deux sont centrés à l'origine et ont un rayon de 20 cm. Ces cerceaux sont ouverts de façon à pouvoir mesurer les forces électromotrices $fem_1(t)$ et $fem_2(t)$ induites par l'onde électromagnétique (les cerceaux sont électriquement isolés).

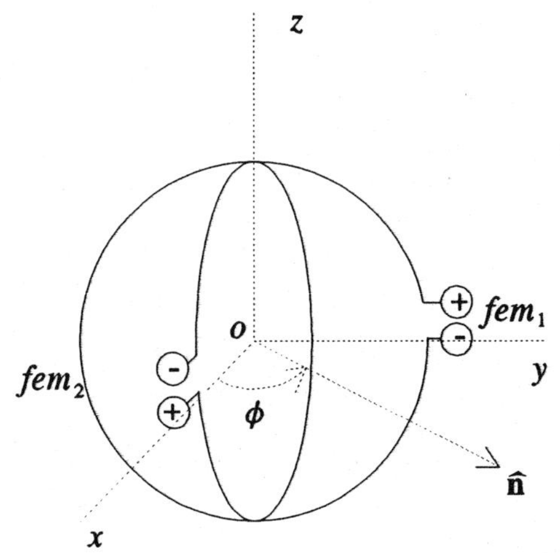

Figure 6.12

Pour une onde dont le champ électrique est décrit par :

$$\mathbf{E} = (3\hat{\mathbf{x}} - 4\hat{\mathbf{y}} + 5\hat{\mathbf{z}})\ \cos(10^8 t - 4x - 3y)$$

a) Quel est la direction de propagation $\hat{\mathbf{n}}$? Quelle est la constante de phase β?
b) Quelle est l'expression du champ magnétique **H**?
c) Quelles sont les forces électromotrices $fem_1(t)$ et $fem_2(t)$? (Simplifier les valeurs numériques.)

d) Pour une onde plane polarisée verticalement ($\mathbf{E} = \mathbf{E}_z$), trouver l'équation permettant de calculer l'angle ϕ entre l'axe x et la direction de propagation $\mathbf{n}$ en fonction de $fem_1(t)$ et $fem_2(t)$. Considérer seulement les cas où : $-\pi/2 < \phi < \pi/2$.

Note : ϕ est positif sur la figure.

6.14 ONDE SPHÉRIQUE

Énoncé

On propose l'expression suivante pour décrire le champ électrique **E** d'une onde sphérique se propageant dans le vide :

$$\mathbf{E} = \frac{120\pi \sin(\theta) \cos(3 \times 10^8 t - \beta r)\ \hat{\boldsymbol{\theta}}}{r}$$

a) Quelle est l'expression du champ magnétique **H**? (Négliger les constantes d'intégration.)
b) Quelle est l'expression du vecteur de Poynting instantané $\mathcal{P}$?
c) Dans quelle région de l'espace l'expression de **E** satisfait-elle à la première équation de Maxwell?

ANNEXE A

Conventions et systèmes de coordonnées

Les systèmes de coordonnées les plus fréquemment utilisées sont les coordonnées cartésiennes, cylindriques et sphériques. Voici une brève description des notations adoptées dans ce recueil :

$\hat{\mathbf{a}}$: vecteur unitaire;
a, **A** : vecteurs;
a, A : scalaires.

L'agrandi à la droite des figures ci-dessous montre un élément de volume dans le système de coordonnées illustré.

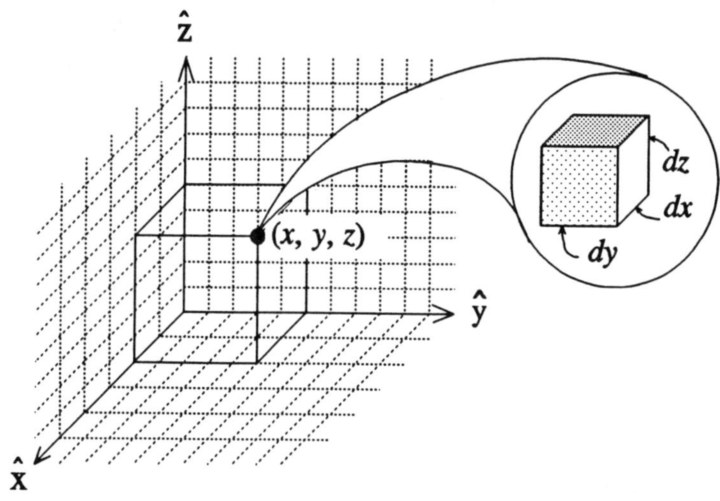

Figure A.1 Coordonnées cartésiennes.

Éléments différentiels utiles :

- vecteur déplacement : $d\mathbf{l} = dx\ \hat{\mathbf{x}} + dy\ \hat{\mathbf{y}} + dz\ \hat{\mathbf{z}}$
- vecteur surface : $d\mathbf{s} = dy\ dz\ \hat{\mathbf{x}} + dx\ dz\ \hat{\mathbf{y}} + dx\ dy\ \hat{\mathbf{z}}$
- volume : $dV = dx\ dy\ dz$

Formules d'analyse vectorielle :

- divergence : $\nabla \cdot \mathbf{D} = \dfrac{\partial D_x}{\partial x} + \dfrac{\partial D_y}{\partial y} + \dfrac{\partial D_z}{\partial z}$

- gradient : $\nabla V = \dfrac{\partial V}{\partial x}\,\hat{\mathbf{x}} + \dfrac{\partial V}{\partial y}\,\hat{\mathbf{y}} + \dfrac{\partial V}{\partial z}\,\hat{\mathbf{z}}$

- Laplacien : $\nabla^2 V = \dfrac{\partial^2 V}{\partial x^2} + \dfrac{\partial^2 V}{\partial y^2} + \dfrac{\partial^2 V}{\partial z^2}$

- rotationnel : $\nabla \times \mathbf{H} = \left(\dfrac{\partial H_z}{\partial y} - \dfrac{\partial H_y}{\partial z}\right)\hat{\mathbf{x}} + \left(\dfrac{\partial H_x}{\partial z} - \dfrac{\partial H_z}{\partial x}\right)\hat{\mathbf{y}} + \left(\dfrac{\partial H_y}{\partial x} - \dfrac{\partial H_x}{\partial y}\right)\hat{\mathbf{z}}$

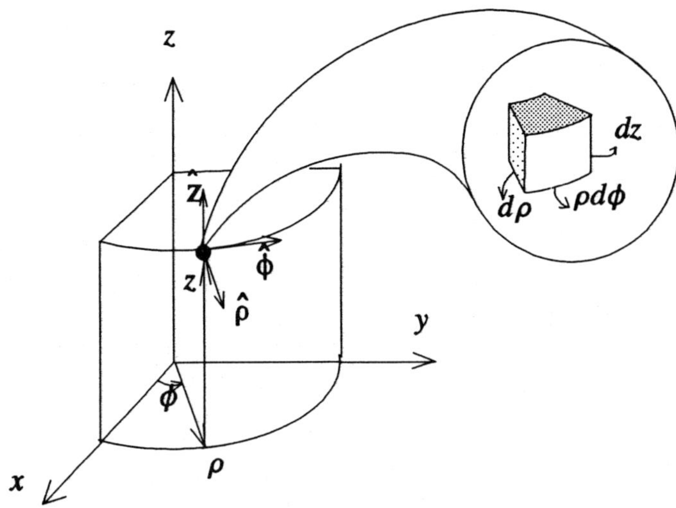

Figure A.2 Coordonnées cylindriques.

Éléments différentiels utiles :

- vecteur déplacement : $d\mathbf{l} = d\rho\;\hat{\boldsymbol{\rho}} + \rho d\phi\;\hat{\boldsymbol{\phi}} + dz\;\hat{\mathbf{z}}$
- vecteur surface : $d\mathbf{s} = \rho\;d\phi\;dz\;\hat{\boldsymbol{\rho}} + d\rho\;dz\;\hat{\boldsymbol{\phi}} + \rho d\rho\;d\phi\;\hat{\mathbf{z}}$
- volume : $dV = \rho\;d\rho\;d\phi\;dz$

Formules d'analyse vectorielle :

- divergence : $\nabla \cdot \mathbf{D} = \dfrac{1}{\rho}\dfrac{\partial(\rho D_\rho)}{\partial \rho} + \dfrac{1}{\rho}\dfrac{\partial D_\phi}{\partial \phi} + \dfrac{\partial D_z}{\partial z}$

- gradient : $\nabla V = \dfrac{\partial V}{\partial \rho}\,\hat{\boldsymbol{\rho}} + \dfrac{1}{\rho}\dfrac{\partial V}{\partial \phi}\,\hat{\boldsymbol{\phi}} + \dfrac{\partial V}{\partial z}\,\hat{\mathbf{z}}$

- Laplacien : $\nabla^2 V = \dfrac{1}{\rho}\dfrac{\partial}{\partial \rho}\left(\dfrac{\rho \partial V}{\partial \rho}\right) + \dfrac{1}{\rho^2}\dfrac{\partial^2 V}{\partial \phi^2} + \dfrac{\partial^2 V}{\partial z^2}$

- rotationnel :

$$\nabla \times \mathbf{H} = \left(\frac{1}{\rho}\frac{\partial H_z}{\partial \phi} - \frac{\partial H_\phi}{\partial z}\right)\hat{\boldsymbol{\rho}} + \left(\frac{\partial H_\rho}{\partial z} - \frac{\partial H_z}{\partial \rho}\right)\hat{\boldsymbol{\phi}} + \frac{1}{\rho}\left(\frac{\partial(\rho H_\phi)}{\partial \rho} - \frac{\partial H_\rho}{\partial \phi}\right)\hat{\mathbf{z}}$$

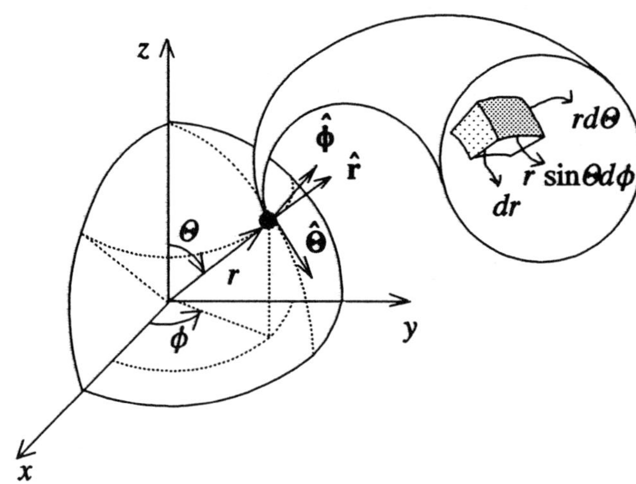

Figure A.3 Coordonnées sphériques.

Éléments différentiels utiles :

- vecteur déplacement : $d\mathbf{l} = dr\,\hat{\mathbf{r}} + r d\theta\,\hat{\boldsymbol{\theta}} + r\sin\theta\,d\phi\,\hat{\boldsymbol{\phi}}$

- vecteur surface : $ds = r^2\sin\theta\,d\theta\,d\phi\,\hat{\mathbf{r}} + r\sin\theta\,dr\,d\phi\,\hat{\boldsymbol{\theta}} + r\,dr\,d\theta\,\hat{\boldsymbol{\phi}}$

- volume : $dV = r^2\sin\theta\,dr\,d\theta\,d\phi$

Formules d'analyse vectorielle :

- divergence : $\nabla \cdot \mathbf{D} = \dfrac{1}{r^2}\dfrac{\partial(r^2 D_r)}{\partial r} + \dfrac{1}{r\sin\theta}\dfrac{\partial(D_\theta \sin\theta)}{\partial \theta} + \dfrac{1}{r\sin\theta}\dfrac{\partial D_\phi}{\partial \phi}$

- gradient :

$$\nabla V = \frac{\partial V}{\partial r}\,\hat{\mathbf{r}} + \frac{1}{r}\,\frac{\partial V}{\partial \theta}\,\hat{\boldsymbol{\theta}} + \frac{1}{r\,\sin\theta}\,\frac{\partial V}{\partial \phi}\,\hat{\boldsymbol{\phi}}$$

- Laplacien :

$$\nabla^2 V = \frac{1}{r^2}\,\frac{\partial}{\partial r}\left(\frac{r^2 \partial V}{\partial r}\right) + \frac{1}{r^2\,\sin\theta}\,\frac{\partial}{\partial \theta}\left(\sin\theta\,\frac{\partial V}{\partial \theta}\right) + \frac{1}{r^2\,\sin^2\theta}\,\frac{\partial^2 V}{\partial \phi^2}$$

- rotationnel :

$$\nabla \times \mathbf{H} = \frac{1}{r\,\sin\theta}\left(\frac{\partial\left(H_\phi\,\sin\theta\right)}{\partial \theta} - \frac{\partial H_\theta}{\partial \phi}\right)\hat{\mathbf{r}} + \frac{1}{r}\left(\frac{1}{\sin\theta}\,\frac{\partial H_r}{\partial \phi} - \frac{\partial\left(r\,H_\phi\right)}{\partial r}\right)\hat{\boldsymbol{\theta}}$$

$$+ \frac{1}{r}\left(\frac{\partial\left(rH_\theta\right)}{\partial r} - \frac{\partial H_r}{\partial \theta}\right)\hat{\boldsymbol{\phi}}$$

ANNEXE B

Formules d'analyse vectorielle

Dans ce tableau, les symboles ψ et ϕ représentent des champs scalaires et **A**, **B**, **C** et **D** représentent des champs vectoriels.

$$\mathbf{A} \cdot \mathbf{B} \times \mathbf{C} = \mathbf{B} \cdot \mathbf{C} \times \mathbf{A} = \mathbf{C} \cdot \mathbf{A} \times \mathbf{B} \tag{1}$$

$$\mathbf{A} \times (\mathbf{B} \times \mathbf{C}) = (\mathbf{A} \cdot \mathbf{C})\mathbf{B} - (\mathbf{A} \cdot \mathbf{B})\mathbf{C} \tag{2}$$

$$\begin{aligned}(\mathbf{A} \times \mathbf{B}) \cdot (\mathbf{C} \times \mathbf{D}) &= \mathbf{A} \cdot [\mathbf{B} \times (\mathbf{C} \times \mathbf{D})] \\ &= (\mathbf{A} \cdot \mathbf{C})(\mathbf{B} \cdot \mathbf{D}) - (\mathbf{A} \cdot \mathbf{D})(\mathbf{B} \cdot \mathbf{C})\end{aligned} \tag{3}$$

$$(\mathbf{A} \times \mathbf{B}) \times (\mathbf{C} \times \mathbf{D}) = [(\mathbf{A} \times \mathbf{B}) \cdot \mathbf{D}]C - [(\mathbf{A} \times \mathbf{B}) \cdot \mathbf{C}]\mathbf{D} \tag{4}$$

$$\nabla(\psi + \phi) = \nabla\psi + \nabla\phi \tag{5}$$

$$\nabla(\psi\phi) = \phi \nabla\psi + \psi\nabla\phi \tag{6}$$

$$\nabla(\mathbf{A} \cdot \mathbf{B}) = (\mathbf{A} \cdot \nabla)\mathbf{B} + (\mathbf{B} \cdot \nabla)\mathbf{A} + \mathbf{A} \times (\nabla \times \mathbf{B}) + \mathbf{B} \times (\nabla \times \mathbf{A}) \tag{7}$$

$$\nabla \cdot (\mathbf{A} + \mathbf{B}) = \nabla \cdot \mathbf{A} + \nabla \cdot \mathbf{B} \tag{8}$$

$$\nabla \cdot (\psi\mathbf{A}) = \mathbf{A} \cdot \nabla\psi + \psi\nabla \cdot \mathbf{A} \tag{9}$$

$$\nabla \cdot (\mathbf{A} \times \mathbf{B}) = \mathbf{B} \cdot \nabla \times \mathbf{A} - \mathbf{A} \cdot \nabla \times \mathbf{B} \tag{10}$$

$$\nabla \times (\mathbf{A} + \mathbf{B}) = \nabla \times \mathbf{A} + \nabla \times \mathbf{B} \tag{11}$$

$$\nabla \times (\psi\mathbf{A}) = \nabla\psi \times \mathbf{A} + \psi\nabla \times \mathbf{A} \tag{12}$$

$$\nabla \times (\mathbf{A} \times \mathbf{B}) = \mathbf{A}\, \nabla \cdot \mathbf{B} - \mathbf{B}\, \nabla \cdot \mathbf{A} + (\mathbf{B} \cdot \nabla)\mathbf{A} - (\mathbf{A} \cdot \nabla)\mathbf{B} \tag{13}$$

$$\nabla \times (\nabla \times \mathbf{A}) = \nabla(\nabla \cdot \mathbf{A}) - \nabla^2\mathbf{A} \tag{14}$$

$$\nabla^2 \mathbf{A} = \nabla^2 A_x \,\hat{\mathbf{x}} + \nabla^2 A_y \,\hat{\mathbf{y}} + \nabla^2 A_z \,\hat{\mathbf{z}} \tag{15}$$

$$\nabla \cdot \nabla \psi = \nabla^2 \psi \tag{16}$$

$$\nabla \times \nabla \psi = 0 \tag{17}$$

$$\nabla \cdot \nabla \times \mathbf{A} = 0 \tag{18}$$

$$\int_V \nabla \psi \, dv = \oint_S \psi \, d\mathbf{s} \tag{19}$$

$$\int_V \nabla \cdot \mathbf{A} \, dv = \oint_S \mathbf{A} \cdot d\mathbf{s} \qquad \text{(théorème de la divergence)} \tag{20}$$

$$\int_V \nabla \times \mathbf{A} \, dv = \oint_S \hat{\mathbf{n}} \times \mathbf{A} \cdot ds \tag{21}$$

$$\int_S \hat{\mathbf{n}} \times \nabla \psi \, ds = \oint_L \psi \, d\mathbf{l} \tag{22}$$

$$\int_S \nabla \times \mathbf{A} \cdot d\mathbf{s} = \oint_L \mathbf{A} \cdot d\mathbf{l} \qquad \text{(théorème de Stokes)} \tag{23}$$

$$\nabla^2 (\mathbf{K} \psi) = \mathbf{K} \, \nabla^2 \psi \qquad \text{(si } \mathbf{K} \text{ est un vecteur constant)} \tag{24}$$

ANNEXE C
Spectre des ondes électromagnétiques

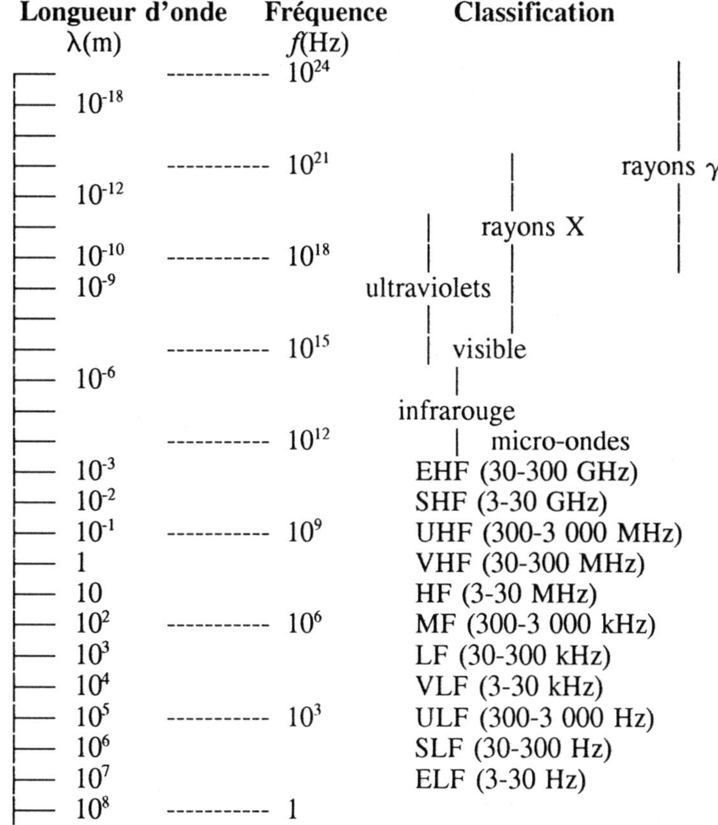

Extremely High Frequency : radar.
Super High Frequency : radar, satellite.
Ultra High Frequency : radar, TV, téléphone cellulaire.
Very High Frequency : TV, FM, contrôle aérien, police.
High Frequency : radio ondes courtes, CB, Fax.
Medium Frequency : AM, radio maritime.
Low Frequency : navigation, radio-phare.
Very Low Frequency : sonar, communication sous-marine.
Ultra Low Frequency : audio.
Super Low Frequency : transport d'énergie électrique.
Extremely Low Frequency : communication sous-marine.

ANNEXE D

Constantes importantes

Permittivité du vide	$\epsilon_0 = 8{,}854 \cdot 10^{-12} \simeq 10^{-9}/36\pi$ F/m
Perméabilité du vide	$\mu_0 = 4\pi \times 10^{-7}$ H/m
Vitesse de la lumière dans le vide	$c_0 = (\epsilon_0 \mu_0)^{-1/2} = 2{,}998 \cdot 10^8$ m/s
Impédance du vide	$\eta_0 = (\mu_0/\epsilon_0)^{1/2} = 376{,}7 \simeq 120\pi\ \Omega$
Charge de l'électron	$e = 1{,}602 \cdot 10^{-19}$ C
Masse de l'électron	$m_e = 9{,}107 \cdot 10^{-31}$ kg
Charge/masse de l'électron	$e/m_e = 1{,}759 \cdot 10^{11}$ C/kg
Masse du proton	$m_p = 1{,}673 \cdot 10^{-27}$ kg

préfixe		facteur
exa	(E)	10^{18}
péta	(P)	10^{15}
téra	(T)	10^{12}
giga	(G)	10^{9}
méga	(M)	10^{6}
kilo	(k)	10^{3}
hecto	(h)	10^{2}
déca	(da)	10^{1}
déci	(d)	10^{-1}
centi	(c)	10^{-2}
milli	(m)	10^{-3}
micro	(μ)	10^{-6}
nano	(n)	10^{-9}
pico	(p)	10^{-12}
femto	(f)	10^{-15}
atto	(a)	10^{-18}

ANNEXE E

Problèmes non résolus : réponses

1.14 Électret polarisé

$$\mathbf{E} = \frac{\rho_s}{2\epsilon_0}\left[\frac{z - \frac{d}{2}}{\sqrt{\left(z - \frac{d}{2}\right)^2 + a^2}} - \frac{z + \frac{d}{2}}{\sqrt{\left(z + \frac{d}{2}\right)^2 + a^2}}\right]\hat{\mathbf{z}}, \quad \mathbf{D} = \epsilon_0\mathbf{E}, \quad \mathbf{P} = 0$$

1.15 Sphères non concentriques

$$E = \frac{d_{OC}\rho_v}{3\epsilon_0}$$

1.16 Électricité atmosphérique

a) $r < a,\ \mathbf{E} = 0;\qquad a \le r < b,\ \mathbf{E} = \frac{-Q\hat{\mathbf{r}}}{4\pi\epsilon_0 r^2}$

$b \le r < c,\ \mathbf{E} = \frac{-Q\,\hat{\mathbf{r}}}{4\pi\epsilon_0 r^2}\left(\frac{c^3 - r^3}{c^3 - b^3}\right) \qquad r \ge c,\ \mathbf{E} = 0$

a) $r \ge c,\quad V = 0;\quad b \le r < c\quad V = \frac{-Q}{4\pi\epsilon_0(c^3 - b^3)}\left(\frac{c^3}{r} + \frac{r^2}{2} - \frac{3c^2}{2}\right)$

$a \le r < b,\ V = \frac{-Q}{4\pi\epsilon_0}\left(\frac{1}{r} + \frac{3(b^2 - c^2)}{2(c^3 - b^3)}\right);$

$r > a,\quad V = \frac{-Q}{4\pi\epsilon_0}\left(\frac{1}{a} + \frac{3(b^2 - c^2)}{2(c^3 - b^3)}\right)$

c) $Q = 4{,}51 \times 10^3$ C

1.17 Résistance de fuite d'un câble coaxial

a) $\mathbf{J} = \dfrac{I_f \, \hat{\boldsymbol{\rho}}}{2\pi\rho}$ $\mathbf{E} = \dfrac{bI_f \, \hat{\boldsymbol{\rho}}}{2\pi\sigma_b \, \rho^2}$ b) $V_0 = \dfrac{I_f \, (b - a)}{2\pi\sigma_b a}$

c) $R_f = \dfrac{(b - a)}{(2\pi\sigma_b a)}$ d) $R_f = 4{,}77 \text{ M}\Omega$

1.18 Éclateur

$$V_{\max} = 840 \text{ V}$$

1.19 Électret homocharge

$0 < x < a$ $D_x = \rho_v\left(x - \dfrac{a}{2}\right)$ $E_x = \dfrac{\rho_v}{\epsilon}\left(x - \dfrac{a}{2}\right)$

$P_x = \left(\dfrac{\epsilon - \epsilon_0}{\epsilon}\right)\rho_v\left(x - \dfrac{a}{2}\right)$ $V = -\dfrac{\rho_v}{2\epsilon}(x^2 - ax)$

$|x| > a$ $D_x = 0$ $E_x = 0$ $P_x = 0$ $V = 0$

1.20 Résistance de fuite de câbles souterrains

$$R = 134{,}6 \text{ K}\Omega$$

1.21 Peinture électrostatique

a) $Q = 6{,}1 \times 10^{-12}$ C b) $F = 8{,}4 \times 10^{-12}$ N

1.22 Tube diode

a) $\mathbf{E} = -\dfrac{k}{\epsilon_0}\left(1 - \dfrac{a}{\rho}\right)\hat{\boldsymbol{\rho}}$ b) $V_a = 756$ V

1.23 Satellite passif

a) $\mathbf{E} = \dfrac{Q}{4\pi\epsilon_0 r^2}\hat{\mathbf{r}}$ b) $W_E = \dfrac{Q^2}{8\pi\epsilon_0 a}$ c) $\delta W_E = \dfrac{-Q^2\,\delta r}{8\pi\epsilon_0 a^2}$

d) $P = 5{,}72 \times 10^{-5}$ N/m^2

1.24 Force sur câble coaxial

a) $C = \frac{2\pi}{\ln(b/a)}\left[\epsilon x + \epsilon_0(l - x)\right]$

b) $C' = \frac{2\pi}{\ln(b/a)}\left[\epsilon(x + \delta x) + \epsilon_0(l - x - \delta x)\right] \quad V' = \frac{CV}{C'}$

c) $W_E = \frac{CV^2}{2} \qquad W_E' = \frac{C'V^2}{2}$ d) $F = \frac{\pi(\epsilon - \epsilon_0)V^2}{\ln(b/a)}$

1.25 Capacité d'un câble isolé

$$\mathbf{D} = -\frac{\rho_l}{2\pi}\left(\frac{1}{h - x} + \frac{1}{h + x}\right)\hat{\mathbf{x}}$$

$0 < x \le h - b \qquad \mathbf{E} = -\frac{\rho_l}{2\pi\epsilon_0}\left(\frac{1}{h - x} + \frac{1}{h + x}\right)\hat{\mathbf{x}}$

$$V = \frac{\rho_l}{2\pi\epsilon_0}\ln\left(\frac{h + x}{h - x}\right)$$

$h - b < x \le h - a \quad \mathbf{E} = \frac{-\rho_l}{2\pi\epsilon}\left(\frac{1}{h - x} + \frac{1}{h + x}\right)\hat{\mathbf{x}}$

$$V = \frac{\rho_l}{2\pi\epsilon}\ln\frac{(h + x)b}{(h - x)(2h - b)} + \frac{\rho_l}{2\pi\epsilon_0}\ln\left(\frac{h + b}{h - b}\right)$$

$$C = \frac{2\pi l}{\left(\frac{1}{\epsilon}\ln\frac{(2h - a)b}{(2h - b)a} + \frac{1}{\epsilon_0}\ln\frac{h + b}{h - b}\right)}$$

1.26 Réflecteur pour antenne

$$C = \frac{2\pi\epsilon_0 L}{\ln\frac{2d + a}{a\sqrt{2}}} = 7{,}84 \text{ pF}$$

1.27 Diélectrique non homogène

$$C = \frac{S(\epsilon_2 - \epsilon_1)}{d\ln\frac{\epsilon_2}{\epsilon_1}}$$

1.28 Forces dans un électret

a) $0 < x < a \quad \mathbf{E} = -\dfrac{(b - a)\rho_v}{\epsilon}\,\hat{\mathbf{x}}$ $\qquad a < x < b \quad \mathbf{E} = -\dfrac{(b - x)\rho_v}{\epsilon}\,\hat{\mathbf{x}}$

b) $W_E = \dfrac{\rho_v^2 A (b - a)^2 (2a + b)}{6\epsilon}$ $\qquad$ c) $\delta W_E = \dfrac{-\delta x\,(b - a)^2 \rho_v^2 A}{2\epsilon}$

d) $P = 0{,}056\ \mathrm{N/m^2}$

2.7 Condensateur en coin

$$C \approx 100\ \mathrm{pF}$$

2.8 Fusible

$$R \approx 0{,}073\ \Omega$$

2.9 Coupleur par effet de bords

$$C \approx 0{,}61\ \mathrm{pF}$$

2.10 Mesure de conductivité

$$\sigma \approx \frac{10}{6\ R}\ \mathrm{S/m}$$

2.11 Potentiomètre

$$R \approx 200\ \Omega$$

2.12 Fils téléphoniques

$$C \approx 2\ \mathrm{nF}$$

2.13 Résistances

$R_1 \approx 4{,}5\ \Omega \qquad R_2 \approx 2\ \Omega \qquad R_3 \approx 1{,}25\ \Omega \qquad R_4 \approx 0{,}8\ \Omega$

3.17 Capacité d'une microélectrode

a) $V = \dfrac{V_0 \ln(\theta/\beta)}{\ln(\alpha/\beta)}$ $\qquad$ b) $\mathbf{E} = \dfrac{-V_0}{r\theta \ln(\alpha/\beta)}\,\hat{\boldsymbol{\theta}}$ $\qquad$ c) $\rho_s = \dfrac{\epsilon V_0}{r\alpha \ln(\alpha/\beta)}$

d) $C = 24\,\mathrm{pF}$

3.18 Optimisation d'un câble coaxial

$$a_{\text{opt}} = \frac{b}{\mathrm{e}}$$

3.19 Plaques conductrices

$$V(x, y) = \sum_{n=1}^{\infty} \frac{4V_0}{n\pi}\, e^{-\frac{n\pi}{a}x} \sin\left(\frac{n\pi y}{a}\right) \qquad (n \text{ impair})$$

3.20 Traverse pour transformateur

a) $V = \dfrac{V_0 \ln(\theta/\beta)}{\ln(\alpha/\beta)}$ $\quad \mathbf{E} = \dfrac{-V_0}{r\theta \ln(\alpha/\beta)}\,\hat{\boldsymbol{\theta}}$ $\quad$ b) $V_{\text{max}} = 16{,}98$ kV

3.21 Bulle d'air dans un conducteur

$V_1 = -E_0\left(r + \dfrac{a^3}{2r^2}\right)\cos\theta$ $\qquad V_0 = -\dfrac{3E_0 r}{2\cos\theta}$

3.22 Condensateur en coin

a) $V = \dfrac{8V_0\phi}{\pi}$ $\quad \mathbf{E} = \dfrac{-8V_0\,\hat{\boldsymbol{\phi}}}{\pi\rho}$ $\qquad$ b) $C = 99{,}1$ pF

3.23 Potentiomètre audio

$R_1 = \dfrac{\alpha}{\sigma_1 d \ln b/a} = 66{,}6\ \Omega$ $\qquad R = 66{,}6 + (\alpha - \pi/4)\,848\ \Omega$

3.24 Élévateur à grain modifié

$$\mathbf{E} = \frac{\rho_v}{2\epsilon_0}\left(r - \frac{a^2 - R^2}{2r\ln(a/R)}\right)\hat{\mathbf{r}}$$

3.25 Électret

$x < a \quad V = -\dfrac{p_v}{2\epsilon}\left(x^2 + a^2 - 2ab\right)$ $\qquad a < x < b \quad V = -\dfrac{\rho_v a}{\epsilon}(x - b)$

3.26 Monteur de ligne

a) $$\rho_s = \frac{2\epsilon_0 d V}{\left(d^2 + (y - a/2)^2\right) \ln(2d/R)}$$

b) $$\left.\frac{\partial V}{\partial n}\right|_{\max} = \frac{240\,\pi\,\epsilon_0 d V}{\sigma\left(d^2 + (y - a/2)^2\right) \ln(2d/R)}$$

c) $$V = \sum_{\substack{n=1,\\ \text{impair}}}^{\infty} \frac{8kb}{n^2\pi^2}\left(\cos\frac{n\pi}{8} - \cos\frac{3n\pi}{8}\right) \frac{\sin\left(\frac{n\pi y}{2b}\right)\cosh\left(\frac{n\pi x}{2b}\right)}{\sinh\left(\frac{n\pi a}{2b}\right)}$$

$k = 2{,}6$ mV/m

4.14 Densité de courant non uniforme

a) $$J_\rho = \frac{6z \ln\left(1 + \rho^2\right)}{\pi\rho\left(1 + z^2\right)^2}$$ b) $$\mathbf{B} = \frac{3\mu_0 \ln\left(1 + \rho^2\right)}{\pi\rho\,\left(1 + z^2\right)}\,\hat{\boldsymbol{\phi}}$$

4.15 Câble coaxial à deux milieux

a) $$\mathbf{B}_a = \frac{\mu_a I}{2\pi\rho}\hat{\boldsymbol{\phi}}$$ et $$\mathbf{B}_b = \frac{\mu_b I}{2\pi\rho}\hat{\boldsymbol{\phi}}$$

b) $$\mathbf{F} = \frac{l\,\mu_b I^2}{2\pi^2 b}\,\hat{\boldsymbol{\rho}}$$ c) $$L = \frac{l}{2\pi}\left[\mu_b \ln\frac{b}{R} + \mu_a \ln\frac{R}{a}\right]$$

4.16 Potentiel magnétique vectoriel

$\mathbf{A} = \left(Cr^n + kr\right)\sin\theta\,\hat{\boldsymbol{\phi}}$ $(n = 3,\ C = -3,\ k = 75)$

$\mathbf{B} = 2(-3r^2 + 75)\cos\theta\,\hat{\mathbf{r}} - \sin\theta\,(-12r^2 + 150)\,\hat{\boldsymbol{\theta}}$

4.17 Orientation d'un satellite de communication

$I = 20{,}4$ mA

4.18 Relais

a) $\Re = 36{,}7\ \text{MH}^{-1}$ b) $L = 0{,}11$ H c) $F = 47{,}3$ N

4.19 Galvanomètre

a) $\psi_m = 2{,}16 \times 10^{-6}$ Wb b) $\mathbf{B} = 0{,}11$ T c) $\theta = 34°$

4.20 Conducteur à cavité

$$\mathbf{H} = \frac{J_0 s}{2}\ \hat{\boldsymbol{\phi}}$$

4.21 Moteur

a) $\mathfrak{R} = 1{,}28\ \mathrm{MH}^{-1}$ b) $\mathbf{B} = 0{,}53\ \mathrm{T}$ c) $\tau = 0{,}096\ \mathrm{N \cdot m}$

4.22 Transformateur pour soudure à l'arc

a) $\psi_{m1} = 0{,}013\ \mathrm{Wb}$ $\psi_{m2} = 0{,}004\ \mathrm{Wb}$ b) $L_1 = 0{,}133\ \mathrm{H}$ $M_{12} = 0{,}02\ \mathrm{H}$

4.23 Transformateur de bloc d'alimentation

a) $\mathfrak{R} = 2{,}9\ \mathrm{MH}^{-1}$ b) $L_1 = 0{,}34\ \mathrm{H}$ $L_2 = 3{,}4\ \mathrm{mH}$ $M_{12} = 34\ \mathrm{mH}$

4.24 Toroïde

a) $\mathfrak{R} = \dfrac{2}{\pi a^2}\left(\dfrac{d}{\mu_0} + \dfrac{\pi R}{\mu}\right)$ $\psi_m = \dfrac{NI}{(2/\pi a^2)\,(d/\mu_0 + \pi R/\mu)}$

b) $\mathbf{B} = \dfrac{NI}{2\,(d/\mu_0 + \pi R/\mu)}$

5.12 Frein magnétique

$$v = 2{,}5\ \mathrm{m/s}$$

5.13 Amortisseur pour balance

a) $I = \dfrac{B_z(b^2 - a^2)}{2R}\,\dfrac{\partial\phi}{\partial t}$ b) $\boldsymbol{\tau} = \dfrac{-(b^2 - a^2)^2\, B_z^2}{4R}\,\dfrac{\partial\phi}{\partial t}\ \hat{\mathbf{z}}$

5.14 Carte d'accès

$$fem = 3{,}06\ \cos\theta\ \sin\omega t$$

5.15 Pince ampèremétrique

$$fem_{max} = 1{,}2 \text{ V}$$

5.16 Détecteur de courant de fuite

$$N = 107 \text{ tours}$$

5.17 Courant de surface équivalent

a) $\rho > 0 \quad H_\phi = \dfrac{I_0}{2\pi\rho}$ $\qquad a > \rho > b \quad B_\phi = \dfrac{\mu I_0}{2\pi\rho}$ $\qquad a < \rho < b \quad B_\phi = \dfrac{\mu_0 I_0}{2\pi\rho}$

b) $K_z{}' = \dfrac{(\mu_r - 1)\, I_0}{2\pi b}$ $\qquad$ c) $fem_{max} = 39{,}2 \text{ mV}$

5.18 Autotransformateur

a) $L = 229 \text{ mH}$ $\qquad$ b) $fem_{max} = 17{,}3 \text{ V}$ $\qquad$ c) $\dfrac{V_{23}}{V_{13}} = \dfrac{m}{N}$

5.19 Chauffage inductif

$$\langle P \rangle = 189 \text{ W}$$

5.20 Courants induits sous une ligne de transport

a) $\mathbf{B} = \dfrac{\mu_0 I d}{2\pi (h^2 + d^2/4)}\, \hat{\mathbf{z}}$ $\qquad$ b) $\mathbf{J}_f = \dfrac{\sigma \mu_0 I_0 d\, \omega\, \rho \sin \omega t}{4\pi (h^2 + d^2/4)}\, \hat{\boldsymbol{\phi}}$

c) $\langle P \rangle = 150 \text{ pW}$

5.21 Dégel de tuyaux par induction

a) $\mathbf{J} = \dfrac{a\, \sigma \mu_0\, \omega N I_0 \sin \omega t}{2l}\, \hat{\boldsymbol{\phi}}$ $\qquad$ b) $\langle P \rangle = 49{,}5 \text{ W}$ $\qquad$ c) $\dfrac{\mathbf{H}'}{\mathbf{H}} = 0{,}55$

5.22 Mesure de conductivité par induction

a) $\mathbf{J} = \dfrac{-\rho\, \sigma \mu_0 n I_0\, \omega \cos \omega t}{2}\, \hat{\boldsymbol{\phi}}$ $\qquad$ b) $\mathbf{B} = \dfrac{\sigma \mu_0 n I_0\, \omega \cos \omega t\, (\rho^2 - a^2)}{4}\, \hat{\mathbf{z}}$

c) $fem_{max} = 24{,}8 \text{ mV}$

5.23 Courants de déplacement dans un solénoïde

a) $L = \dfrac{\mu_0 N^2 \pi a^2}{l}$ b) $\dfrac{\partial \mathbf{D}}{\partial t} = \dfrac{\epsilon_0 \rho \mu_0 N I_0 \omega^2 \sin\omega t}{2l}\,\hat{\boldsymbol{\phi}}$

c) $\mathbf{H} = \dfrac{\epsilon_0 \mu_0 N I_0 \omega^2 \sin\omega t (a^2 - \rho^2)}{4l}\,\hat{\mathbf{z}}$ d) $W_H{}' = \dfrac{\pi \epsilon_0^2 \mu_0^3 N^2 I_0^2 \omega^4 a^6 \sin^2\omega t}{96l}$

e) $L' = \dfrac{\pi \epsilon_0^2 \mu_0^3 N^2 \omega^4 a^6}{48l}$ f) $\dfrac{L'}{L} = \dfrac{\epsilon_0^2 \mu_0^2 \omega^4 a^4}{48}$

5.24 Filtre micro-ondes

a) $C = \dfrac{2ab\epsilon}{h}$ b) $L = \dfrac{ah\mu}{2b}$ c) $C_{2,4} > C_{1,3,5}$ et $L_{1,3,5} > L_{2,4}$

d) $L_{1,5} = 62{,}8$ nH $L_3 = 31{,}4$ nH $C_{2,4} = 2{,}6$ pF

6.6 Onde plane

a) $\mathbf{E} = (340\,\hat{\mathbf{x}} + 452\,\hat{\mathbf{y}}) \sin(2 \times 10^8 t - \beta z)$ V/m

b) $\beta = 2{,}98$ rad/m

c) $\mathbf{H} = (-1{,}34\,\hat{\mathbf{x}} + 1{,}01\,\hat{\mathbf{y}}) \sin(2 \times 10^8 t - \beta z)$ A/m

d) $\boldsymbol{\wp} = 949 \sin^2(2 \times 10^8 t - \beta z)\,\hat{\mathbf{z}}$ W/m^2

e) $P_{moy} = 475$ W

f) polarisation linéaire

6.7 Onde sphérique

a) $\nabla \cdot \mathbf{H} = 0$

$$\nabla \times \mathbf{H} = \frac{10}{\pi r^2} \cos\theta \cos\left(10^8 t - \frac{r}{3}\right) \hat{\mathbf{r}} - \frac{5 \sin\theta}{3\pi r} \sin\left(10^8 t - \frac{r}{3}\right) \hat{\boldsymbol{\theta}}$$

$$\nabla^2 \mathbf{H} = \left[\frac{-5}{9\pi r} \sin\theta \cos\left(10^8 t - \frac{r}{3}\right) - \frac{10}{\pi r^3} \sin\theta \cos\left(10^8 t - \frac{r}{3}\right)\right] \hat{\boldsymbol{\phi}}$$

b) $$\mathbf{E} = \frac{10 \cos\theta}{r^2 \epsilon_0 \pi 10^8} \sin\left(10^8 t - \frac{r}{3}\right) \hat{\mathbf{r}} + \frac{5 \sin\theta}{3\pi \epsilon_0 r 10^8} \cos\left(10^8 t - \frac{r}{3}\right) \hat{\boldsymbol{\theta}}$$

c) $$\boldsymbol{\wp} = \frac{25 \sin^2\theta \cos^2\left(10^8 t - \frac{r}{3}\right)}{3\pi^2 \epsilon_0 r^2 10^8} \hat{\mathbf{r}} - \frac{50 \cos\theta \sin\left(10^8 t - \frac{r}{3}\right) \cos\left(10^8 t - \frac{r}{3}\right)}{r^3 \epsilon_0 \pi^2 10^8} \hat{\boldsymbol{\theta}}$$

d) $P = 4{,}0$ kW

e) si $r \gg 5$ $\nabla^2\mathbf{H} \approx -\dfrac{5}{9\pi r}\sin\theta\cos\left(10^8 t - \dfrac{r}{3}\right)\hat{\boldsymbol{\phi}}$

$$\mu_0\epsilon_0\frac{\partial^2\mathbf{H}}{\partial t^2} = \epsilon_0\mu_0 - \frac{5\cdot 10^{16}}{\pi r}\sin\theta\cos\left(10^8 - \frac{r}{3}\right)\hat{\boldsymbol{\phi}}$$

$$= -\frac{1}{(3\cdot 10^8)^2}\,\frac{5\cdot 10^{16}}{\pi r}\sin\theta\cos\left(10^8 t - \frac{r}{3}\right)\hat{\boldsymbol{\phi}}$$

$$\nabla^2 H \approx \mu_0\epsilon_0\frac{\partial^2 H}{\partial t^2}$$

6.8 Vecteur de Poynting dans un condensateur

a) $\mathbf{E} = \dfrac{-V_0 \sin\omega t\,\hat{\mathbf{z}}}{d}$ $\dfrac{\partial\mathbf{D}}{\partial t} = \dfrac{-\epsilon_0\,\omega\,V_0\cos\omega t}{d}\hat{\mathbf{z}}$ b) $\mathbf{H} = \dfrac{-\rho\,\epsilon_0\,\omega\,V_0\cos\omega t}{2d}\hat{\boldsymbol{\phi}}$

c) $\boldsymbol{\wp} = \dfrac{\rho\,\epsilon_0\,\omega V_0^2\sin 2\omega t}{4d^2}\hat{\boldsymbol{\rho}}$ d) $P = \dfrac{\pi a^2\epsilon_0\,\omega V_0^2\sin 2\omega t}{2d}$

6.9 Guide d'ondes

a) $\omega = \sqrt{\dfrac{(\pi/a)^2 + \beta^2}{\mu_0\epsilon_0}}$ b) $\mathbf{E} = \dfrac{2\pi\beta H_0}{a\epsilon_0\omega}\cos\dfrac{\pi y}{a}\sin(\omega t - \beta z)\,\hat{\mathbf{x}}$

6.10 Onde plane

a) $v = 1\times 10^8$ m/s $\lambda = 5{,}2$ m $f = 19{,}1$ Hz $\eta = 188\ \Omega$

b) $\mathbf{E} = -94(\hat{\mathbf{x}}\sin(120t - 0{,}57z)) + \hat{\mathbf{y}}\cos(120t - 0{,}57z)$

c) circulaire d) $\boldsymbol{\wp} = \langle \boldsymbol{\wp} \geq 47\,\hat{\mathbf{z}}$

6.11 Onde plane

a) $\hat{\mathbf{n}} = \left(\dfrac{2}{3}, \dfrac{2}{3}, \dfrac{1}{3}\right)$ $\beta = 6$ rad/m $\omega = 9\times 10^8$ rad/s $a = -4$ V/m

b) $\mathbf{H} = \dfrac{1}{377}\left(2\hat{\mathbf{x}} - \dfrac{4}{3}\hat{\mathbf{y}} - \dfrac{4}{3}\hat{\mathbf{z}}\right)\cos(\omega t - 4x - 4y - 2z)$ A/m

c) $\boldsymbol{\wp} = \dfrac{36}{377}\left(\dfrac{2}{3}\hat{\mathbf{x}} + \dfrac{2}{3}\hat{\mathbf{y}} + \dfrac{1}{3}\hat{\mathbf{z}}\right)\cos^2(\omega t - 4x - 4y - 2z)$ W/m^2

6.12 Boucles d'émission et de réception

a) $\mathbf{H} = \dfrac{m_0}{r^2\lambda}\cos\theta \sin\omega(t - r/c)\,\hat{\mathbf{r}} + \dfrac{m_0\,\omega \sin\theta \cos\omega(t - r/c)}{2r\lambda c}\,\hat{\boldsymbol{\theta}}$

b) $fem = \dfrac{S\mu_0 m_0\,\omega^2 \sin\omega(t - d/c)}{2d\lambda c}$

c) $\mathbf{E} = \dfrac{\omega m_0 \sin\theta \cos\omega(t - r/c)}{2\lambda c^2 r}\,\hat{\boldsymbol{\phi}}$

6.13 Radiogoniomètre

a) $\hat{\mathbf{n}} = \left(\dfrac{4}{5}, \dfrac{3}{5}, 0\right) \quad \beta = 5$

b) $\mathbf{H} = (7{,}9\hat{\mathbf{x}} - 10{,}6\hat{\mathbf{y}} - 13{,}2\hat{\mathbf{z}}) \cos(10^8 t - 4x - 3y)$ A/m

c) $fem_1 = 0{,}125 \sin 10^8 t \quad fem_2 = -0{,}167 \sin 10^8 t$ d) $\phi = \arctan \dfrac{-fem_1}{fem_2}$

6.14 Onde sphérique

a) $\mathbf{H} = \dfrac{\beta \sin\theta \cos(3 \times 10^8 t - \beta r)}{r}\,\hat{\boldsymbol{\phi}}$

b) $\boldsymbol{\wp} = \dfrac{120\,\pi\,\beta \sin^2\theta \cos^2(3 \times 10^8 t - \beta r)}{r^2}\,\hat{\mathbf{r}}$

c) $r^2 \gg 240\,\pi\,\epsilon_0$

L.-Brault
DATE DE RETOUR
DEC 2001